Buch-Updates
Registrieren Sie dieses Buch auf unserer Verlagswebsite. Sie erhalten damit Buch-Updates und weitere, exklusive Informationen zum Thema.

Galileo BUCH UPDATE

Und so geht's
- > Einfach **www.sap-press.de** aufrufen
- <<< Auf das Logo **Buch-Updates** klicken
- > Unten genannten **Zugangscode** eingeben

Ihr persönlicher Zugang zu den Buch-Updates 210001030271

Integrierte Planungsanwendungen mit SAP® NetWeaver BI 7.0 entwickeln

SAP PRESS

SAP-Spezialwissen für die Praxis

Ob Sie Ihre SAP-Kenntnisse konkret erweitern oder vertiefen oder einen Anwendungsfall meistern wollen: Die Reihe SAP Essentials bietet Ihnen gezielt das Spezialwissen, das Sie in Ihrer beruflichen Praxis weiterbringt. Punktgenau, detailliert und handlungsbezogen.

SAP PRESS ist eine gemeinschaftliche Initiative von SAP und Galileo Press. Ziel ist es, Anwendern qualifiziertes SAP-Wissen zur Verfügung zu stellen. SAP PRESS vereint das fachliche Know-how der SAP und die verlegerische Kompetenz von Galileo Press. Die Bücher bieten Expertenwissen zu technischen wie auch zu betriebswirtschaftlichen SAP-Themen.

Aktuelle Angaben zum gesamten SAP PRESS-Programm finden Sie unter *www.sap-press.de*.

Martin Kießwetter, Alex Arrenbrecht, Sascha Kertzel
Praxisworkshop BEx-Reporting
306 S., 2009, geb.
ISBN 978-3-8362-1217-5

Daniel Knapp
Erfolgreiche Migration nach SAP NetWeaver BI 7.0
176 S., 2008, geb.
ISBN 978-3-8362-1178-9

Norbert Egger et al.
SAP Business Intelligence
660 S., 2006, geb.
69,90 Euro, ISBN 978-3-89842-790-6

Dirk Herzog
ABAP-Programmierung für SAP NetWeaver BI – User Exits und BAdIs
270 S., 2., aktualisierte und erweiterte Auflage 2009, geb.
ISBN 978-3-8362-1228-1

Martin Kießwetter, Stephan Berkenkamp, Dirk Vahlkamp

Integrierte Planungsanwendungen mit SAP® NetWeaver BI 7.0 entwickeln

Galileo Press

Bonn • Boston

Liebe Leserin, lieber Leser,

vielen Dank, dass Sie sich für ein Buch von SAP PRESS entschieden haben.

»Niemand plant, zu versagen, aber die meisten versagen beim Planen«, weiß ein bekanntes Sprichwort. Für eine gute Planung braucht es zunächst einmal eine genaue Kenntnis der Ausgangsdaten und Zielsetzungen, die für die Planung z.B. in einem Unternehmen wichtig sind. Eine integrierte Planung im besten Sinne berücksichtigt dabei die Informationen aller relevanten Unternehmensbereiche.

Um dieses Ziel zu erreichen, gibt es verschiedene Softwarelösungen. Ein leistungsfähiges Planungswerkzeug ist die BI-integrierte Planung von SAP, die auf SAP NetWeaver BI aufsetzt und somit Planung, Reporting und Analyse auf einer einheitlichen Datenbasis ermöglicht. Wie Sie eine integrierte Planungsanwendung in SAP NetWeaver BI 7.0 entwickeln, lesen Sie in diesem Buch. Martin Kießwetter, Stephan Berkenkamp und Dirk Vahlkamp zeigen Ihnen in diesem Buch, das nun bereits in der zweiten Auflage erscheint, praxistaugliche Lösungswege und viele Tricks und Kniffe.

Wir freuen uns stets über Lob, aber auch über kritische Anmerkungen, die uns helfen, unsere Bücher besser zu machen. Am Ende dieses Buches finden Sie daher eine Postkarte, mit der Sie uns Ihre Meinung mitteilen können. Als Dankeschön verlosen wir unter den Einsendern regelmäßig Gutscheine für SAP PRESS-Bücher.

Ihre Eva Tripp
Lektorat SAP PRESS

Galileo Press
Rheinwerkallee 4
53227 Bonn

eva.tripp@galileo-press.de
www.sap-press.de

Inhaltsverzeichnis

Vorwort zur zweiten Auflage

Wir freuen uns, Ihnen unser Buch »Integrierte Planungsanwendungen mit SAP NetWeaver BI 7.0 entwickeln« in einer erweiterten Neuauflage präsentieren zu können. Die zweite Auflage enthält eine Reihe von neuen Inhalten und wurde aus diesem Anlass noch einmal komplett durchgearbeitet, korrigiert und auf den neuesten Stand gebracht.

Folgende Themen sind neu hinzugekommen:

- In Kapitel 3, »Modellierung und Implementierung«, wird das Konzept der Modellierung einer Planungsanwendung anhand der Formulierung einzelner zustandsorientierter Verarbeitungsschritte dargestellt.
- Die individuelle Erweiterungsmöglichkeit der BI-integrierten Planung durch im SAP NetWeaver-System vollständig integrierte Planungsfunktionen ist in Kapitel 4, »Technische Modellierung«, neu hinzugekommen.
- Auf Wunsch unserer Leser haben wir Kapitel 5, »Konzeption und Betrieb einer Planungsanwendung«, um zwei weitere exemplarische Planungsszenarien erweitert. Das erste behandelt eine Top-down-Planung für die Zielvorgaben von Umsatzzahlen. Das zweite beschreibt die Vorgehensweise bei der Planung von Durchschnittspreisen auf verschiedenen Hierarchieebenen und zeigt, wie die Datenkonsistenz auf allen Hierarchieebenen gewährleistet wird.

Wir danken allen Lesern, die uns auf Unstimmigkeiten und Fehler hingewiesen haben.

Besonders möchten wir unserem Kollegen Alex Arrenbrecht dafür danken, dass er seine Erfahrungen in der Modellierung und Implementierung sehr großer, weltweit eingesetzter Planungsanwendungen auf Basis der BI-integrierten Planung mit uns geteilt hat.

Dr. Martin Kießwetter, Stephan Berkenkamp, Dirk Vahlkamp

Einleitung

Mit dem Release SAP NetWeaver 7.0 ist eine neue Infrastruktur zur Umsetzung von Planungsanwendungen von SAP im Bereich Business Intelligence bereitgestellt worden. Diese trägt den Namen *BI-integrierte Planung*.

Die BI-integrierte Planung ist im Unterschied zur älteren Infrastruktur Business Planning & Simulation (kurz BPS) komplett in das BI-System integriert. Die Namensgebung BI-integrierte Planung zielt somit besonders auf die technische Integration in SAP NetWeaver 7.0 ab. Die BI-integrierte Planung ist aber natürlich auch aus der praxisorientierten, betriebswirtschaftlichen Sicht in der Lage, das im normalen Sprachgebrauch mit dem Begriff *integrierte Unternehmensplanung* assoziierte komplexe Zusammenspiel mehrerer Planungsanwendungen in einem Unternehmen zu ermöglichen.

Die BI-integrierte Planung ist gegenüber BW-BPS neben vielen Vereinfachungen im Umgang mit der Verwaltung und Implementierung von Planungsanwendungen besonders um die Funktionalität erweitert worden, webfähige Planungsanwendungen auf der Basis *eingabebereiter Querys* zu definieren. In einer eingabebereiten Query kann ein Anwender neue Daten eingeben, und diese können anschließend in einen InfoCube geschrieben werden. Um diese entscheidende neue Funktionalität zu ermöglichen, wurde vor allem der OLAP-Prozessor um die Möglichkeit erweitert, Daten direkt aus einer eingabebereiten Query zurückzuschreiben.

Zielsetzung dieses Buches

Dieses Buch soll Ihnen die neue Infrastruktur BI-integrierte Planung erläutern und wertvolle Tipps und Anregungen bei der Modellierung, Implementierung und dem Betrieb geben. Es richtet sich vor allem an Personen, die selbstständig diese neuen Planungsinstrumente einsetzen wollen. Flankierend zu den umsetzungstechnischen Fragen haben wir uns bemüht, auch auf die betriebswirtschaftlichen Aspekte zur Planung einzugehen. Das Buch ist in fünf Hauptkapitel gegliedert:

In **Kapitel 1**, »Integrierte Planung in SAP NetWeaver BI«, werden wir kurz auf einige Grundlagen der Unternehmensplanung eingehen und die Entwicklung von Planungsinstrumenten im SAP NetWeaver BI-Umfeld skizzieren. Zum Abschluss stellen wir in einer Übersicht die neuen Möglichkeiten und Funktionalitäten der BI-integrierten Planung zusammen.

In den nächsten Kapiteln werden wir uns an dem in Abbildung 1 dargestellten elementaren Planungskreislauf orientieren. Dieser Planungskreislauf wird uns noch an mehreren Stellen in diesem Buch begegnen.

Ausgehend von der Steuerung einer Planungsaufgabe ❶ z. B. durch eine Unternehmensleitung, wird diese Planungsaufgabe in Form eines Planungsmodells ❷ den Anwendern zur Durchführung der Planung vorgelegt ❸. Anschließend werden die Plandaten ausgewertet ❹ und z. B. in einem Plan-Ist-Vergleich gegenübergestellt. Im letzten Schritt, Analyse ❺, wird untersucht, wie z. B. die Qualität der Planung oder auch die Planungsaufgabe verändert werden muss.

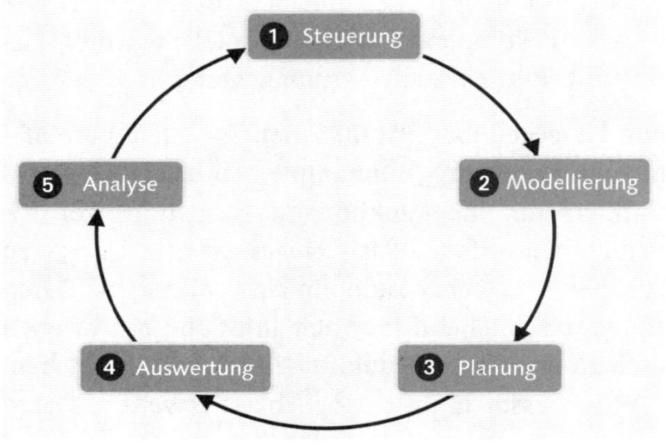

Abbildung 1 Planungskreislauf

In **Kapitel 2**, »Praxisbeispiel einer Planung«, werden wir in einer Schritt-für-Schritt-Anleitung gemeinsam mit Ihnen eine Planungsanwendung in SAP NetWeaver 7.0 anlegen und ausführen. Dieses Beispiel soll Ihnen die wesentlichen Planungsinstrumente und Basisfunktionalitäten der BI-integrierten Planung an einem praktischen Beispiel erläutern. Bezogen auf den in Abbildung 1 dargestellten Planungskreislauf werden wir ausgehend von einer gegebenen Planungsaufgabe die Schritte Modellierung ❷ bis Analyse ❹ durchlaufen.

In **Kapitel 3**, »Modellierung und Implementierung«, gehen wir umfassend auf alle technischen Modellierungsmöglichkeiten, alle Planungsinstrumente und alle Funktionalitäten ein. Dieses Kapitel soll Ihnen bei Ihrer Arbeit mit der BI-integrierten Planung als Nachschlagewerk dienen. Bezüglich des in Abbildung 1 dargestellten Planungskreislaufes werden wir versuchen, Ihnen das Handwerkszeug für die Schritte Modellierung bis Analyse zu vermitteln. Wie Sie mit konkreten Planungsaufgaben umgehen können, werden wir nach den technischen Grundlagen in den Kapiteln 3 und 4 in Kapitel 5 besprechen.

Kapitel 4, »Technische Modellierung«, behandelt verschiedene Fragestellungen zur technischen Implementierung von Planungsanwendungen. Hierbei geht es u. a. um die gemeinsame Nutzung von SAP- und Non-SAP-Technologien zur Implementierung von Planungsanwendungen oder zur Retraktion von Plandaten zurück in die operativen Quellsysteme. Weiterhin werden alternative Möglichkeiten zur Erstellung von Planungsanwendungen in SAP NetWeaver BI vorgestellt, ohne auf die Funktionalitäten von BPS und BI-integrierter Planung zurückzugreifen. Bezüglich des in Abbildung 1 dargestellten Planungskreislaufes werden wir Ihnen weitere (in diesem Kapitel vor allem technische) Ansätze in der Modellierung ❷ und Durchführung der Planung ❸ vorstellen.

Kapitel 5, »Konzeption und Betrieb einer Planungsanwendung«, beschließt dieses Buch. In diesem Kapitel werden wir verschiedene betriebswirtschaftlich motivierte Fragestellungen in der Konzeptionierung und Modellierung von Planungsanwendungen diskutieren. Diese Fragestellungen leiten sich zum Teil direkt aus einer Planungsaufgabe (z. B. Top-down-Planung oder rollierende Planung) ab. Zusätzlich werden wir Ihnen den wichtigen Zusammenhang zwischen Planung und Prognose erläutern und den Einsatz von Prognosemethoden an einem Beispiel zur Umsatzprognose demonstrieren. Bezüglich des in Abbildung 1 dargestellten Planungskreislaufes werden wir die Schritte Steuerung ❶ und Modellierung ❷ aus betriebswirtschaftlicher und anwendungsorientierter Sicht näher untersuchen.

In **Kapitel 6** finden Sie eine Zusammenfassung und einen Ausblick auf die weiteren Entwicklungsmöglichkeiten der BI-integrierten Planung.

Materialien auf der Verlagswebsite

Die in diesem Buch benutzten Quellcodes und alle anderen zum Nachvollziehen von Beispielen und Übungen benötigten Materialen finden Sie auf der Katalogseite zum Buch unter *www.sap-press.de/2001*.

Danksagung

Wir möchten uns an dieser Stelle für die Unterstützung des bi2b-Teams bedanken, das uns bei der Bewältigung verschiedener Aufgaben geholfen hat.

Dr. Martin Kießwetter: Ein besonderer Dank gilt meiner Frau Elke und meinen Eltern Christa und Karl Kießwetter.

Stephan Berkenkamp: Ich danke besonders meinen Eltern für ihr Verständnis während der Erstellung des Manuskripts.

Dirk Vahlkamp: Ich danke meiner Frau Jasmin und meinen Kindern Leon und Luna.

1 Integrierte Planung in SAP NetWeaver BI

In diesem Kapitel werden wir Ihnen einen kurzen Überblick über die Anforderungen der Unternehmensplanung an eine Planungsanwendung geben. Darüber hinaus zeigen wir Ihnen, was diese Anforderungen für die Entwicklung von Planungsinstrumenten in SAP NetWeaver BI bedeuten. Den Ablauf und die Funktionalitäten der in diesem Buch vorgestellten BI-integrierten Planung werden wir in Abschnitt 1.2, »Übersicht über die BI-integrierte Planung«, ausführlich darstellen.

1.1 Unternehmensplanung in SAP NetWeaver BI

Die Unternehmensplanung als Führungsinstrument nimmt in Unternehmen eine bedeutende Stellung ein. Sie trägt dazu bei, Ziele zu erreichen und geeignete Maßnahmen ergreifen zu können.

Die Anforderungen an IT-gestützte Werkzeuge zur Planungsunterstützung lassen sich in drei Themenbereiche gliedern:

- Konsolidierung der Ausgangsdaten für die Planung und Zugriff auf die Ausgangsdaten zum Lesen und zum Schreiben der aus einem Planungsdurchlauf resultierenden Plandaten
- geringe zeitliche Belastung der Beteiligten bei der Plandurchführung, eventuell noch Unterstützung der Planer durch das Planungssystem
- hohe Flexibilität in der Adaption neuer Anforderungen in einer Planungsanwendung bzw. schnelle Erstellung einer neuen Planungsanwendung

Ein konsolidierter Datenbestand ist eine wesentliche Voraussetzung für die erfolgreiche Durchführung einer Planung. Die Technologie des Data Warehouse hat hierfür eine ideale Ausgangsbasis bereitgestellt. Besonders das seit Jahren bestehende SAP BW hat durch die Möglichkeit der direkten Anbindung an die operativen SAP-Module inzwischen einen hohen Reifegrad im aktuellen Releasestand SAP NetWeaver BI 7.0 bezüglich der für eine Unternehmensplanung notwendigen Qualität eines konsolidierten Datenbestandes erreicht.

Der Zugriff auf die Daten der operativen Systeme ist in Abbildung 1.1 dargestellt. Ausgehend von den Istdaten ❶ werden diese aus den operativen Systemen extrahiert und stehen als konsolidierte Datenbasis im BI-System u. a. einer Planungsanwendung zur Verfügung. Nach der Formulierung einer Planungsaufgabe ❷ wird dann auf dem konsolidierten Datenbestand von SAP NetWeaver BI ❸ die Planung durchgeführt. Anschließend müssen die Plandaten in die operativen SAP-Systeme zurückgeschrieben werden ❹. Dieser Vorgang einer Retraktion schließt den sogenannten *Closed Loop* der Planung durch die beteiligten Informationssysteme.

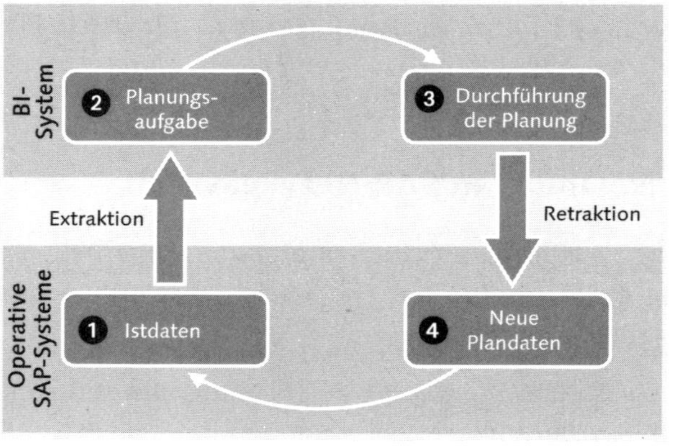

Abbildung 1.1 Integration von Planungsanwendungen in die operativen Systeme

Die Plandurchführung und die Erstellung bzw. Änderung von Planungsanwendungen sind determiniert durch die in einem Unternehmen bestehende Aufbau- und Ablauforganisation und durch die Möglichkeiten der eingesetzten Planungssoftware. Besonders bei der letzten Forderung einer flexiblen und leistungsstarken Software hat SAP versucht, Unterstützung zu leisten.

Das neben dem Release SAP BW 3.1 bereits vor Jahren angebotene Modul SAP SEM 3.5 enthielt die erste Infrastruktur für Planungsanwendungen und trug den Titel SAP SEM-BPS (SEM bedeutet Strategic Enterprise Management, BPS bedeutet Business Planning & Simulation).

Anfang 2004 wurde BPS in das Release SAP BW 3.5 integriert und trug den Namen BW-BPS (siehe Abbildung 1.2). Mit dem Release SAP NetWeaver 7.0 wird BW-BPS nicht mehr weiterentwickelt. Es verbleibt als Bestandteil in SAP NetWeaver BI und wird auch durch SAP weiterhin gewartet, d. h., Fehler werden korrigiert, es werden jedoch keine neuen Entwicklungen mehr durchgeführt.

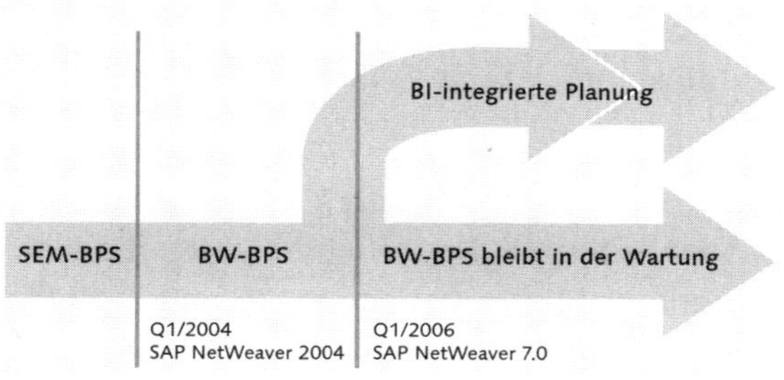

Abbildung 1.2 Planungsinstrumente in SAP NetWeaver BI

Mit SAP NetWeaver 7.0 wurde die BI-integrierte Planung als neues Planungsinstrument vorgestellt. Zusätzlich werden von SAP zukünftig weitere Planungsinstrumente angeboten; dazu gehört u.a. das Produkt SAP BPC (Business Planning and Consolidation).

1.2 Übersicht über die BI-integrierte Planung

Der Ablauf und die Funktionalitäten der Implementierung von Planungsanwendungen mit der BI-integrierten Planung sind in Abbildung 1.3 dargestellt.

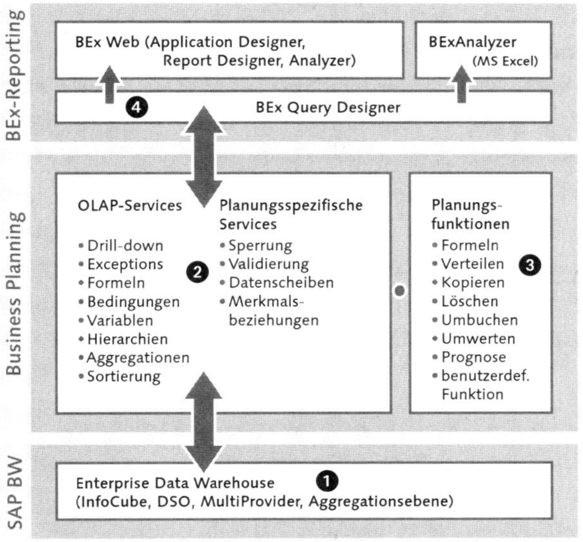

Abbildung 1.3 Aufbau und Funktionalitäten der BI-integrierten Planung

Das Enterprise Data Warehouse von SAP stellt die konsolidierte Datenbasis ❶ für beliebige Planungsanwendungen bereit. Eine der größeren technischen Erweiterungen der BI-integrierten Planung ist die Fähigkeit der OLAP Services, Daten nicht nur für das Reporting effizient aufzubereiten, sondern Daten auch in umgekehrter Richtung zurück in SAP NetWeaver BI zu schreiben ❷.

Die OLAP Services und die planungsspezifischen Services stellen die gesamte Funktionalität zur Verwaltung der durch eine Planungsanwendung angezeigten und beeinflussten Datenstrukturen bereit. Die Modellierung einer Planungsaufgabe erfolgt vollständig in einem Java-basierten Tool mit dem Namen *Planning Modeler*. Zusätzlich stehen noch Planungsfunktionen ❸ zur Manipulation der Plandaten bereit. Diese Planungsfunktionen können mit einem einfachen Formeleditor um weitere Planungsfunktionen erweitert oder sogar individuell vollständig in ABAP programmiert werden.

Das Frontend einer mit der BI-integrierten Planung gestalteten Planungsanwendung wird mit dem bekannten BEx Query Designer ❹ entworfen. Anschließend kann die Planungsanwendung entweder im BEx Analyzer auf Microsoft Excel-Basis oder im Web mit dem BEx Web Application Designer erstellt werden. Der Prozess der Erstellung einer Planungsanwendung ist bei beiden Frontend-Technologien identisch. Es wird jeweils eine für die jeweilige Planungsanwendung erstellte Query mit den anzuzeigenden und zu verändernden Daten mit vorab im Planning Modeler definierten Planungsfunktionen kombiniert.

In Abbildung 1.4 ist eine mit der BI-integrierten Planung erstellte Planungsanwendung im Web zu sehen. Mit dem BEx Query Designer wurde eine Query erstellt, in der die Kennzahl »Betrag« aus dem InfoCube mit den Istdaten ❶ und analog die Kennzahl »Betrag« aus dem InfoCube mit den Plandaten ❷ dargestellt wird. Die Spalte mit den Plandaten ist nicht hellgrau, sondern weiß hinterlegt, d. h., der Anwender kann in dieser Spalte manuell neue Daten eingeben. Der einzige Unterschied zu einer »normalen« Query ist die Freischaltung dieser Spalte für die manuelle Eingabe bzw. für eine Veränderung durch eine Planungsfunktion. Eine solche Query wird *eingabebereite Query* genannt.

Die für diese Planungsanwendung erstellte Query wurde im BEx Web Application Designer mit den Schaltflächen ❸ bis ❺ zusammengestellt. Mit jeder dieser Schaltflächen wird eine vorab parametrisierte Planungsfunktion aufgerufen. Mit der Schaltfläche SICHERN ❸ können die manuellen Eingaben gesichert werden. Mit der Schaltfläche KOPIEREN 2006 NACH 2007 ❹ werden die Istdaten aus 2006 in den InfoCube mit den Plandaten für 2007 kopiert, und mit der Schaltfläche PROZENTUALE UMWERTUNG 2007 ❺ können die Plandaten für 2007 um einen individuell einzugebenden Prozentsatz verändert werden.

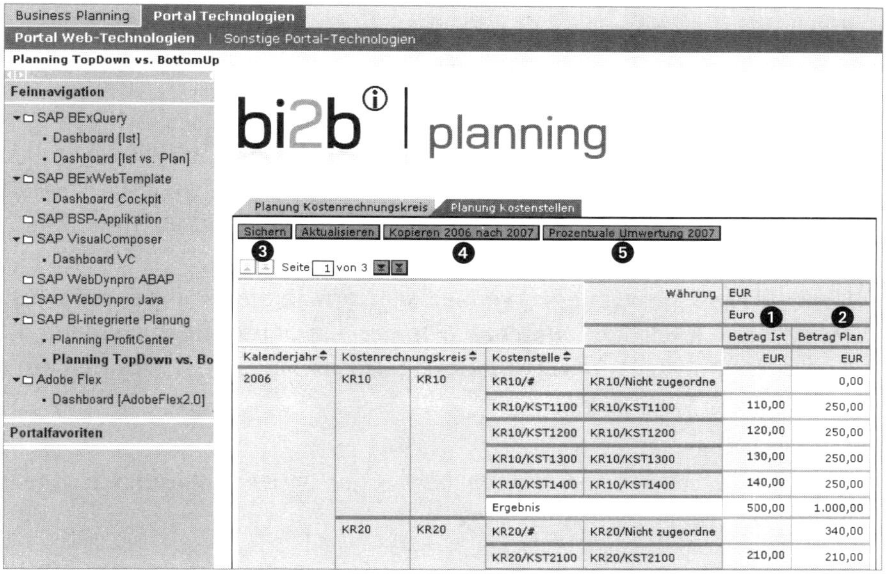

Abbildung 1.4 Planungsanwendung mit der BI-integrierten Planung

Im Folgenden stellen wir kurz die wichtigsten Begriffe und Konzepte der BI-integrierten Planung vor:

- **Datenbasis und Aggregationsebene**
  Es werden realtime-fähige InfoCubes zur Ablage der Plandaten verwendet. Um die Ebene festzulegen, auf der Plandaten erfasst bzw. geändert werden können, wird eine sogenannte Aggregationsebene definiert.
- **Eingabebereite Query**
  Eine Query, die auf einem InfoProvider vom Typ Aggregationsebene definiert wird, ist eingabebereit und kann zur manuellen Planung verwendet werden.
- **Planungsfunktionen**
  Sie dienen zur systemgestützten Bearbeitung, Manipulation oder Erzeugung von Daten.

- **Planungssequenzen**
  Sie stellen eine Abfolge von gruppierten Planungsfunktionen und manuellen Eingabemasken dar und können auch zur Verarbeitung im Hintergrund als Schritt einer Prozesskette eingeplant werden.
- **Filter**
  Ein Filter beschreibt einen Ausschnitt des Datenbestandes, der z. B. in einer Query oder in einer Planungsfunktion bearbeitet wird.
- **Verwendung von Variablen**
  Variablen können an verschiedenen Stellen eingesetzt werden: zur Parametrisierung der Selektion von Merkmalswerten oder zur Parametrisierung von Planungsfunktionen oder Planungssequenzen.
- **Merkmalsbeziehungen**
  Über Merkmalsbeziehungen können semantische Beziehungen zwischen Merkmalen modelliert werden, d. h., es kann festgelegt werden, ob bestimmte Konstellationen von Merkmalen »beplanbar« sein dürfen oder nicht.
- **Datenscheiben**
  Über eine Datenscheibe können bestimmte Bereiche der Daten global gegen Änderungen geschützt werden.

1.2.1 Sperrkonzept

Je nach zu erwartender Last gibt es verschiedene Möglichkeiten, das Sperrverfahren bei mehreren Planern zu implementieren. Da die BI-integrierte Planung mithilfe der BEx-Tools implementiert wird, können Sie in einer Webanwendung Analysefunktionalität und Planungsfunktionalität kombinieren. Einige Leser unter Ihnen werden bereits Erfahrungen im Umgang mit der Planung in BW-BPS gesammelt haben. Nachfolgend haben wir die wichtigsten Punkte zum Zusammenspiel von BW-BPS und BI-integrierter Planung zusammengefasst:

Sowohl BW-BPS als auch die BI-integrierte Planung können parallel mit verschiedenen Planungsanwendungen dieselbe Datenbasis nutzen. Es besteht keine Notwendigkeit, bestehende Planungsanwendungen zu migrieren. Das Sperrverfahren und die auf individuellen Formeln basierenden Planungsfunktionen werden sowohl von BW-BPS als auch von der BI-integrierten Planung gemeinsam verwendet. In der BI-integrierten Planung können Sie die meisten der BEx- bzw. OLAP-Funktionen aus der »normalen« Datenanalyse auch für Planungsanwendungen verwenden.

Viele Konzepte von BW-BPS finden sich auch in der BI-integrierten Planung wieder (Planungsebenen, -funktionen, -sequenzen, Merkmalsbeziehungen, Datenscheiben etc.). Bei Bedarf können Sie von BW-BPS auf die BI-integrierten Planung umstellen. Der Modellierungsansatz einer Planungsaufgabe, das Berechtigungskonzept oder der Einsatz des STS (Status and Tracking System) können übernommen werden. Wie aufwendig die Migration einer Planungsanwendung ist, wird durch die Komplexität der Programmierung der bestehenden Anwendung bestimmt. Die Parametrisierungen der vordefinierten Planungsfunktionen können nicht automatisch übernommen werden, sondern jede Planungsfunktion muss einzeln in der BI-integrierten Planung nachgebaut werden. Wenn vorwiegend Standardfunktionalitäten wie Kopieren, Umbuchen, FOX-Formel etc. eingesetzt werden, ist der Migrationsaufwand zur BI-integrierten Planung kalkulierbar. Bei kundenindividuellen Erweiterungen kann dieser Aufwand natürlich deutlich steigen.

2 Praxisbeispiel einer Planung

Anhand eines einfachen und sehr anschaulichen Beispiels möchten wir Ihnen den Einstieg in die BI-integrierte Planung erleichtern. Die im Folgenden dargestellte Vorgehensweise dient in erster Linie dazu, eine Planung am System selbst durchzuführen und detailliert nachzuvollziehen. Dazu haben wir aus gutem Grund kein komplexes Beispiel gewählt, vielmehr sollen Sie die einzelnen Schritte ohne größeren Aufwand und ohne weitere Probleme durchführen können. Die Ausgangsdaten dieses Beispiels finden Sie unter *www.sap-press.de/2001*.

2.1 Modellierungsszenario

Wir wollen mit Ihnen im Verlauf dieses Kapitels eine Vertriebsplanung implementieren. Dazu werden wir nicht nur die verschiedenen notwendigen Schritte in der BI-integrierten Planung durchführen, sondern Sie auch durch die Erstellung der Ist- und Plan-Cubes zur Aufnahme der Istdaten und zur Speicherung der Plandaten führen. Abbildung 2.1 gibt Ihnen einen Überblick über die einzelnen Schritte, die Sie im Rahmen unseres Praxisbeispiels vornehmen werden.

Zunächst legen Sie mit der Data Warehousing Workbench zwei InfoCubes für die Istdaten ❶ und die Plandaten ❷ sowie einen MultiProvider ❸ an. Sie lernen den Planning Modeler ❹ kennen, mit dem Sie nacheinander Folgendes erstellen:

- eine Aggregationsebene ❺
- die Filter zur Aggregationsebene ❻
- Planungsfunktionen ❼
- eine Planungssequenz ❽

Letztlich benötigen Sie eine eingabebereite Query ❾, die Sie mit dem Query Designer erzeugen, und ein Web Template für Ihre Planungsmaske ❿. Dafür benötigen Sie den BEx Web Application Designer.

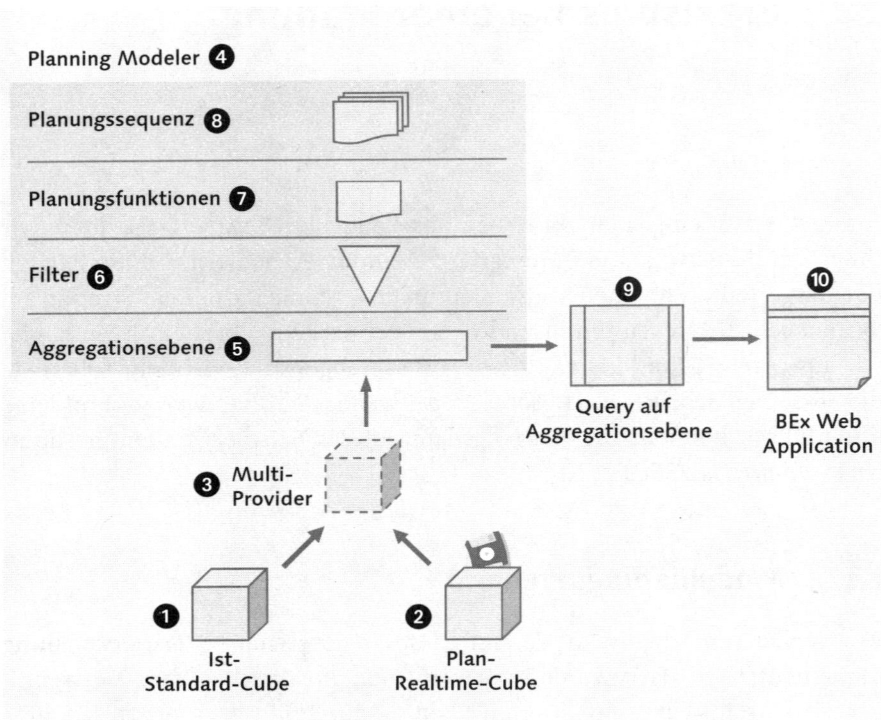

Abbildung 2.1 Übersicht über das Modellierungsszenario

Für den Standard-Cube der Istdaten müssen Sie Daten als Basis für die Planung laden. Das können Daten aus SAP R/3, SAP ERP, weiteren SAP-Systemen oder Fremdsystemen sein. Im vorliegenden Fall stehen die Daten als Flat File (csv-Datei) zur Verfügung. Für den Import müssen die technischen Voraussetzungen gegeben sein, insbesondere die Definition des Quellsystems, z. B. mit dem technischen Namen PCFILE001.

Den InfoCube für die Plandaten legen Sie als realtime-fähigen InfoCube 1 an (siehe Beispiel in Abbildung 2.2).

Damit Sie einen besseren Überblick über Ihre Datenmodelle haben, legen Sie im Funktionsbereich MODELLIERUNG FÜR INFOPROVIDER der Data Warehousing Workbench eine InfoArea ZVP mit der Beschreibung PRAXISBEISPIEL BI INTEGRIERTE PLANUNG an (siehe Abbildung 2.3).

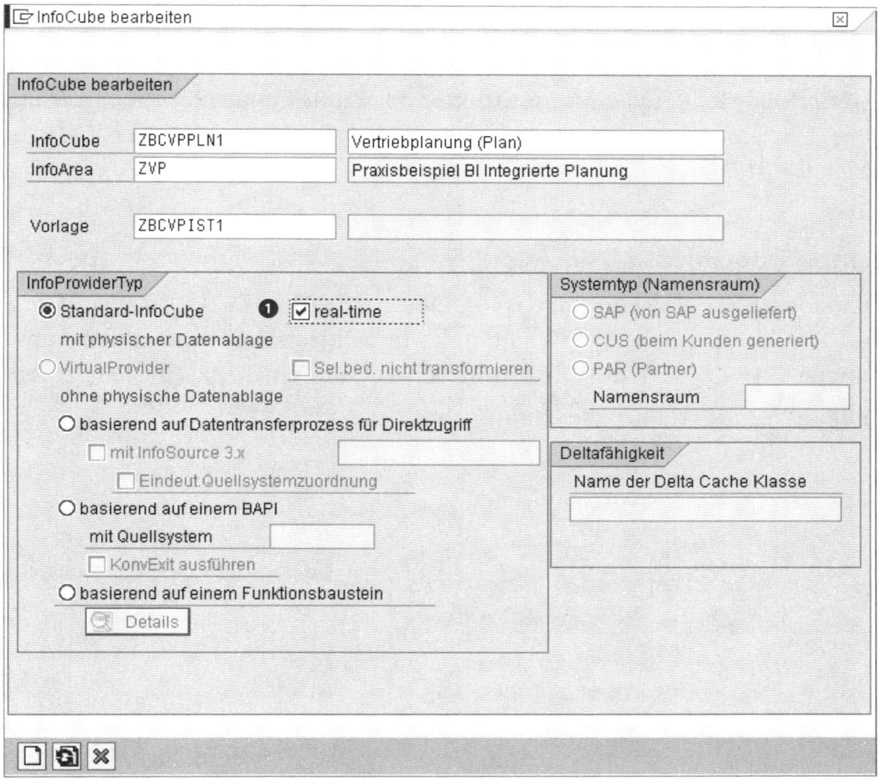

Abbildung 2.2 Anlegen eines realtime-fähigen InfoCubes

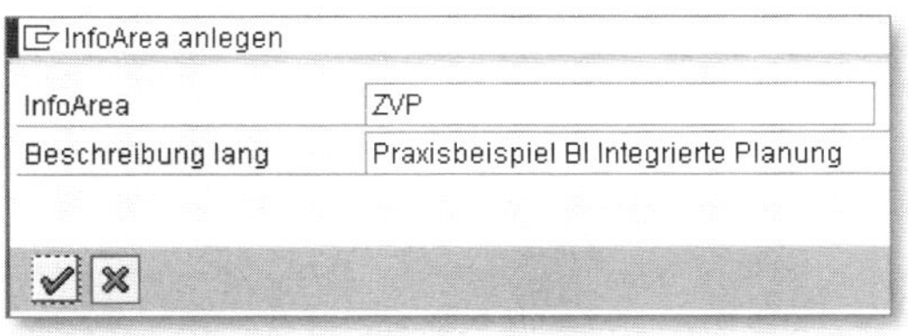

Abbildung 2.3 Anlegen der InfoArea ZVP

2.2 Aufbau des Datenmodells

Für unser Praxisbeispiel benötigen Sie zunächst folgende InfoProvider:

- Standard-InfoCube für die Istdaten
- realtime-fähiger Standard-InfoCube für die Plandaten
- MultiProvider mit Bezug zu beiden InfoCubes

Vom Aufbau her entsprechen sich die InfoProvider in den Merkmalen und Dimensionen.

Das Beispiel stellt eine einfache Struktur der Profit-Center-Rechnung dar mit dem Ziel, eine einfache Vertriebsplanung für die Jahre 2008 bis 2010 auf Basis der Istdaten des Jahres 2007 aufzubauen.

2.2.1 InfoObject ZBETRAG1

Zuerst legen Sie als Kennzahl das InfoObject ZBETRAG1 – BETRAG (EURO) an und aktivieren es. Die Eigenschaften des InfoObjects sehen Sie in den Abbildungen 2.4, 2.5 und 2.6. Die Kennzahl ist vom Typ CURR ❶ (siehe Abbildung 2.4).

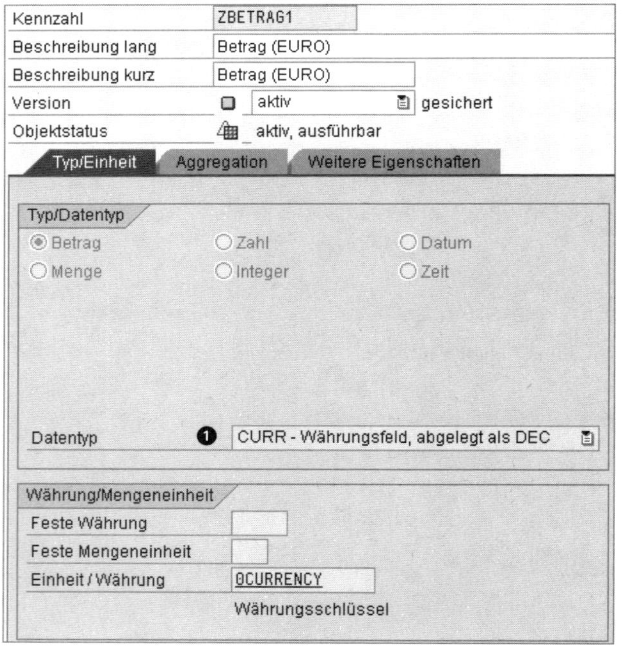

Abbildung 2.4 InfoObject ZBETRAG1 – Typ/Einheit

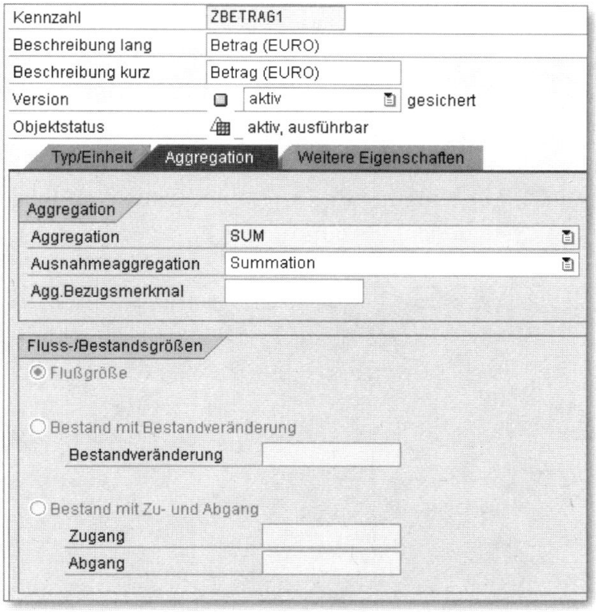

Abbildung 2.5 InfoObject ZBETRAG1 – Aggregation

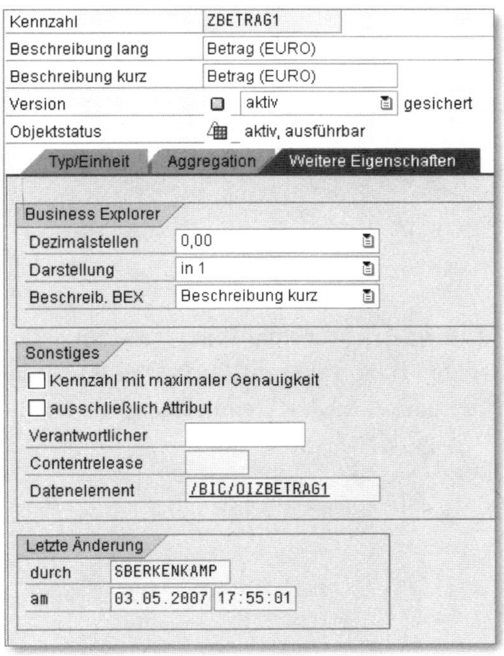

Abbildung 2.6 InfoObject ZBETRAG1 – Weitere Eigenschaften

2.2.2 InfoCube für Istdaten

In der InfoArea ZVP – PRAXISBEISPIEL BI INTEGRIERTE PLANUNG legen Sie den Standard-InfoCube ZBCVPIST1 – VERTRIEBSPLANUNG (IST) für die Istdaten der Profit-Center-Rechnung an. Als Vorlage können Sie den InfoCube 0PCA_C01 – PCA: BEWEGUNGSDATEN aus dem Business Content wählen, oder Sie legen, wie in diesem Fall geschehen, unter Nutzung der InfoObjects aus dem Business Content ein einfaches Modell an (siehe Abbildung 2.7).

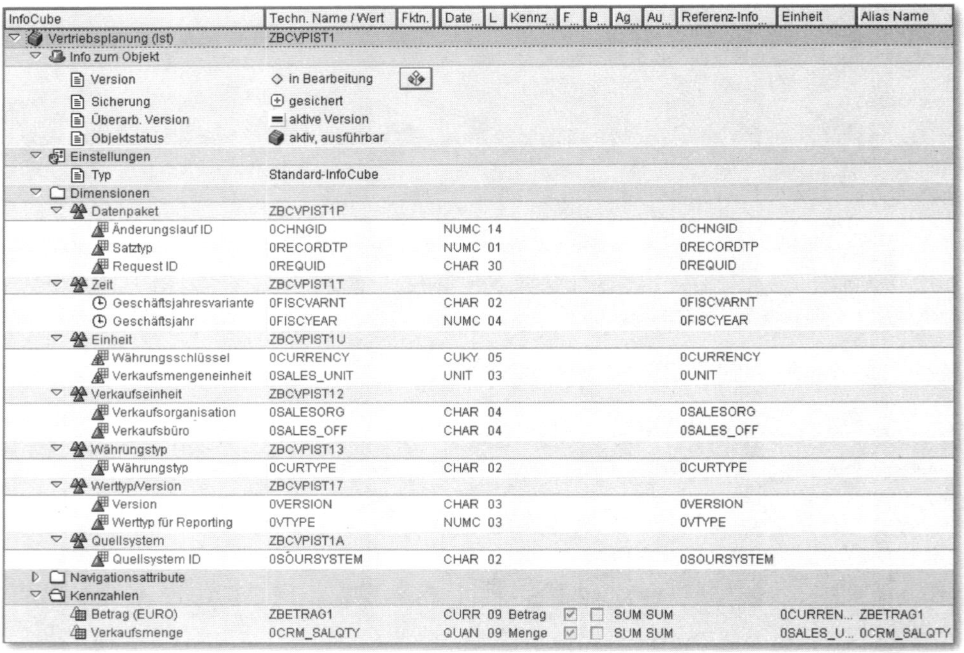

Abbildung 2.7 InfoCube ZBCVPIST1 für Istdaten

Die Dimension WERTTYP/VERSION enthält das Merkmal WERTTYP FÜR REPORTING, damit zwischen Plan- und Istdaten oder anderen Werttypen wie etwa Prognosedaten unterschieden werden kann. In der Stammdatenpflege zum InfoObject 0VTYPE ist dies ersichtlich ❶ (siehe Abbildung 2.8).

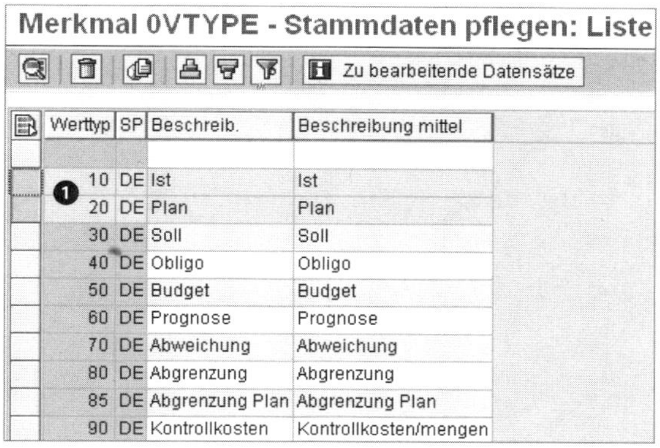

Abbildung 2.8 InfoObject 0VTYPE

2.2.3 InfoCube für Plandaten

Den InfoCube für die Plandaten legen Sie mit der Vorlage des InfoCubes ZBCVPIST1 für die Istdaten an. Im Gegensatz zum Istdaten-InfoCube wird dieser InfoCube mit der Eigenschaft REAL-TIME ❷ erstellt (siehe Abbildung 2.9).

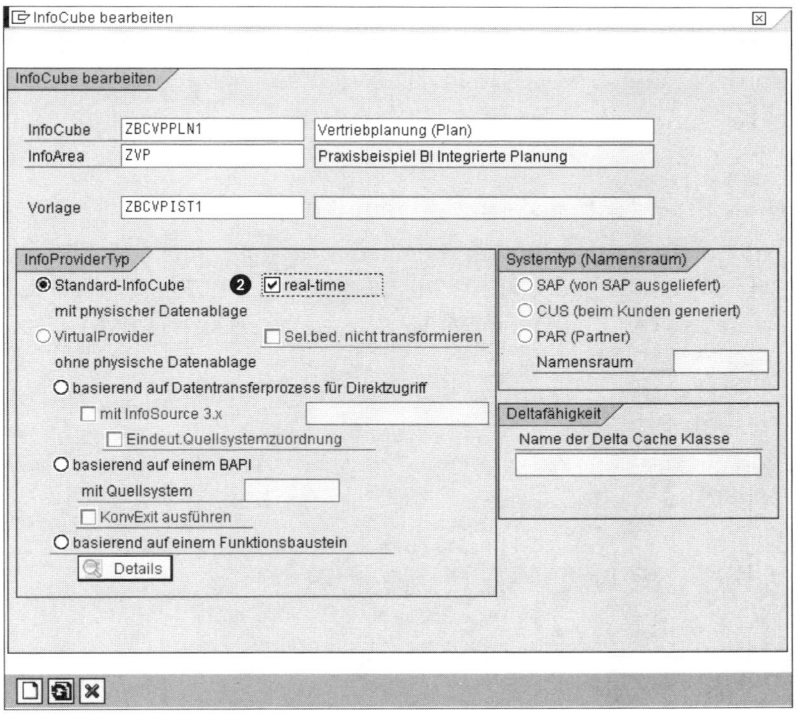

Abbildung 2.9 Anlegen des realtime-fähigen InfoCubes ZBCVPPLN1

Vom Aufbau her ist dieser realtime-fähige InfoCube mit dem InfoCube für die Istdaten identisch (siehe Abbildung 2.10).

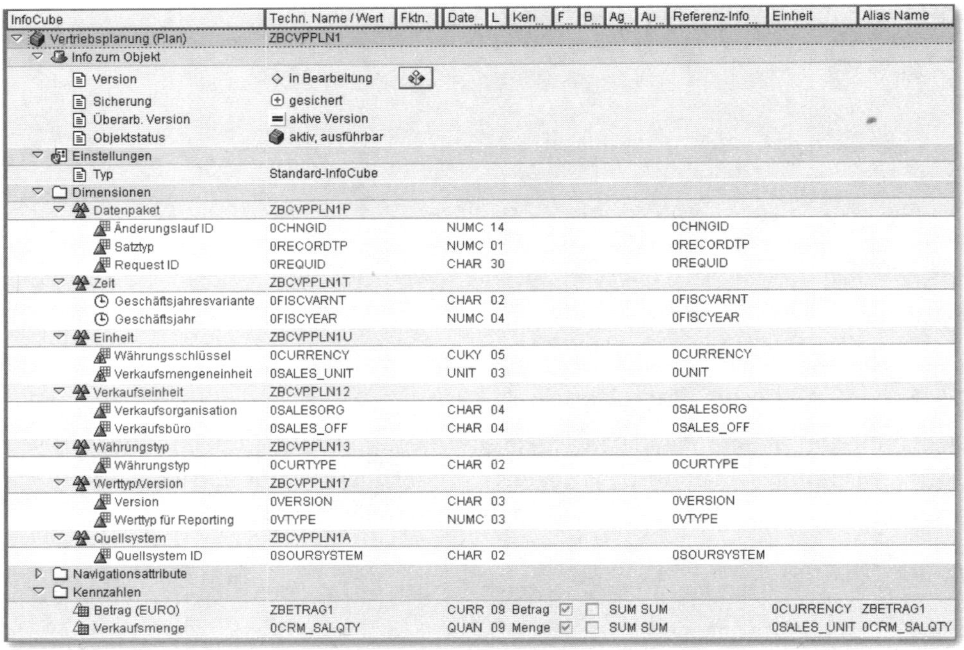

Abbildung 2.10 Realtime-fähiger InfoCube ZBCVPPLN1

2.2.4 MultiProvider für Ist- und Plandaten

Um das Datenmodell abzuschließen, benötigen Sie noch einen MultiProvider, der auf die beiden InfoCubes ZBCVPIST1 und ZBCVPPLN1 verweist. Dazu legen Sie den MultiProvider ZMPVP1 – VERTRIEBSPLANUNG (IST + PLAN) an (siehe Abbildung 2.11).

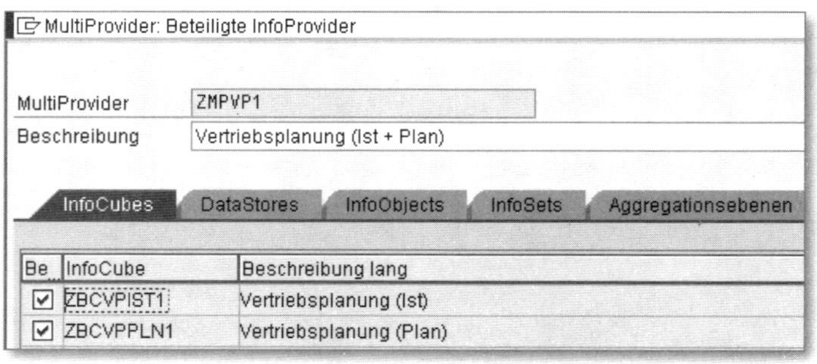

Abbildung 2.11 Anlegen des MultiProviders ZMPVP1

In Abbildung 2.12 ist der Aufbau des MultiProviders ZMPVP1 dargestellt.

MultiProvider	Techn. Name / Wert	Fktn.	E	Date	L	Kennz	F	B	Ag	Au	Referenz-Info	Einheit	Alias Name
Vertriebsplanung (Ist + Plan)	ZMPVP1												
Info zum Objekt													
Version	in Bearbeitung												
Sicherung	gesichert												
Überarb. Version	aktive Version												
Objektstatus	aktiv, ausführbar												
Dimensionen													
Datenpaket	ZMPVP1P												
Änderungslauf ID	0CHNGID			NUMC	14						0CHNGID		
Satztyp	0RECORDTP			NUMC	01						0RECORDTP		
Request ID	0REQUID			CHAR	30						0REQUID		
Zeit	ZMPVP1T												
Geschäftsjahresvariante	0FISCVARNT			CHAR	02						0FISCVARNT		
Geschäftsjahr	0FISCYEAR			NUMC	04						0FISCYEAR		
Einheit	ZMPVP1U												
Währungsschlüssel	0CURRENCY			CUKY	05						0CURRENCY		
Verkaufsmengeneinheit	0SALES_UNIT			UNIT	03						0UNIT		
Verkaufseinheit	ZMPVP12												
Verkaufsorganisation	0SALESORG			CHAR	04						0SALESORG		
Verkaufsbüro	0SALES_OFF			CHAR	04						0SALES_OFF		
Währungstyp	ZMPVP13												
Währungstyp	0CURTYPE			CHAR	02						0CURTYPE		
Werttyp/Version	ZMPVP14												
Version	0VERSION			CHAR	03						0VERSION		
Werttyp für Reporting	0VTYPE			NUMC	03						0VTYPE		
Quellsystem	ZMPVP15												
Quellsystem ID	0SOURSYSTEM			CHAR	02						0SOURSYSTEM		
Navigationsattribute													
Kennzahlen													
Betrag (EURO)	ZBETRAG1			CURR	09	Betrag	☑	☐	SUM	SUM		0CURRENCY	ZBETRAG1
Verkaufsmenge	0CRM_SALQTY			QUAN	09	Menge	☑	☐	SUM	SUM		0SALES_UNIT	0CRM_SALQTY

Abbildung 2.12 MultiProvider ZMPVP1

Jetzt sind die Datenmodelle fertig angelegt. Sie finden sie unter der InfoArea Praxisbeispiel BI Integrierte Planung (siehe Abbildung 2.13).

Praxisbeispiel BI Integrierte Planung	ZVP		Ändern		
Vertriebsplanung (Ist)	ZBCVPIST1	=	Administrieren		
Vertriebsplanung (Plan)	ZBCVPPLN1	=	Administrieren		
Vertriebsplanung (Ist + Plan)	ZMPVP1	=	Ändern		
Vertriebsplanung (Ist)	ZBCVPIST1	=	Administrieren	InfoProvider	
Vertriebsplanung (Plan)	ZBCVPPLN1	=	Administrieren	InfoProvider	

Abbildung 2.13 Übersicht über die Datenmodelle

Der nächste Schritt sieht die Datenbeladung vor. Hierzu wird auf die Verfahren *Transformation* und *Datenbewirtschaftungsprozess* zurückgegriffen.

2.3 Datenbeladung

Sie führen die Planung auf Basis der Istdaten des Geschäftsjahres 2007 durch. Dazu müssen Sie zunächst die Istdaten 2007 in den dafür vorgesehenen InfoCube ZBCVPIST1 – Vertriebsplanung (Ist) laden.

2.3.1 Flat File

Die Daten stehen in einer csv-Datei zur Verfügung. Die Datei hat den in Tabelle 2.1 dargestellten Aufbau.

Feld	Länge
Geschäftsjahresvariante	2
Geschäftsjahr	4
Währung	5
Mengeneinheit	3
Währungstyp	2
Verkaufsorganisation	4
Verkaufsbüro	4
Version	3
Werttyp für Reporting	3
Menge	23
Umsatz	23

Tabelle 2.1 Felder der csv-Datei für die Istdaten 2007

2.3.2 DataSource

Legen Sie im Funktionsbereich MODELLIERUNG FÜR DATASOURCES der Data Warehousing Workbench eine DataSource an.

Als Quellsystem müssen Sie PCFILE001 wählen. Definieren Sie die Anwendungskomponente ZVP – PRAXISBEISPIEL BI INTEGRIERTE PLANUNG (siehe Abbildung 2.14).

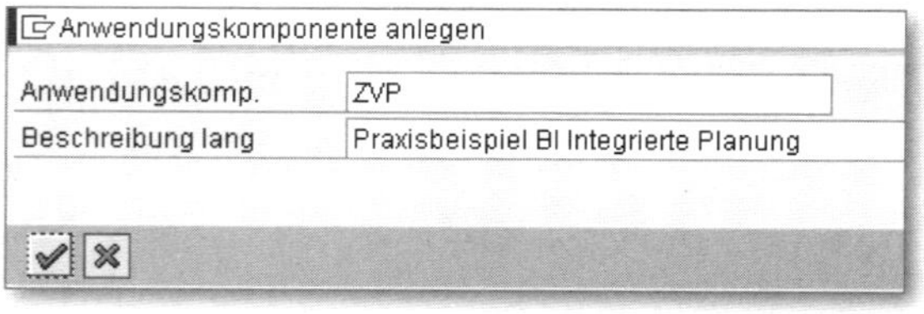

Abbildung 2.14 Anwendungskomponente ZVP

Gehen Sie dann auf die Anwendungskomponente ZVP, rufen Sie das Kontextmenü auf, und selektieren Sie die Funktion DATASOURCE ANLEGEN.

Im Folgebild geben Sie als DataSource ZBCVPIST1 ein, und wählen Sie das Quellsystem PCFILE001. Als Datentyp der DataSource selektieren Sie BEWEGUNGSDATEN (siehe Abbildung 2.15).

Abbildung 2.15 DataSource ZBCVPIST1 anlegen

Auf der Registerkarte ALLGEMEINES erfassen Sie die Texte für die DataSource ❶ (siehe Abbildung 2.16).

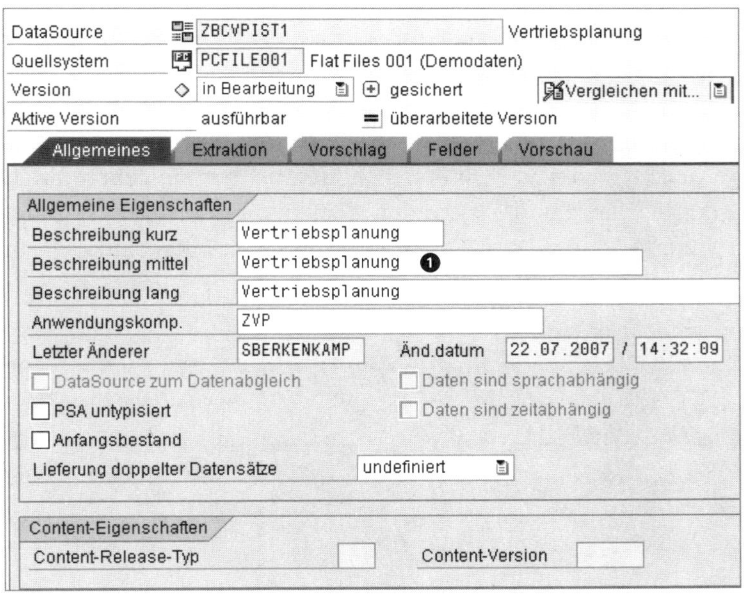

Abbildung 2.16 DataSource – Allgemeines

Auf der Registerkarte EXTRAKTION geben Sie an, ob die Datei auf dem Applikationsserver oder auf der lokalen Workstation liegt ❷. In diesem Fall liegt die Datei als textartige Datei auf der lokalen Workstation. Wählen Sie das Verzeichnis und die Datei aus ❸, und bestimmen Sie das Datenformat, wie in Abbildung 2.17 angegeben ❹.

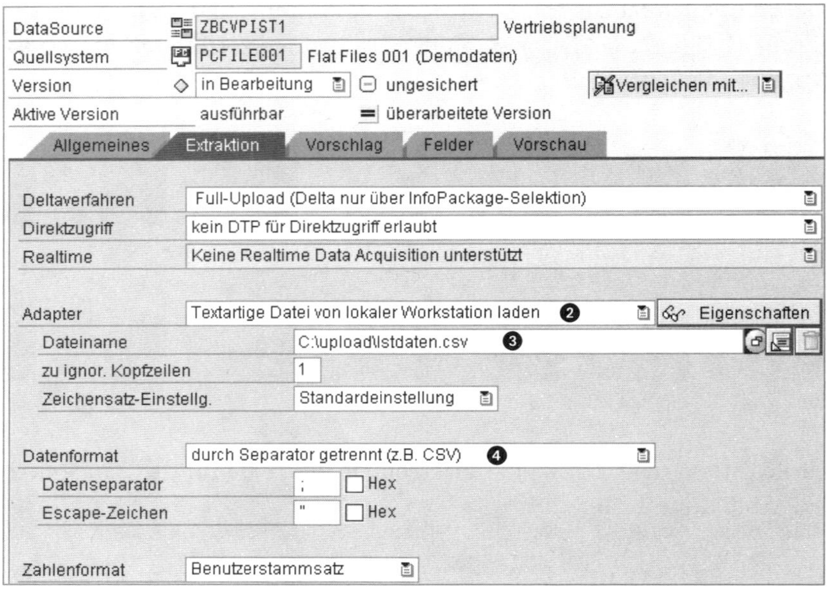

Abbildung 2.17 DataSource – Extraktion

Für die Definition der Felder können Sie sich auf der Registerkarte VORSCHLAG einen Vorschlag vom System erstellen lassen, oder Sie gehen direkt auf die Registerkarte FELDER und ordnen den einzelnen Feldern der csv-Datei die InfoObjects zu. Zu guter Letzt ist die DataSource so aufgebaut, wie in Abbildung 2.18 zu sehen.

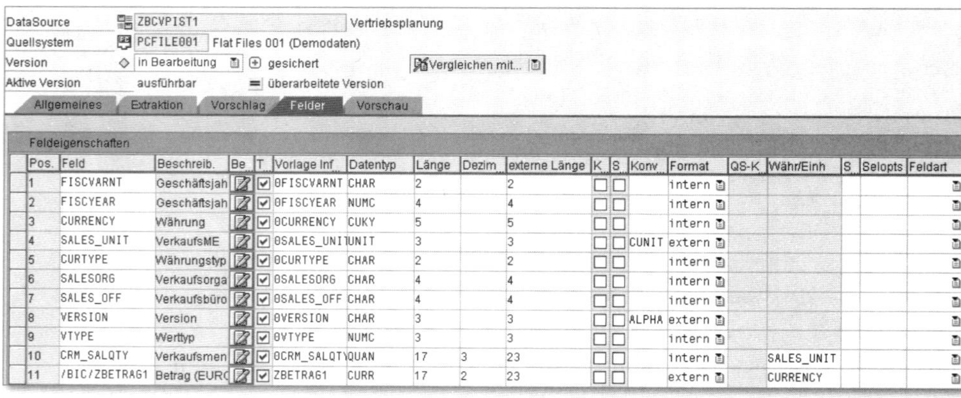

Pos.	Feld	Beschreib.	Be	T	Vorlage Inf	Datentyp	Länge	Dezim	externe Länge	K	S	Konv	Format	QS-K	Währ/Einh	S	Selopts	Feldart
1	FISCVARNT	Geschäftsjah		☑	0FISCVARNT	CHAR	2		2	☐	☐		intern					
2	FISCYEAR	Geschäftsjah		☑	0FISCYEAR	NUMC	4		4	☐	☐		intern					
3	CURRENCY	Währung		☑	0CURRENCY	CUKY	5		5	☐	☐		intern					
4	SALES_UNIT	VerkaufsME		☑	0SALES_UNI	UNIT	3		3	☐	☐	CUNIT	extern					
5	CURTYPE	Währungstyp		☑	0CURTYPE	CHAR	2		2	☐	☐		intern					
6	SALESORG	Verkaufsorga		☑	0SALESORG	CHAR	4		4	☐	☐		intern					
7	SALES_OFF	Verkaufsbüro		☑	0SALES_OFF	CHAR	4		4	☐	☐		intern					
8	VERSION	Version		☑	0VERSION	CHAR	3		3	☐	☐	ALPHA	extern					
9	VTYPE	Werttyp		☑	0VTYPE	NUMC	3		3	☐	☐		intern					
10	CRM_SALQTY	Verkaufsmen		☑	0CRM_SALQT	QUAN	17	3	23	☐	☐		intern		SALES_UNIT			
11	/BIC/ZBETRAG1	Betrag (EUR		☑	ZBETRAG1	CURR	17	2	23	☐	☐		extern		CURRENCY			

Abbildung 2.18 DataSource – Felder

Prüfen und aktivieren Sie anschließend die DataSource.

2.3.3 Transformation

Ausgehend von Ihrem InfoCube ZBCVPIST1 – Vertriebsplanung (Ist) legen Sie nun die Transformation zur DataSource ❶ an (siehe Abbildung 2.19).

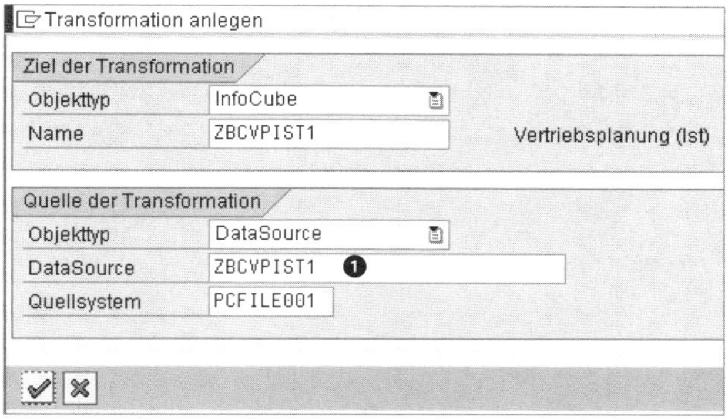

Abbildung 2.19 Transformation anlegen

Das System erzeugt einen Vorschlag für die Regeln, die Sie bei Bedarf ergänzen können. Es erfolgt eine 1:1-Umsetzung. Nur für das InfoObject 0SOURSYSTEM – Quellsystem ID setzen Sie die Konstante PC ❷ (siehe Abbildung 2.20).

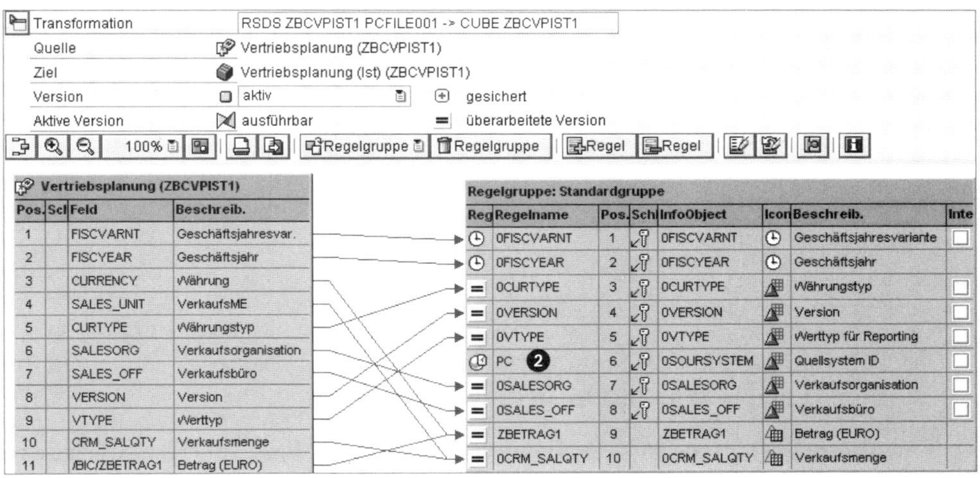

Abbildung 2.20 Transformationsregeln

Prüfen und aktivieren Sie anschließend die Transformation.

2.3.4 Datentransferprozess

Als letzten Schritt benötigen Sie den Datentransferprozess (kurz DTP). In diesem einfachen Beispiel wird auf ein InfoPackage verzichtet, d. h., der DTP holt die Daten direkt aus der Datei.

Gehen Sie wieder in das Kontextmenü zum InfoCube ZBCVPIST1 – VERTRIEBSPLANUNG (IST), und wählen Sie ANLEGEN DATENTRANSFERPROZESS. Im Folgebild selektieren Sie als Quelle des DTPs Ihre DATASOURCE ❶ (siehe Abbildung 2.21).

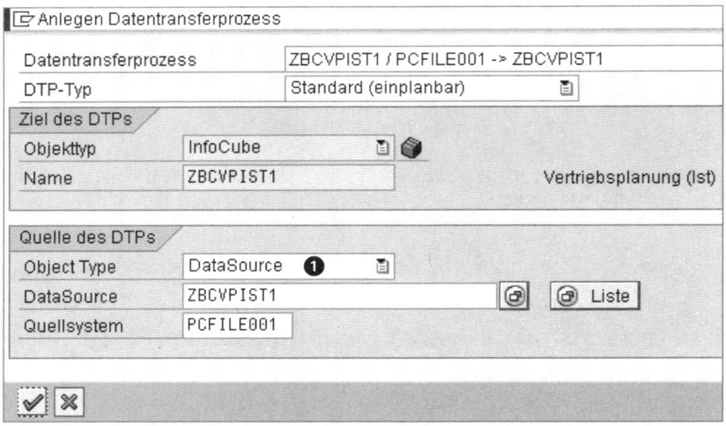

Abbildung 2.21 Datentransferprozess anlegen

Auf der Registerkarte EXTRAKTION (siehe Abbildung 2.22) wählen Sie den Extraktionsmodus FULL ❷, setzen Sie das Kennzeichen NICHT AUS PSA EXTRAHIEREN, SONDERN DURCHGRIFF AUF DATENQUELLE (FÜR GERINGE DATENMENGEN) ❸, und geben Sie wieder Ort, Pfad und Dateinamen ❹ sowie das Datenformat ❺ an.

Prüfen und aktivieren Sie den Datentransferprozess.

Auf der Registerkarte AUSFÜHREN können Sie den DTP starten und somit die Daten in Ihren InfoCube laden ❻ (siehe Abbildung 2.23).

Alternativ können Sie natürlich auch für den Vorgang der Datenbeladung eine Prozesskette aufbauen. Darauf wird in diesem Beispiel aber verzichtet.

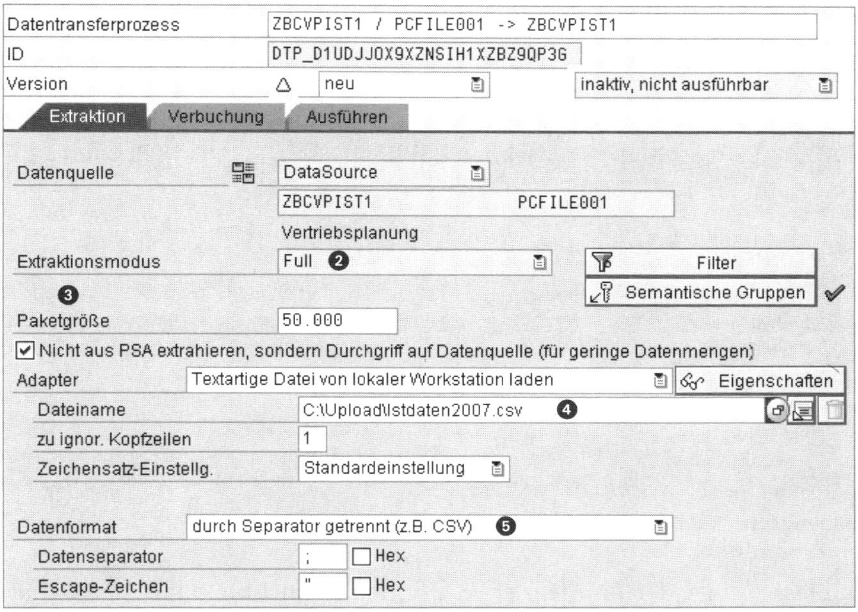

Abbildung 2.22 DTP – Extraktion

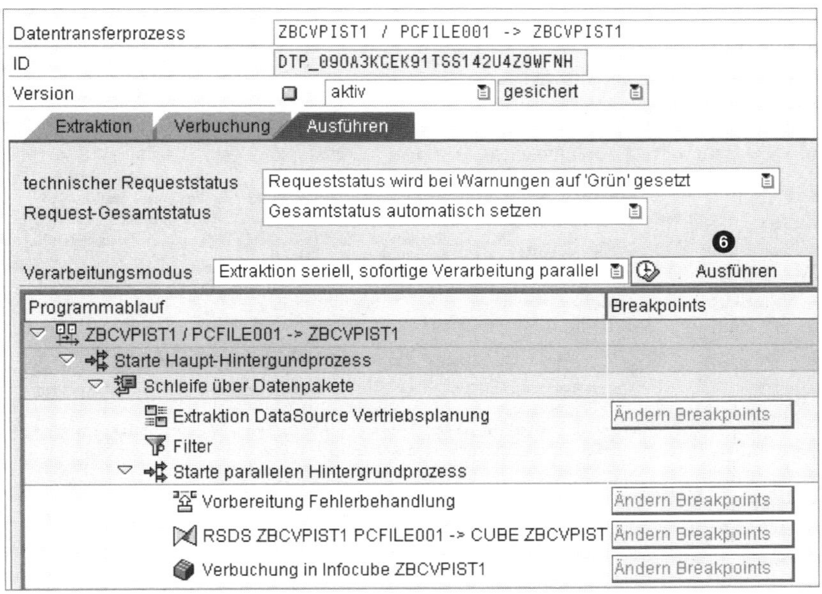

Abbildung 2.23 DTP – Ausführen

2.4 Aufbau einer Planungsanwendung mit dem Planning Modeler

Für die eigentliche Planung nutzen Sie den Planning Modeler. Dazu rufen Sie in SAP NetWeaver BI die Transaktion RSPLAN – BI INTEGRIERTE PLANUNG auf (siehe Abbildung 2.24).

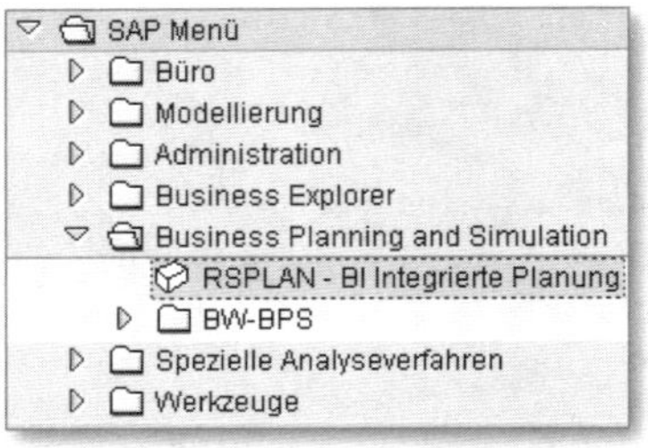

Abbildung 2.24 Aufruf der Transaktion RSPLAN

Das Einstiegsbild der BI-integrierten Planung ist in Abbildung 2.25 dargestellt. Sie rufen den Planning Modeler auf, indem Sie auf den Button MODELER STARTEN ❶ klicken.

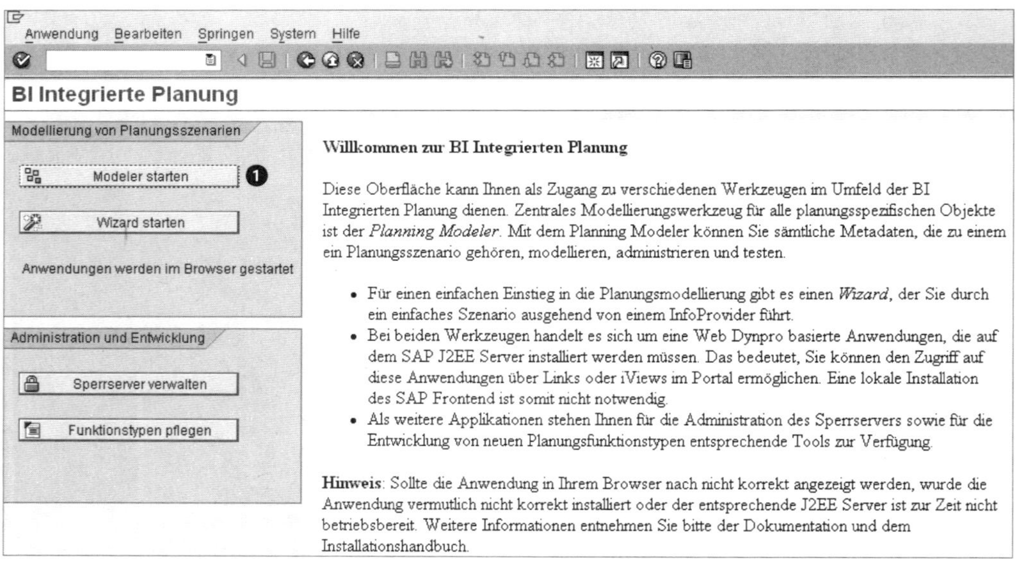

Abbildung 2.25 Einstieg in die BI-integrierte Planung

Beim Aufruf des Planning Modelers startet der Internetbrowser, hier der Internet Explorer 6.0. Der Planning Modeler ist in verschiedene Registerkarten unterteilt, die Sie der Reihe nach durchgehen, um das Planungsszenario zu definieren:

- InfoProvider
- Aggregationsebenen
- Filter
- Planungsfunktionen
- Planungssequenzen

Zunächst müssen Sie den InfoProvider für die Planung auswählen. In diesem Beispiel ist das der MultiProvider ZMPVP1 – VERTRIEBSPLANUNG (IST + PLAN).

Den technischen Namen können Sie in das Eingabefeld SUCHE direkt eingeben ❶, ohne Eingabe erhalten Sie sämtliche möglichen InfoProvider. Mit START ❷ führen Sie die Suche aus (siehe Abbildung 2.26).

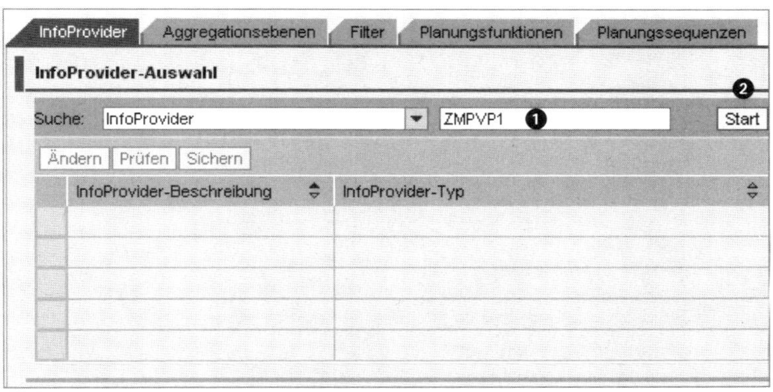

Abbildung 2.26 Einstieg in den Planning Modeler

Als Ergebnis wird der InfoProvider mit seinen Komponenten dargestellt (siehe Abbildung 2.27).

Von der Registerkarte INFOPROVIDER gehen Sie nun zur Registerkarte AGGREGATIONSEBENEN. Eine Aggregationsebene ist ein InfoProvider, der mit dem Planning Modeler angelegt wird und durch eine Menge von Merkmalen und Kennzahlen eines zugrunde liegenden InfoProviders bestimmt wird. In unserem Beispiel ist es der MultiProvider ZMPVP1.

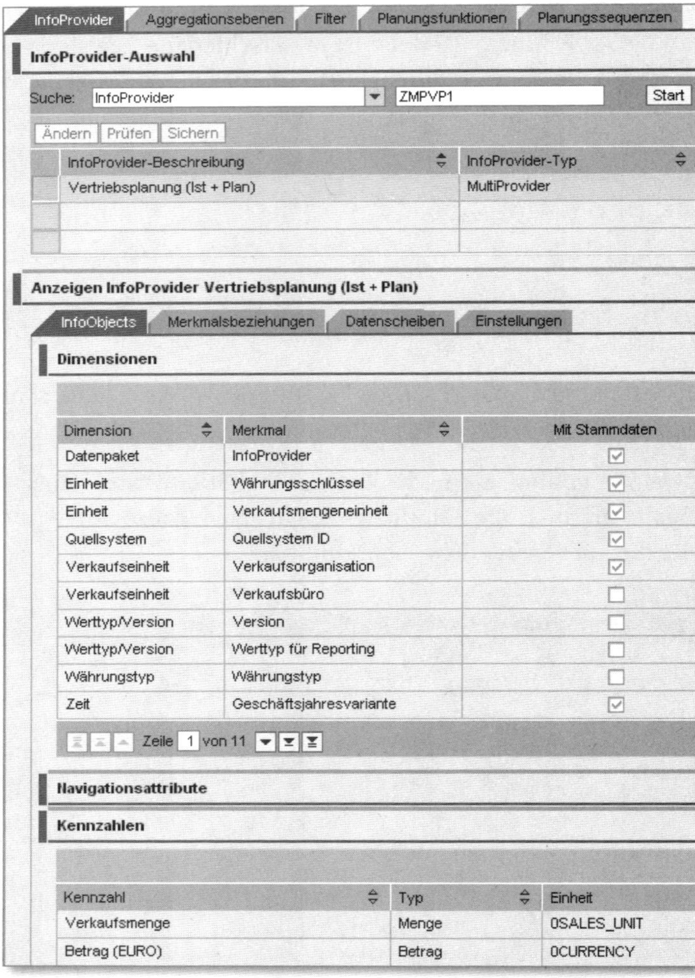

Abbildung 2.27 Auswahl MultiProvider ZMPVP1 für die Planung

Mit einem Klick auf den Button ANLEGEN ❶ erzeugen Sie eine Aggregationsebene (siehe Abbildung 2.28).

Abbildung 2.28 Anlegen einer Aggregationsebene – Teil 1

Geben Sie den technischen Namen ❶ und die Beschreibung ein ❷ (siehe Abbildung 2.29).

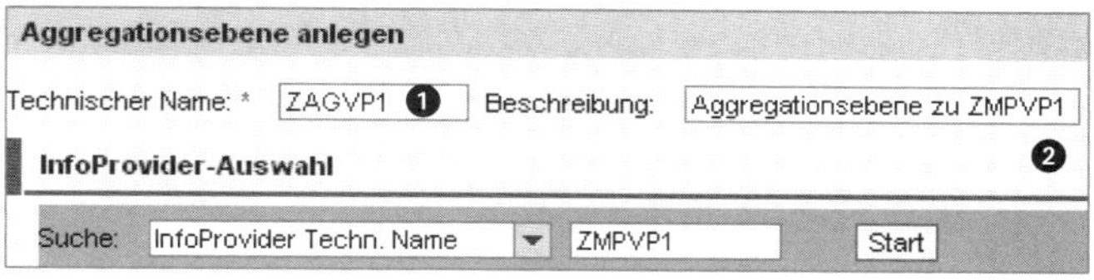

Abbildung 2.29 Anlegen einer Aggregationsebene – Teil 2

Mit einem Klick auf den Button ÜBERNEHMEN wird die neue Aggregationsebene angelegt.

Eine Aggregationsebene bildet eine Teilmenge der Merkmale des zugrunde liegenden InfoProviders. Im unteren Bereich wählen Sie nun die Merkmale und Kennzahlen aus, die für die Planung relevant sind (siehe Abbildung 2.30).

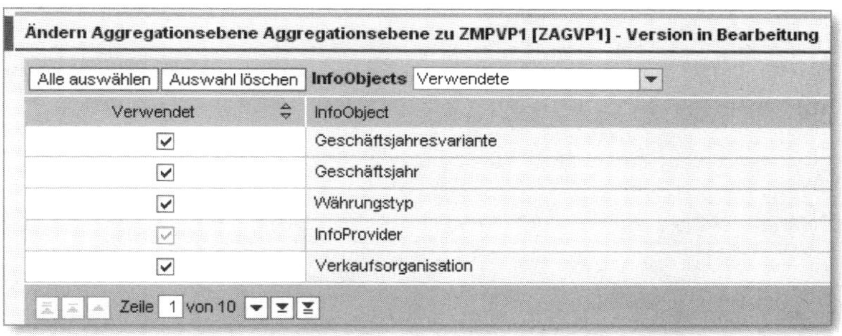

Abbildung 2.30 Auswahl der Merkmale und Kennzahlen für die Aggregationsebene

Im Einzelnen sind das folgende Merkmale:

- Geschäftsjahresvariante
- Geschäftsjahr
- Währungstyp
- InfoProvider (automatisch gesetzt)
- Verkaufsorganisation
- Verkaufsbüro
- Quellsystem ID

- Werttyp für Reporting
- Währungsschlüssel

Als Kennzahl wählen Sie bitte:

- Betrag (EURO)

Auf der Registerkarte FILTER setzen Sie einige für die Planung relevante Filter. Auf diese Weise können Sie die Planung für bestimmte Datenbestände eingrenzen:

- **Geschäftsjahresvariante**
  Filter: K4 – Kalenderjahr mit 4 Sonderperioden
- **Währung**
  Filter: Euro
- **Quellsystem ID**
  Filter: Flat File
- **Währungstyp**
  Filter: Währung des Buchungskreises

Am Beispiel der GESCHÄFTSJAHRESVARIANTE ❶ ist die Eingabe dargestellt (siehe Abbildung 2.31).

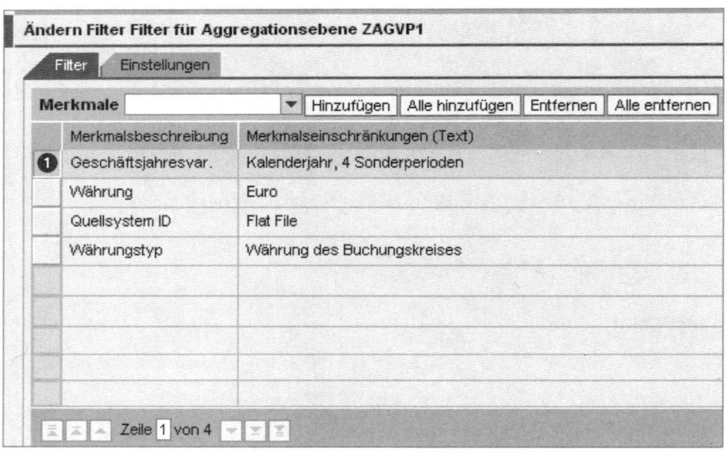

Abbildung 2.31 Filtereinstellungen

Am rechten Rand finden Sie die WERTEHILFE, mit der Sie die Filterkriterien bestimmen (siehe Abbildung 2.32).

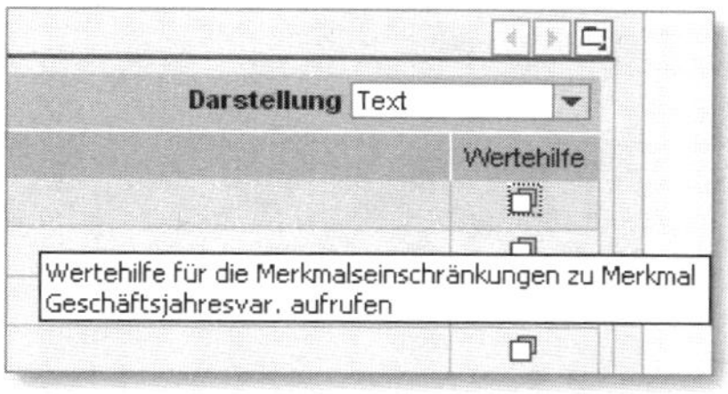

Abbildung 2.32 Wertehilfe für das Merkmal »Geschäftsjahresvariante«

Markieren Sie im Folgebild die Geschäftsjahresvariante K4 ❶, und fügen Sie sie der Liste Ausgewählte Selektionen hinzu ❷. Bestätigen Sie anschließend mit OK ❸ (siehe Abbildung 2.33).

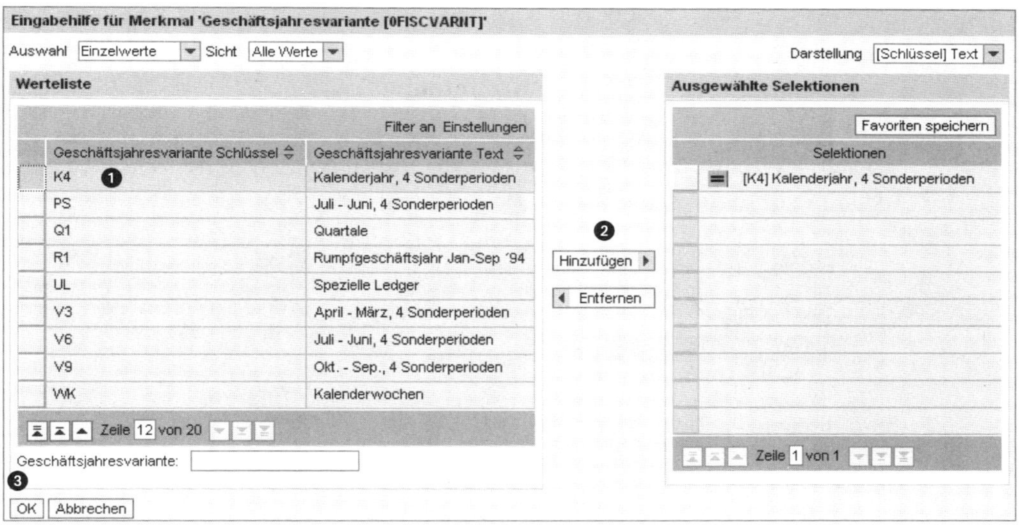

Abbildung 2.33 Filtereingabe für das Merkmal »Geschäftsjahresvariante«

Nach der Filterdefinition gelangen Sie auf den beiden Registerkarten Planungsfunktionen und Planungssequenzen zu den eigentlichen Planungsfunktionalitäten.

Voraussetzung für eine Planungssequenz ist die Definition der Planungsfunktionen. Daher definieren Sie zunächst einige Planungsfunktionen.

Dazu klicken Sie in der Registerkarte Planungsfunktionen auf den Button Anlegen ❹ (siehe Abbildung 2.34).

Abbildung 2.34 Registerkarte »Planungsfunktionen«

Im Folgebild können Sie zunächst den Typ der Planungsfunktion auswählen. Sie haben die Wahl zwischen diesen Typen:

- Kopieren
- Löschen
- Umwertung

2.4.1 Planungsfunktion »Kopieren«

Zur Auswahl der Planungsfunktion klicken Sie auf den Button TYP ❶. Sie erhalten eine Auflistung der zur Verfügung stehenden Funktionen. Wählen Sie die Funktion KOPIEREN aus ❷ (siehe Abbildung 2.35).

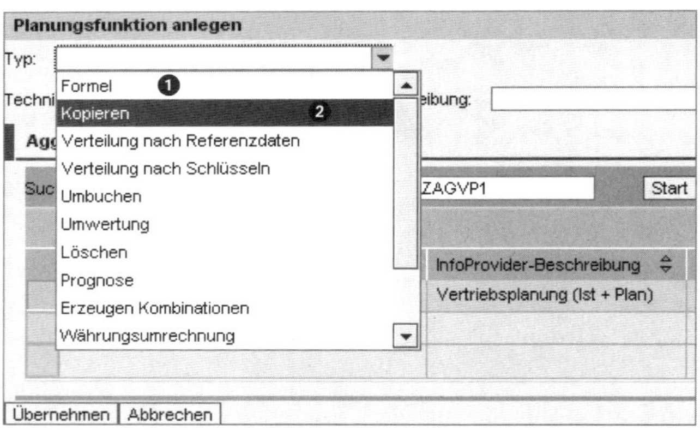

Abbildung 2.35 Anlegen der Planungsfunktion »Kopieren«

Mit dieser Funktion sollen zunächst die Istdaten von 2007 auf andere Geschäftsjahre kopiert werden. Der technische Name ist ZAGVP1_KOPIE1 mit der Beschreibung KOPIEREN DER ISTDATEN. Klicken Sie anschließend auf den Button ÜBERNEHMEN. Unter MERKMALSVERWENDUNG markieren Sie die Merkmale, deren Werte eine Änderung durch die Planungsfunktion erfahren. Das sind die Merkmale »Geschäftsjahr«, »InfoProvider« und »Werttyp für Reporting« (siehe Abbildung 2.36).

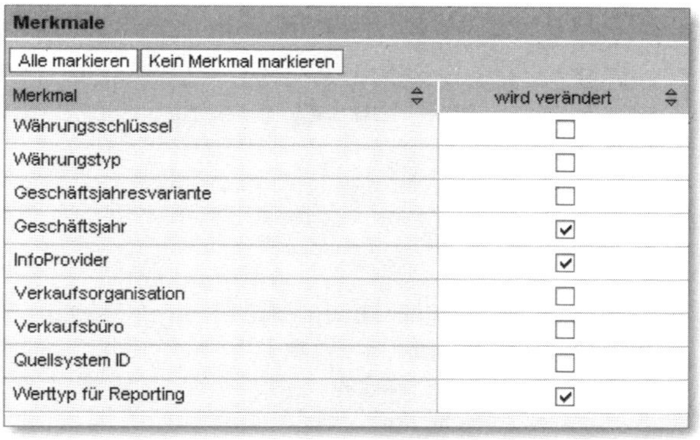

Abbildung 2.36 Merkmalsverwendung für die Planungsfunktion »Kopieren«

Als Parameter wählen Sie die Kennzahl »Betrag (EURO)« aus ❶ und definieren für die Merkmale die Von- ❷ und Nachwerte ❸ (siehe Abbildung 2.37).

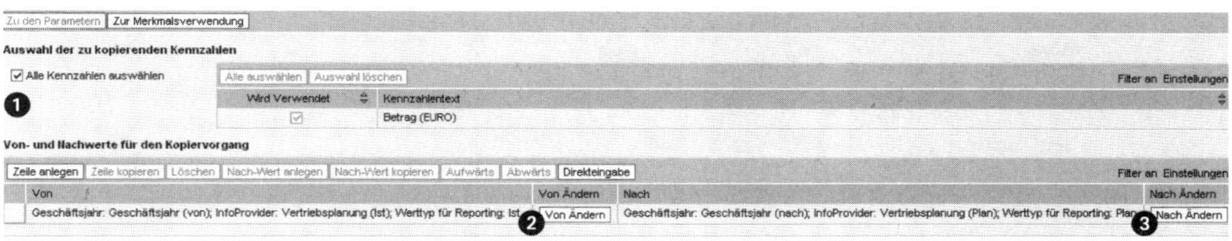

Abbildung 2.37 Parameter der Planungsfunktion »Kopieren«

Wie bei den Filtern können Sie auch hier Werte hinterlegen ❹ (siehe Abbildung 2.38). Die Vonwerte können Sie mit einem Klick auf den Button Von Ändern einpflegen, die Nachwerte mit dem Button Nach Ändern.

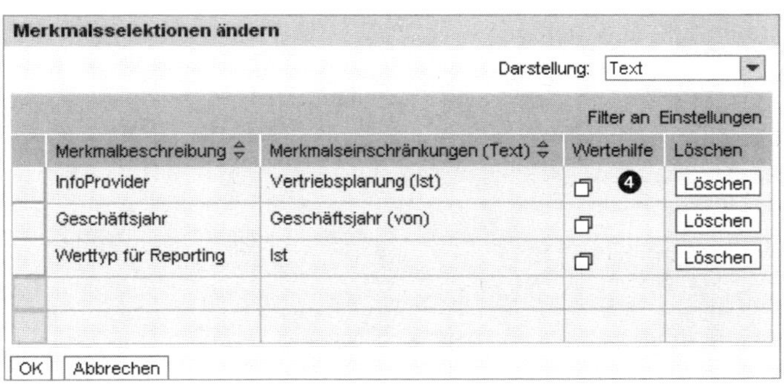

Abbildung 2.38 Filter für Vonwert der Planungsfunktion »Kopieren«

2.4.2 Wertehilfe für das Merkmal »InfoProvider«

Wählen Sie als InfoProvider VERTRIEBSPLANUNG (IST) ❶, und fügen Sie dieses Merkmal der Liste AUSGEWÄHLTE SELEKTIONEN hinzu ❷. Bestätigen Sie dann mit OK ❸ (siehe Abbildung 2.39).

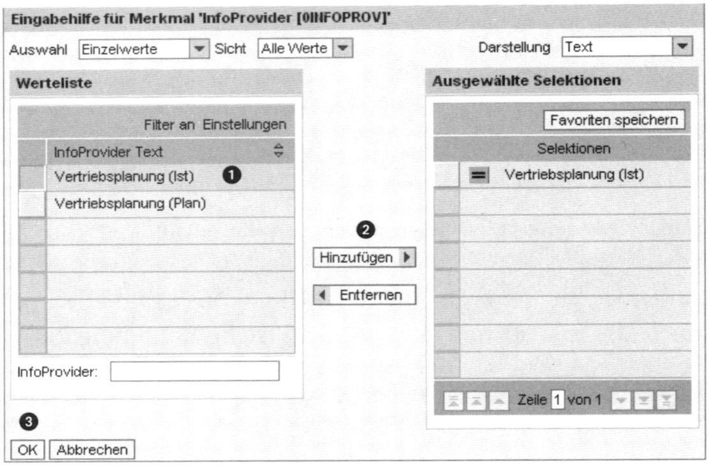

Abbildung 2.39 Filter für das Merkmal »InfoProvider«

2.4.3 Wertehilfe für das Merkmal »Geschäftsjahr«

Neben Festwerten können Sie auch mit Variablen arbeiten. Für das Geschäftsjahr legen Sie hierzu die Variable ZAGVP1G1, Bezeichnung GESCHÄFTSJAHR (VON) an ❹. Dazu müssen Sie in die Sicht VARIABLEN ❺ (siehe Abbildung 2.40) gehen.

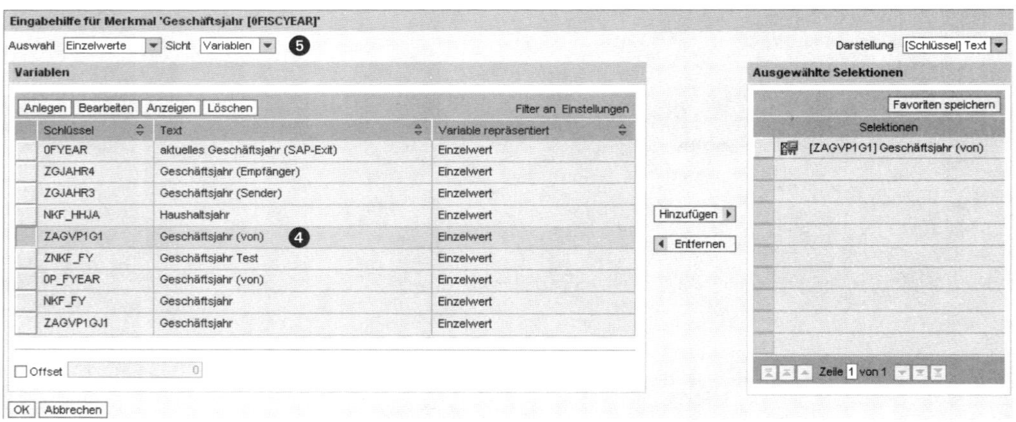

Abbildung 2.40 Filter für das Merkmal »Geschäftsjahr«

Die Definition der Variablen, die auch in den Querys verwendet werden kann, ist in den Abbildungen 2.41, 2.42 und 2.43 dargestellt.

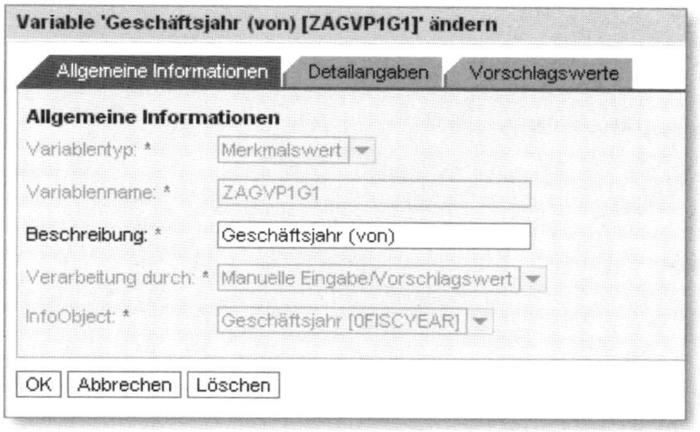

Abbildung 2.41 Variable ZAGVP1G1 – Allgemeine Informationen

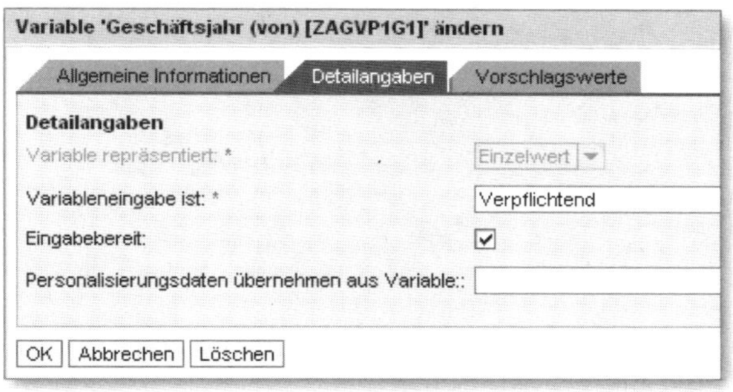

Abbildung 2.42 Variable ZAGVP1G1 – Detailangaben

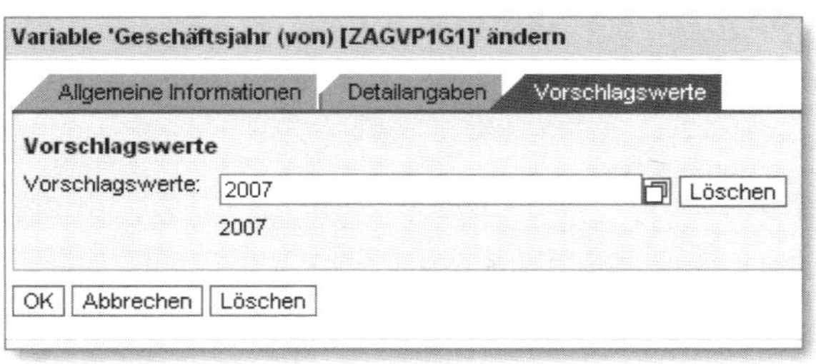

Abbildung 2.43 Variable ZAGVP1G1 – Vorschlagswerte

2.4.4 Wertehilfe für das Merkmal »Werttyp für Reporting«

Wählen Sie den Werttyp IST aus ❶, und fügen Sie ihn der Liste AUSGEWÄHLTE SELEKTIONEN hinzu ❷. Bestätigen Sie dann mit OK ❸ (siehe Abbildung 2.44).

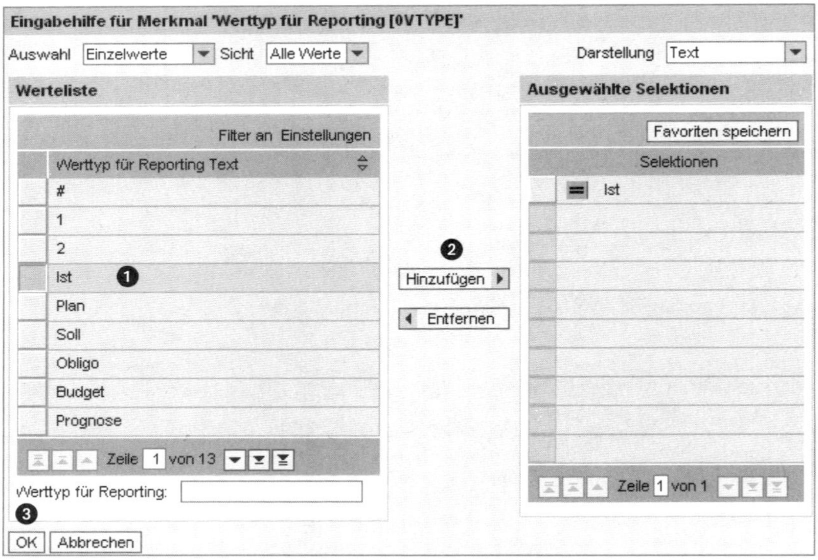

Abbildung 2.44 Filter für das Merkmal »Werttyp für Reporting«

In Bezug auf die Nachwerte gehen Sie auf die gleiche Weise vor.

Als InfoProvider wählen Sie den InfoCube ZBCVPPLN1 aus, der Werttyp für das Reporting ist PLAN. Als Variable für das Geschäftsjahr definieren Sie eine Variable ZAGVP1G2 ❹ mit Intervalleingabe. Dazu müssen Sie in die Sicht VARIABLEN mit der Auswahl WERTEBEREICHE ❺ wechseln (siehe Abbildung 2.45).

Die Variable ZAGVP1G2 definieren Sie, wie in Abbildung 2.46, Abbildung 2.47 und Abbildung 2.48 dargestellt. Geben Sie auf der Registerkarte ALLGEMEINE INFORMATIONEN die Beschreibung GESCHÄFTSJAHR (NACH) ein und auf der Registerkarte DETAILANGABEN, dass die Variableneingabe VERPFLICHTEND ist und die Variable EINGABEBEREIT sein soll. Als Vorschlagswert wählen Sie auf der Registerkarte VORSCHLAGSWERTE 2008 – 2010.

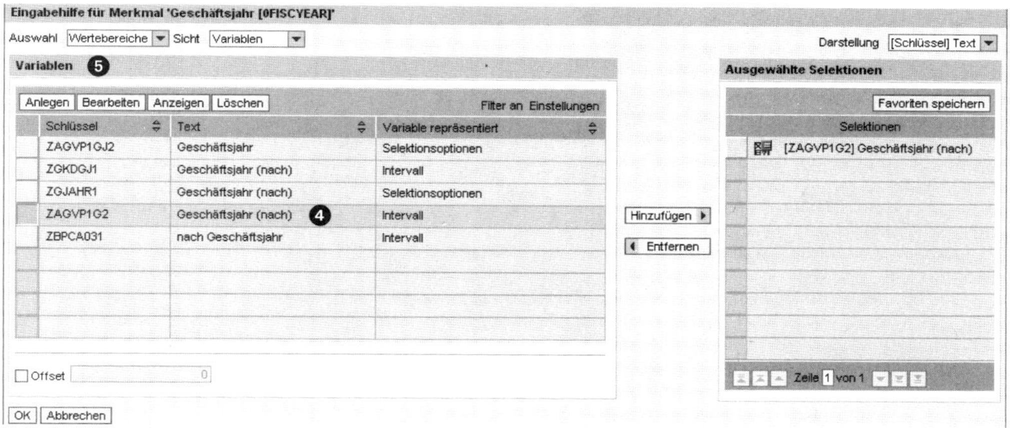

Abbildung 2.45 Variable ZAGVP1G2 – Geschäftsjahr (nach)

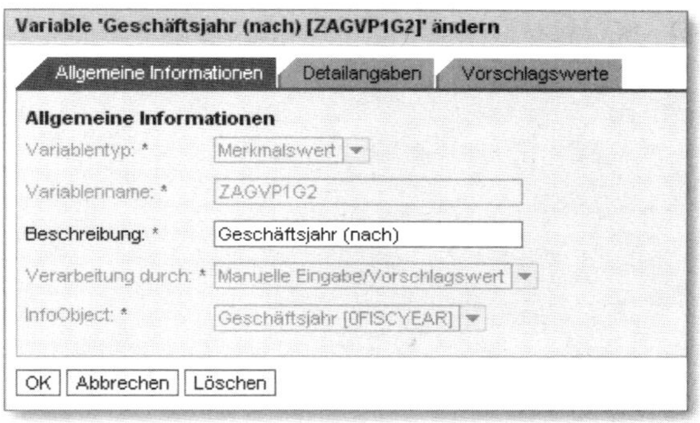

Abbildung 2.46 Variable ZAGVP1G2 – Allgemeine Informationen

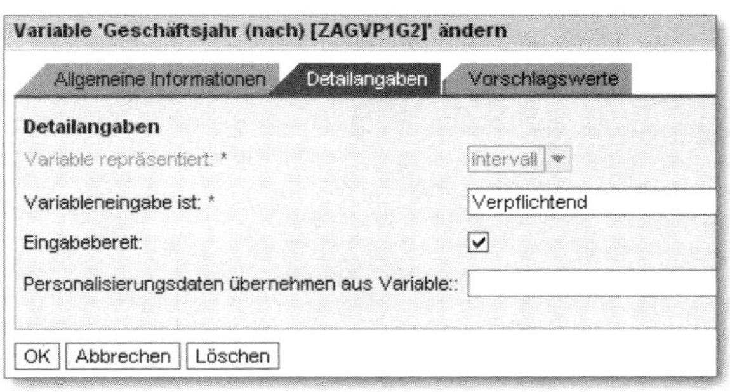

Abbildung 2.47 Variable ZAGVP1G2 – Detailangaben

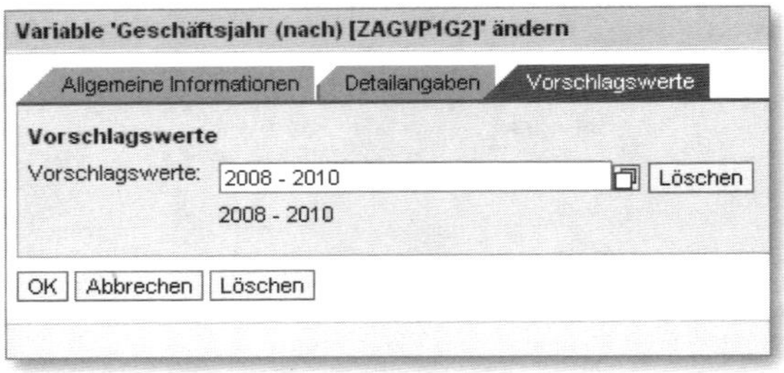

Abbildung 2.48 Variable ZAGVP1G2 – Vorschlagswerte

2.4.5 Planungsfunktion »Löschen«

Die Planungsfunktion Löschen benötigen Sie, um bestimmte Plandaten, hier bezogen auf einzelne Geschäftsjahre, wieder löschen zu können.

Dazu wählen Sie als Typ die Funktion Löschen aus (siehe Abbildung 2.49). Technischer Name ist ZAGVP1_LOESCHEN1, die Beschreibung Löschen der Plandaten.

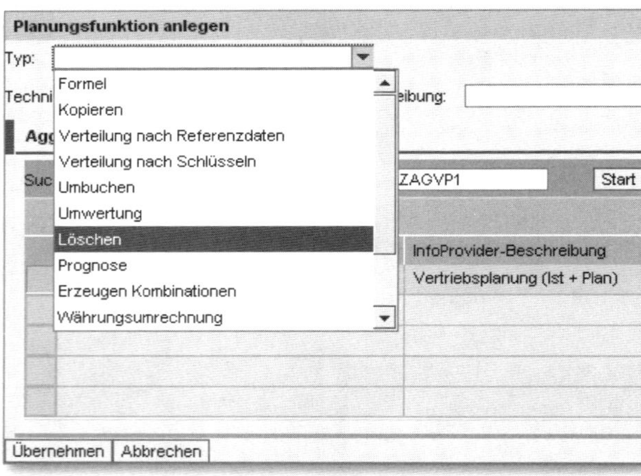

Abbildung 2.49 Anlegen der Planungsfunktion »Löschen«

Unter Merkmalsverwendung markieren Sie die Merkmale, deren Werte eine Änderung durch die Planungsfunktion erfahren. Das sind die Merkmale »Geschäftsjahr«, »InfoProvider« und »Werttyp für Reporting« (siehe Abbildung 2.50).

Als Parameter markieren Sie die Kennzahl »Betrag (EURO)« ❶ und definieren für die Merkmale die Von- und Nachwerte (siehe Abbildung 2.51).

Unter AUSGEWÄHLTE BEDINGUNG können Sie die Filter für die Merkmale definieren (siehe Abbildung 2.52).

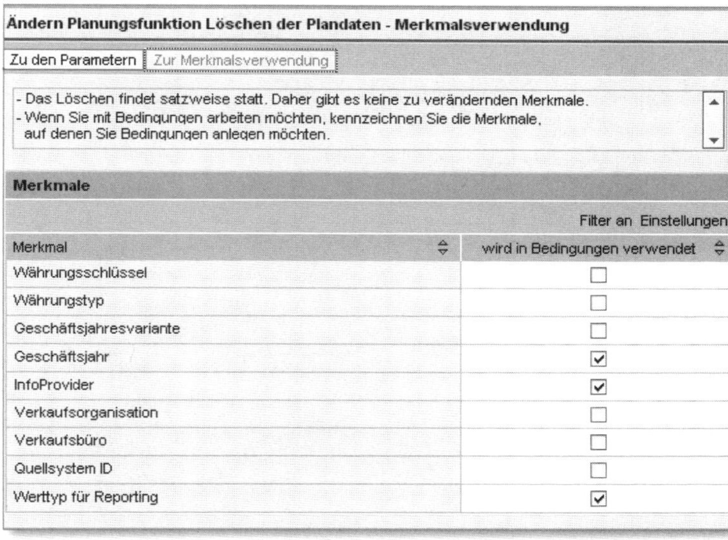

Abbildung 2.50 Merkmalsverwendung für die Planungsfunktion »Löschen«

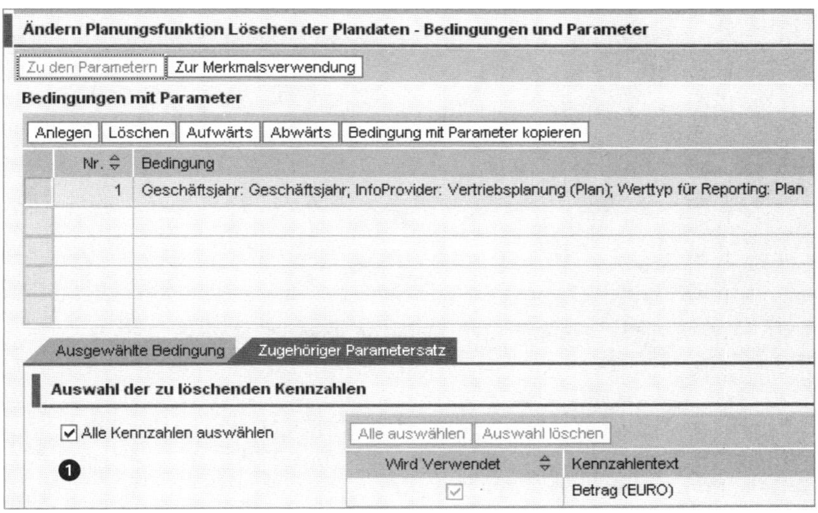

Abbildung 2.51 Auswahl der Kennzahl für die Planungsfunktion »Löschen«

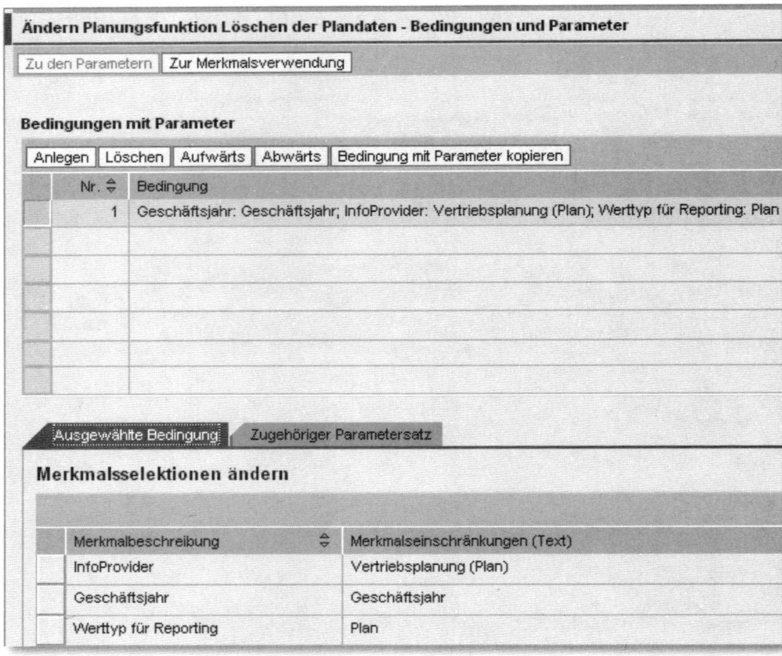

Abbildung 2.52 »Ausgewählte Bedingung« für die Planungsfunktion »Löschen«

Am rechten Rand finden Sie wieder die WERTEHILFE ❶, mit der Sie die Filter setzen (siehe Abbildung 2.53).

Abbildung 2.53 Wertehilfe für »Ausgewählte Bedingung« für die Planungsfunktion »Löschen«

Als InfoProvider wählen Sie den InfoCube ZBCVPPLN1 aus (siehe Abbildung 2.54).

Als Variable für das Geschäftsjahr definieren Sie die Variable ZAGVP1GJ2 ❷ mit Selektionsoptionen (siehe Abbildung 2.55).

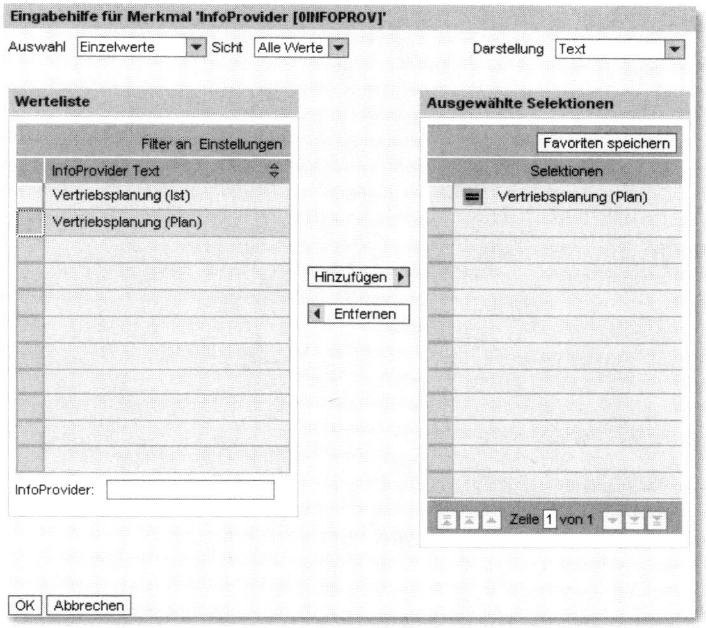

Abbildung 2.54 Filter für das Merkmal »InfoProvider«

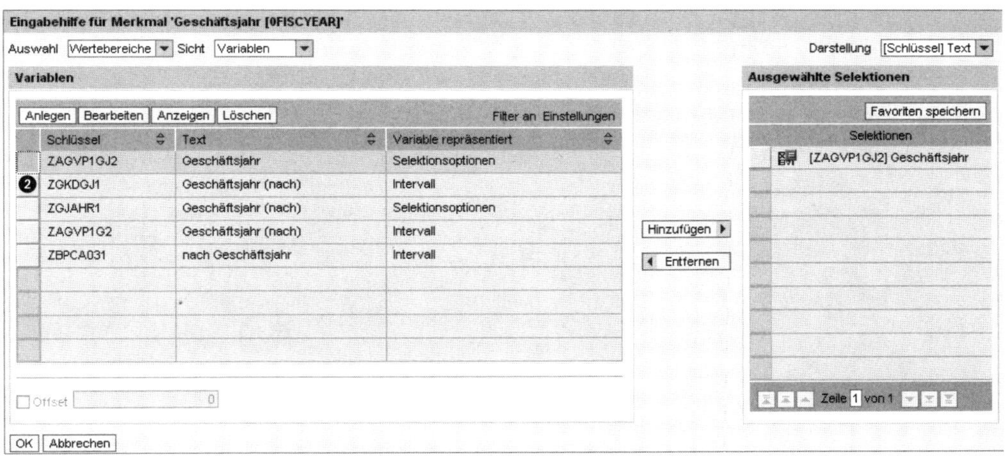

Abbildung 2.55 Variable ZAGVP1GJ2 – Geschäftsjahr

Die Variable ZAGVP1GJ2 definieren Sie, wie in den Abbildungen 2.56 und 2.57 dargestellt.

Als Werttyp für das Reporting nehmen Sie den Filter PLAN ❶ (siehe Abbildung 2.58).

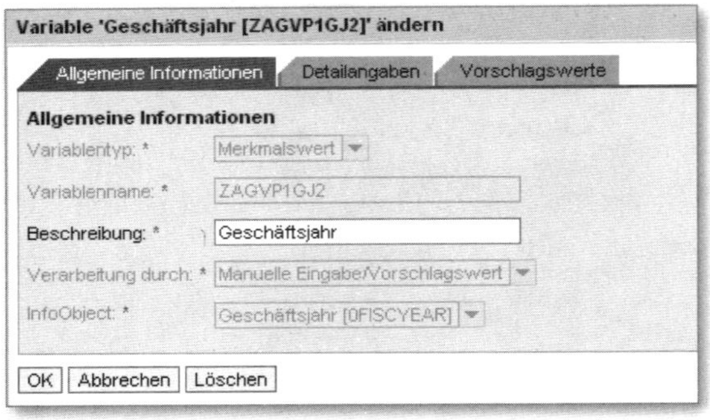

Abbildung 2.56 Variable ZAGVP1GJ2 – Allgemeine Informationen

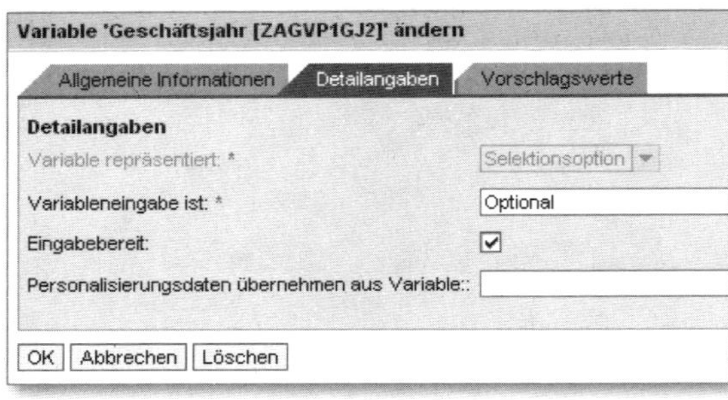

Abbildung 2.57 Variable ZAGVP1GJ2 – Detailangaben

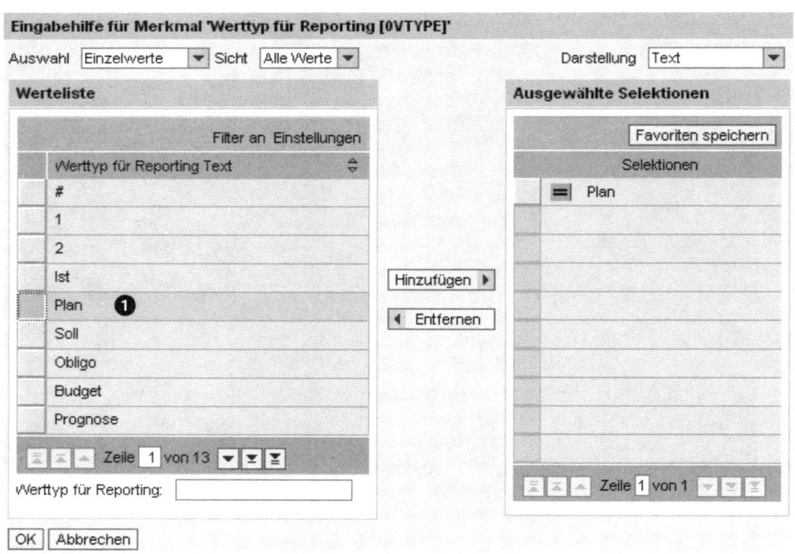

Abbildung 2.58 Filter für das Merkmal »Werttyp für Reporting«

2.4.6 Planungsfunktion »Umwertung«

Die Planungsfunktion UMWERTUNG benötigen Sie, um bestimmte Plandaten, hier bezogen auf die Geschäftsjahre 2008 bis 2010, prozentual umzuwerten. Dazu nutzen Sie als Typ die Funktion UMWERTUNG ❷ (siehe Abbildung 2.59). Technischer Name ist ZAGVP1_UMWERT1, die Beschreibung ist UMWERTUNG IN %.

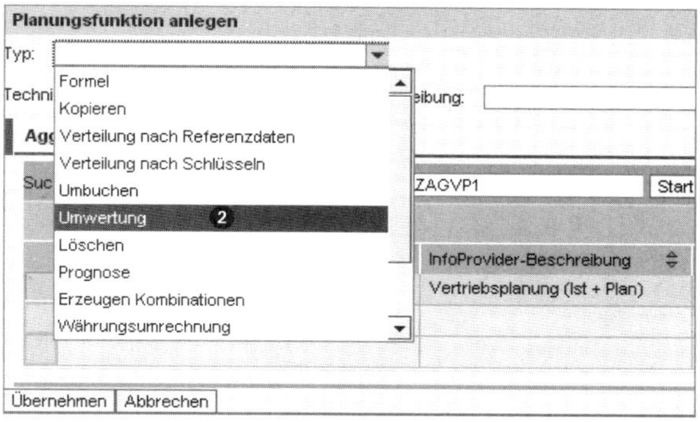

Abbildung 2.59 Anlegen der Planungsfunktion »Umwertung«

Unter MERKMALSVERWENDUNG markieren Sie die Merkmale, deren Werte eine Änderung durch die Planungsfunktion erfahren. Das sind wieder die Merkmale »Geschäftsjahr«, »InfoProvider« und »Werttyp für Reporting« (siehe Abbildung 2.60).

Abbildung 2.60 Merkmalsverwendung für die Planungsfunktion »Umwertung«

Als Parameter bestimmen Sie nun die Werte für die Umwertung, hier als GEMEINSAMER PROZENTSATZ FÜR ALLE KENNZAHLEN ❸ (siehe Abbildung 2.61).

Für die Umwertung hinterlegen Sie die Formelvariable ZAGVP1UMW1 ❹ (siehe Abbildung 2.62).

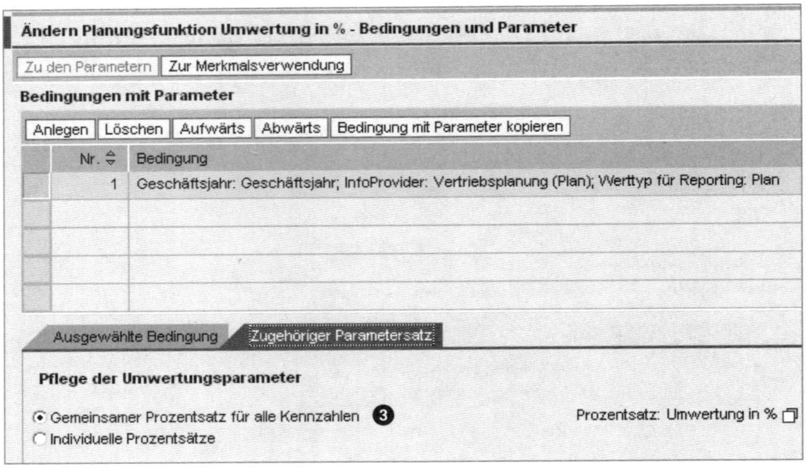

Abbildung 2.61 Parametersatz für die Planungsfunktion »Umwertung«

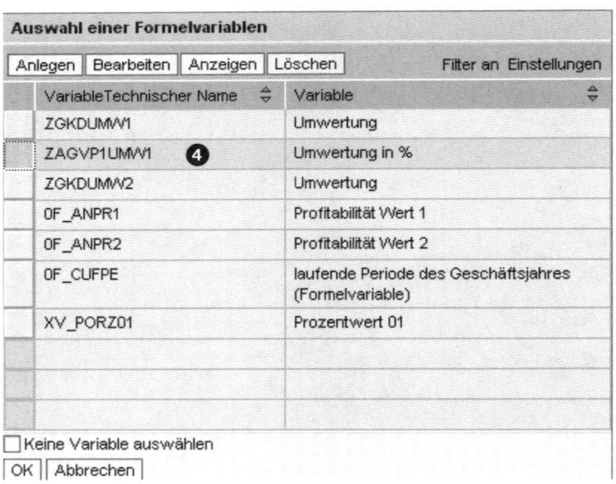

Abbildung 2.62 Formelvariable für die »Umwertung«

Die Formelvariable ZAGVP1UMW1 – UMWERTUNG IN % definieren Sie, wie in den Abbildungen 2.63 bis 2.66 dargestellt.

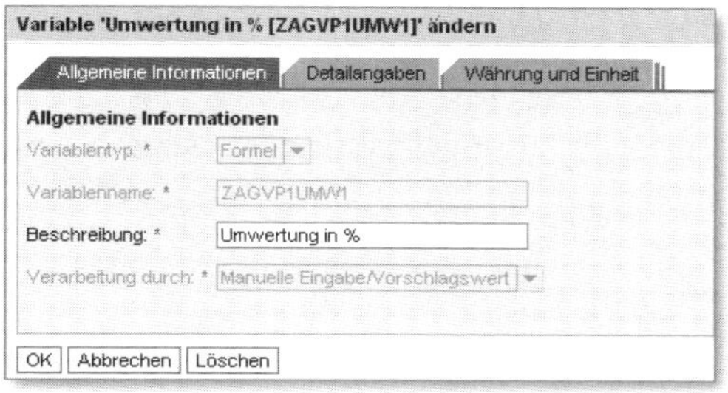

Abbildung 2.63 Formelvariable ZAGVP1UMW1 – Allgemeine Informationen

Geben Sie auf der Registerkarte ALLGEMEINE INFORMATIONEN als Beschreibung den Text UMWERTUNG IN % ein, wählen Sie auf der Registerkarte DETAILANGABEN bei der Variableneingabe die Funktion OPTIONAL, und setzen Sie bei der Variablen ein Häkchen nach EINGABEBEREIT.

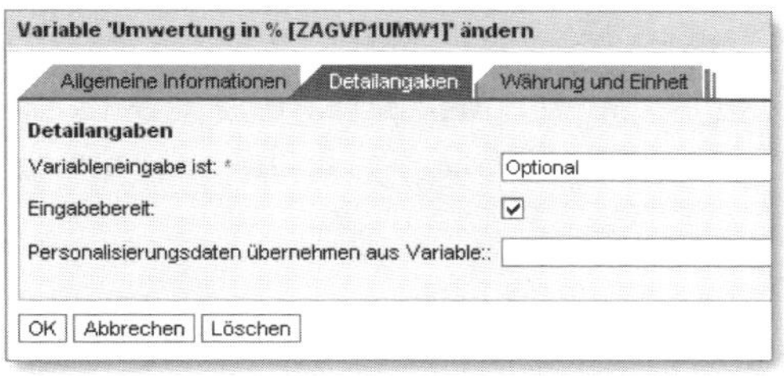

Abbildung 2.64 Formelvariable ZAGVP1UMW1 – Detailangaben

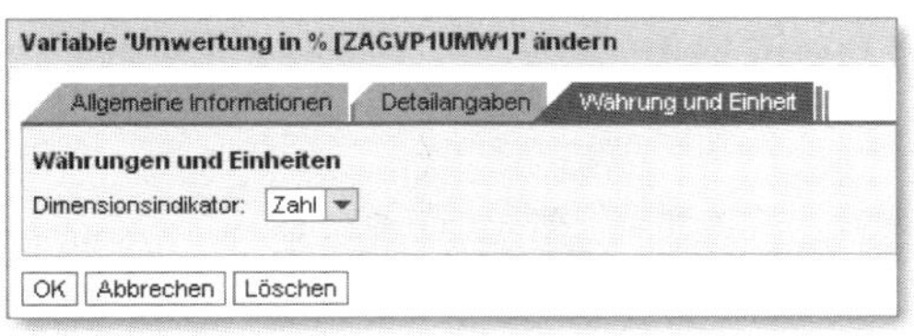

Abbildung 2.65 Formelvariable ZAGVP1UMW1 – Währung und Einheit

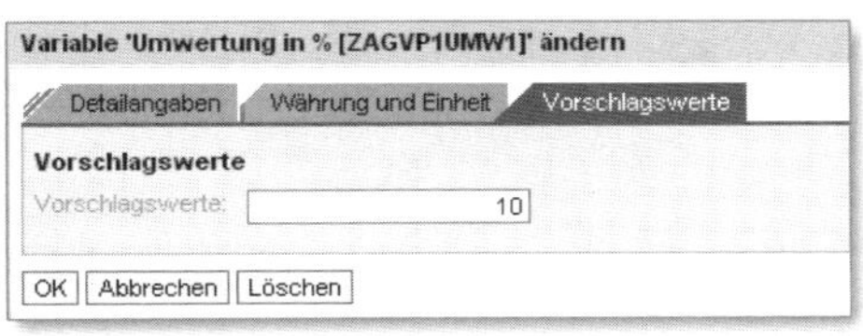

Abbildung 2.66 Formelvariable ZAGVP1UMW1 – Vorschlagswerte

Für die Merkmale »InfoProvider«, »Geschäftsjahr« und »Werttyp für Reporting« definieren Sie wieder Selektionen (siehe Abbildung 2.67).

Die Selektionen entsprechen denen der Planungsfunktion »Löschen« von Plandaten und werden daher hier nicht mehr näher erläutert.

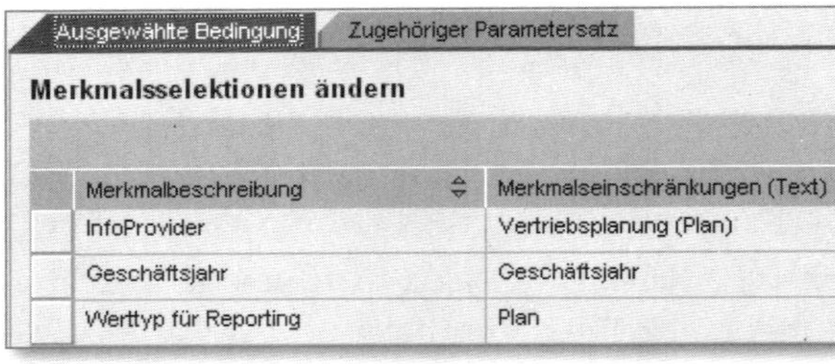

Abbildung 2.67 »Ausgewählte Bedingung« für die Planungsfunktion »Umwertung«

2.4.7 Planungssequenz

Planungssequenzen definieren Sie auf der letzten Registerkarte. Für eine Planungssequenz können Sie eine Kombination einzelner vorher definierter Planungsfunktionen wählen.

In diesem Beispiel sind das die Planungsfunktionen Kopieren der Istdaten und Umwertung in %, die Sie zu einer Planungssequenz zusammenfassen. Die Planungssequenz durchläuft somit zwei Schritte, zunächst den Kopiervorgang und dann die Umwertung.

Klicken Sie zunächst in der Registerkarte Planungssequenzen auf den Button Anlegen ❶ (siehe Abbildung 2.68).

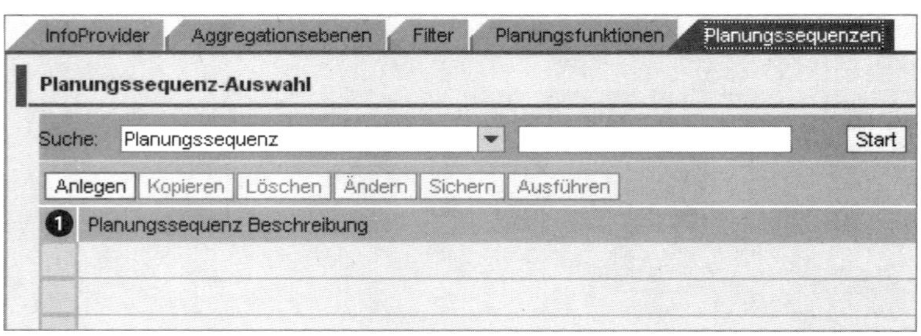

Abbildung 2.68 Registerkarte »Planungssequenzen«

Erfassen Sie im Folgebild den technischen Namen ❷ und die Beschreibung der Planungssequenz ❸, und bestätigen Sie Ihre Eingaben durch einen Klick auf den Button Übernehmen ❹ (siehe Abbildung 2.69).

Abbildung 2.69 Anlegen einer Planungssequenz

Im zweiten Schritt erfassen Sie die Planungsfunktion KOPIEREN DER ISTDATEN.

Klicken Sie dazu auf den Button SCHRITT FÜR PLANUNGSFUNKTION HINZUFÜGEN ❺. Anschließend wählen Sie den Filter Ihrer Aggregationsebene aus ❻ und selektieren die Planungsfunktion KOPIEREN DER ISTDATEN [ZAGVP1_KOPIE1] ❼ (siehe Abbildung 2.70).

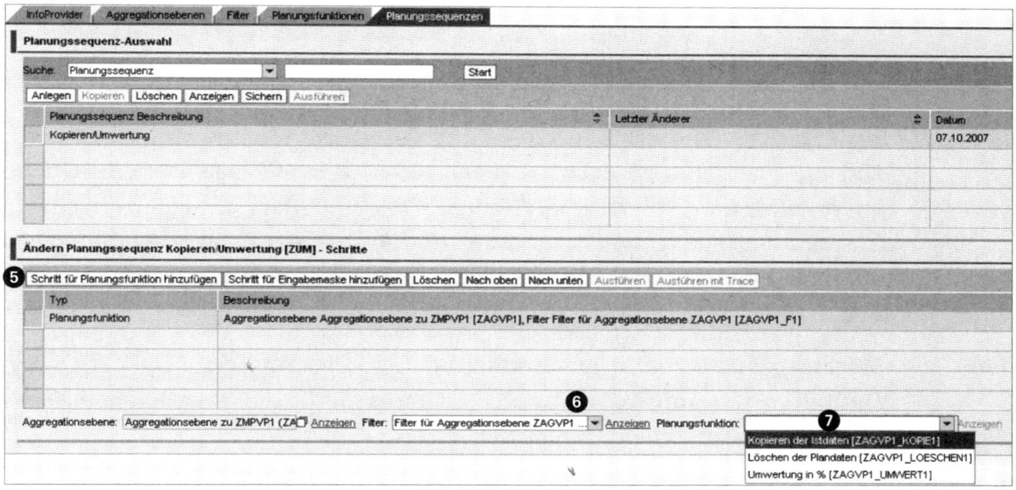

Abbildung 2.70 Auswählen der Planungsfunktion »Kopieren der Istdaten«

Auf diese Weise fügen Sie auch die zweite Planungsfunktion UMWERTUNG IN % in die Planungssequenz ein. Sichern Sie nun die Planungssequenz. Die verfügbaren Variablen der jeweiligen Planungsfunktionen werden im unteren Rahmen angezeigt (siehe Abbildung 2.71).

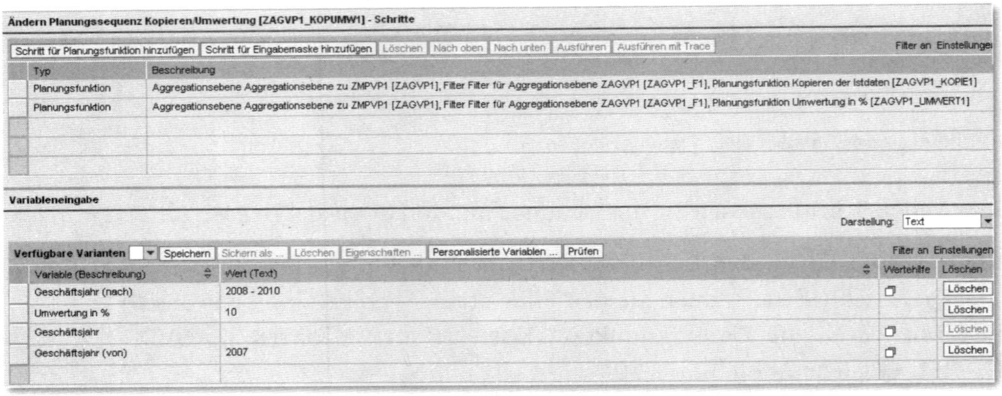

Abbildung 2.71 Übersicht der Planungssequenz mit ihren Planungsfunktionen

2.5 Erstellung einer eingabebereiten Query

Um die Plandaten zu erfassen, benötigen Sie eine eingabebereite Query. Diese wird, wie andere Querys auch, mit dem Query Designer erstellt. In unserem Beispiel legen wir zunächst den Aufbau der Query fest und gehen anschließend auf die wenigen Besonderheiten einer eingabebereiten Query ein.

Wichtig ist, dass sämtliche Merkmale der Aggregationsebene Teil der Query-Definition sein müssen, entweder als freie Merkmale bzw. Filter oder als Bestandteile der Zeilen und Spalten.

Im Folgenden sehen Sie die Definition der Query ZAGVP1_002, die zur Aggregationsebene ZAGVP1 angelegt ist.

Aufbau der Zeilen

Der Zeilenaufbau ist einfach strukturiert. An erster Stelle steht die Verkaufsorganisation, an zweiter Stelle das Verkaufsbüro (siehe Abbildung 2.72).

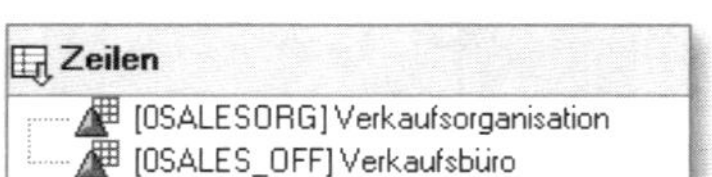

Abbildung 2.72 Zeilenaufbau der eingabebereiten Query

Der Spaltenaufbau enthält eine Struktur mit vier Selektionsmöglichkeiten (siehe Abbildung 2.73).

Abbildung 2.73 Spaltenaufbau der eingabebereiten Query

An erster Stelle stehen die Istdaten, die im Rahmen des gesamten Planungsprozesses nicht verändert werden können (siehe Abbildung 2.74).

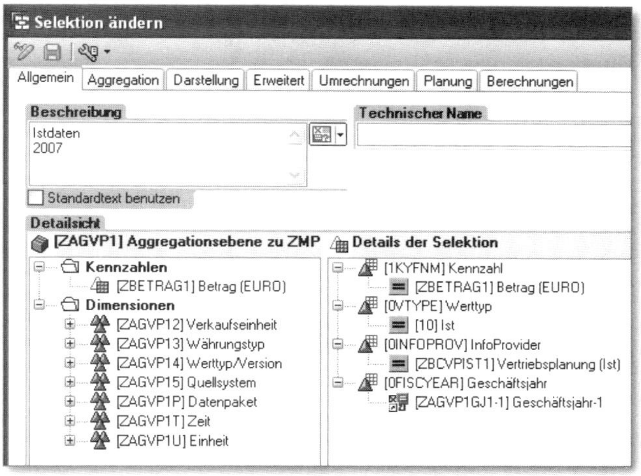

Abbildung 2.74 Definition der Istdaten 2007

Die für das InfoObject 0FISCYEAR (Geschäftsjahr) vorgesehene Merkmalswertvariable ZAGVP1GJ1 definieren Sie, wie in den Abbildungen 2.75 bis 2.80 dargestellt.

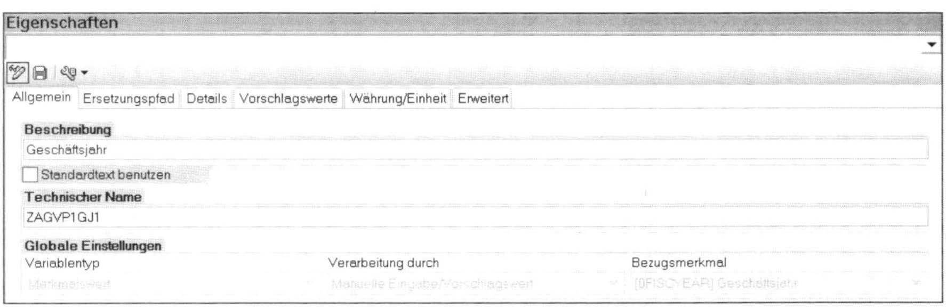

Abbildung 2.75 »Eigenschaften Allgemein« der Merkmalswertvariablen ZAGVP1GJ1

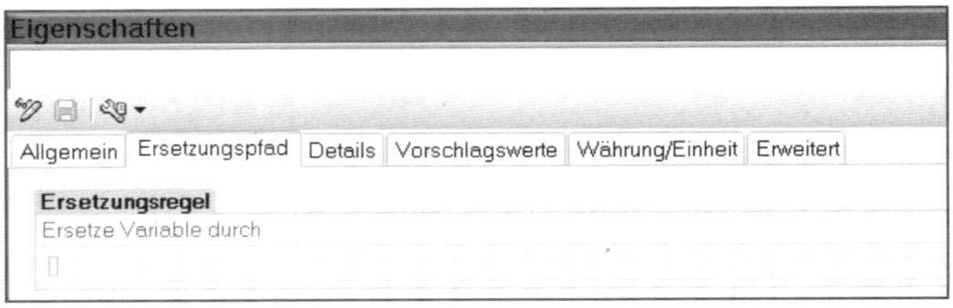

Abbildung 2.76 »Eigenschaften Ersetzungspfad« der Merkmalswertvariablen ZAGVP1GJ1

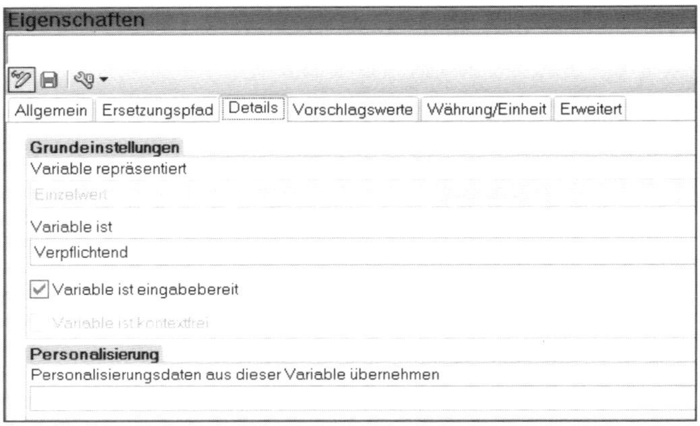

Abbildung 2.77 »Eigenschaften Details« der Merkmalswertvariablen ZAGVP1GJ1

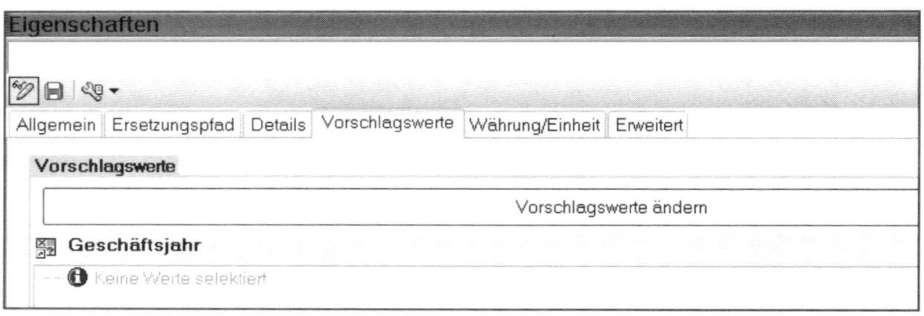

Abbildung 2.78 »Eigenschaften Vorschlagswerte« der Merkmalswertvariablen ZAGVP1GJ1

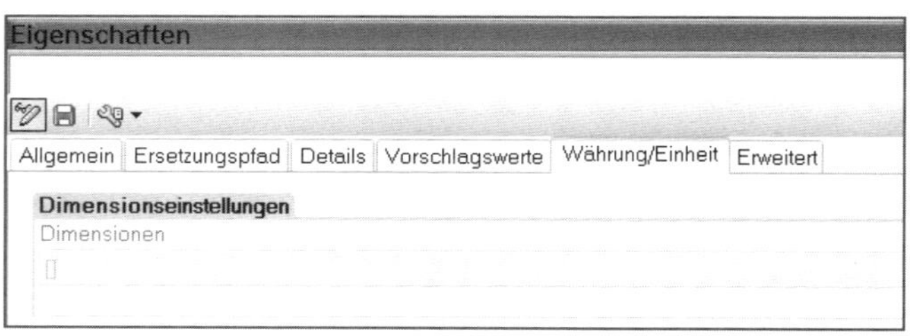

Abbildung 2.79 »Eigenschaften Währung/Einheit« der Merkmalswertvariablen ZAGVP1GJ1

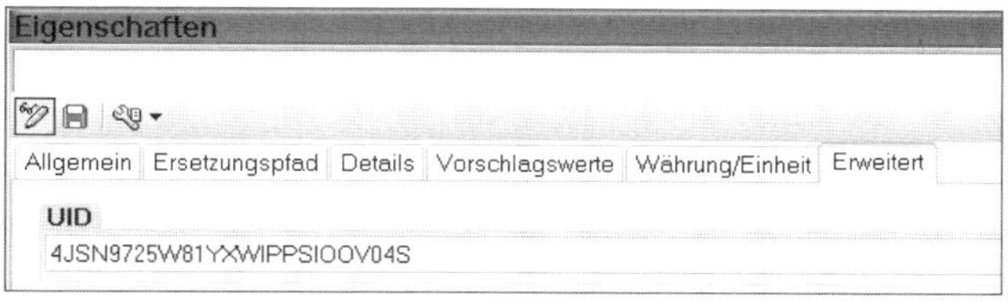

Abbildung 2.80 »Eigenschaften Erweitert« der Merkmalswertvariablen ZAGVP1GJ1

An den folgenden Positionen sind die Selektionen für die Erfassung der Plandaten definiert (siehe Abbildungen 2.81, 2.82 und 2.83).

Abbildung 2.81 Definition der Plandaten 2008

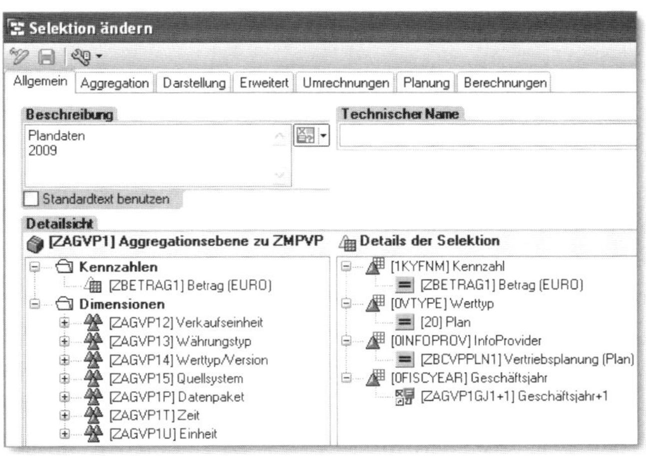

Abbildung 2.82 Definition der Plandaten 2009

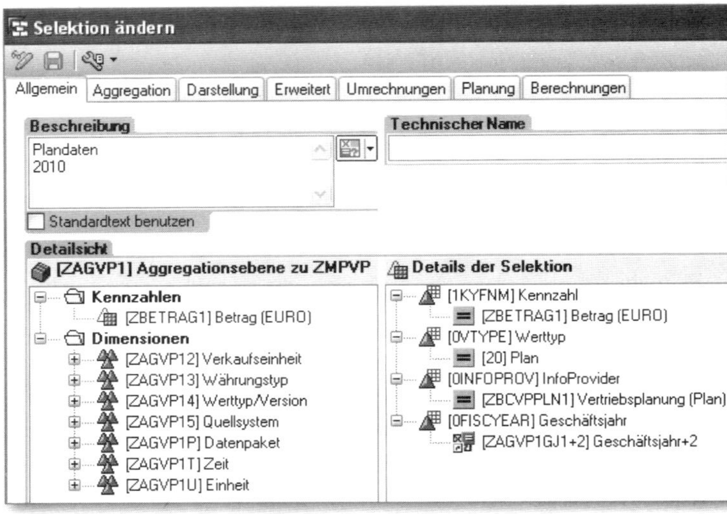

Abbildung 2.83 Definition der Plandaten 2010

Auf der Registerkarte PLANUNG müssen Sie die Einstellung DATEN KÖNNEN DURCH BENUTZEREINGABEN ODER PLANUNGSFUNKTIONEN GEÄNDERT WERDEN setzen ❶. Dadurch können Sie sowohl die Planungsfunktionen durchführen als auch manuell Plandaten erfassen (siehe Abbildung 2.84).

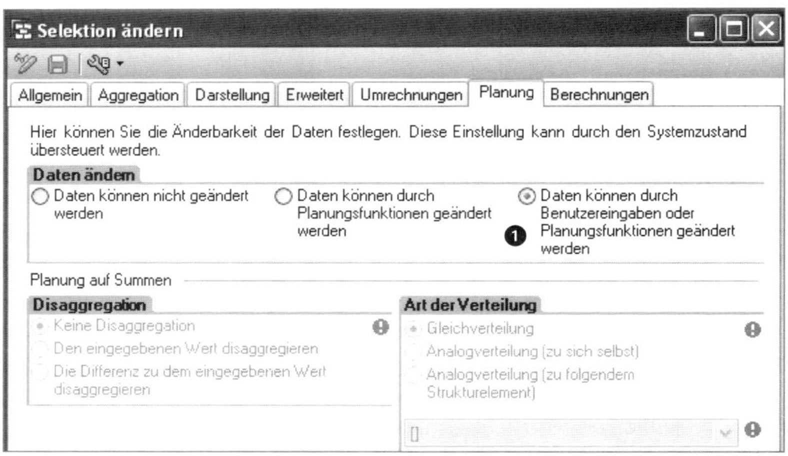

Abbildung 2.84 Einstellung der Planungsfunktionen

In den Eigenschaften der Query setzen Sie in der Registerkarte PLANUNG das Kennzeichen QUERY IM ÄNDERUNGSMODUS STARTEN ❷ (siehe Abbildung 2.85).

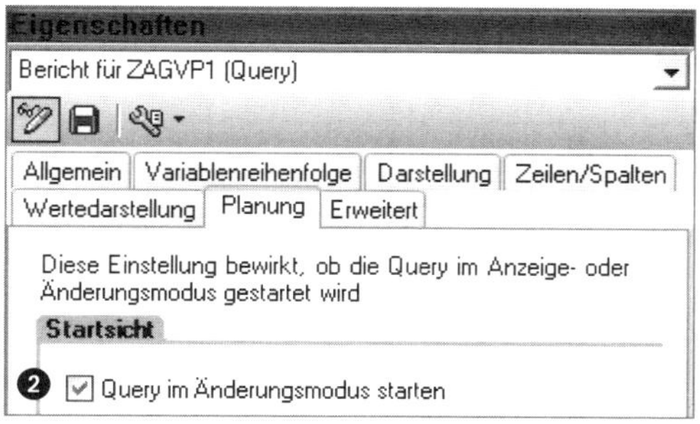

Abbildung 2.85 Eigenschaften der eingabebereiten Query

Für die Merkmale »Währung«, »Quellsystem ID«, »Währungstyp« und »Geschäftsjahresvariante« setzen Sie die Merkmalseinschränkungen, die den Filtern der Aggregationsebene entsprechen (siehe Abbildung 2.86).

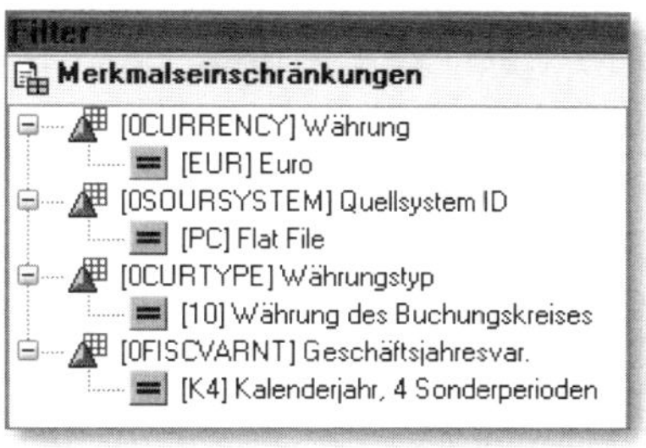

Abbildung 2.86 Merkmalseinschränkungen der eingabebereiten Query

Für die Merkmale »Verkaufsbüro« und »Verkaufsorganisation« sind unter den Vorschlagswerten Variablen zugeordnet, die Sie als optionale Einzelwerte definieren können (siehe Abbildung 2.87).

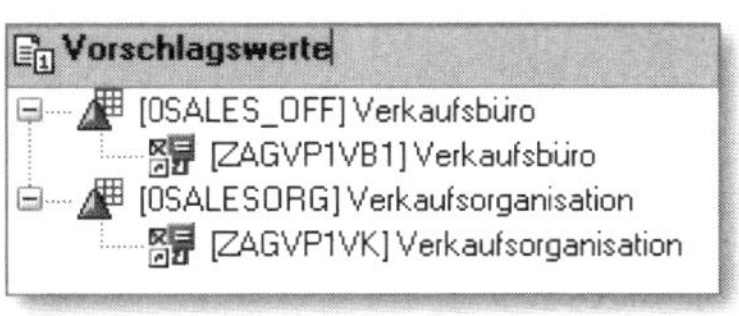

Abbildung 2.87 Vorschlagswerte der eingabebereiten Query

2.6 Planung mit den BEx-Tools

Die Planung, also das manuelle Erfassen von Plandaten und das Ausführen der Planungsfunktionen, führen Sie webbasiert durch. Voraussetzung ist ein Web Template, das Sie mit dem BEx Web Application Designer erstellen. Grundlegende Kenntnisse im Umgang mit dem BEx Web Application Designer werden vorausgesetzt, weshalb hier auf eine Beschreibung der einzelnen Schritte im Detail verzichtet wird.

Rufen Sie den BEx Web Application Designer auf, und legen Sie ein neues Web Template an. Geben Sie ihm den technischen Namen ZAGVP1 mit der Beschreibung VERTRIEBSPLANUNG.

Fügen Sie aus dem Menü ERWEITERT aus den Web Items das Web Item REGISTERKARTEN ❶ und daraus das Web Item CONTAINER ❷ in Ihr Template ein.

Für Ihr CONTAINER_ITEM_1 benötigen Sie aus der Sicht STANDARD zwei Web Items BUTTON_GROUP ❸ und ein Web Item ANALYSIS ❹. Ihr Web Template entspricht nun dem Aufbau, wie er in Abbildung 2.88 dargestellt ist.

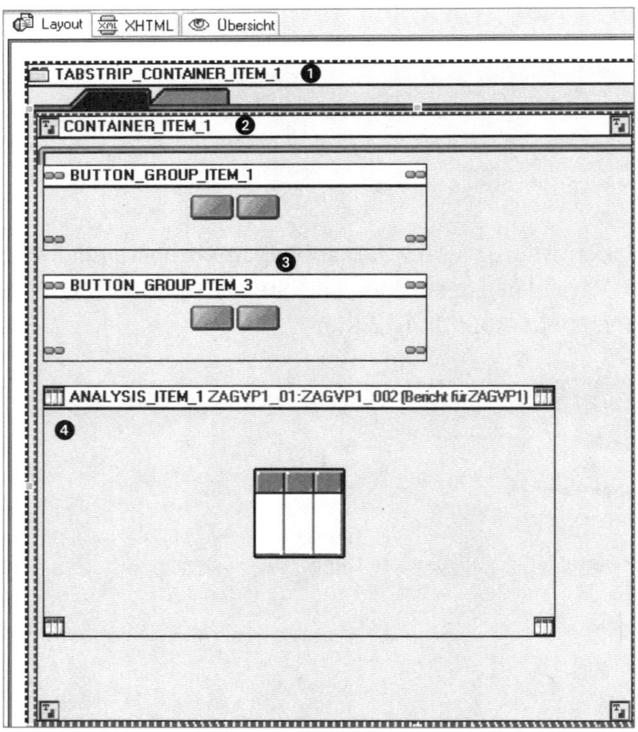

Abbildung 2.88 Aufbau des Web Templates ZAGVP1

Gehen Sie jetzt auf das ANALYSIS_ITEM_1. Auf der linken unteren Seite im BEx Web Application Designer sehen Sie die Eigenschaften. Unter DATENBINDUNG ❶ geben Sie einen DataProvider mit dem technischen Namen ZAGVP1_01 an (siehe Abbildung 2.89).

Abbildung 2.89 Eigenschaften von ANALYSIS_ITEM_1

Die Eigenschaften des DataProviders ZAGVP1_01 sind in Abbildung 2.90 dargestellt. Wichtig ist die Auswahl der eingabebereiten Query ZAGVP1_002 ❷.

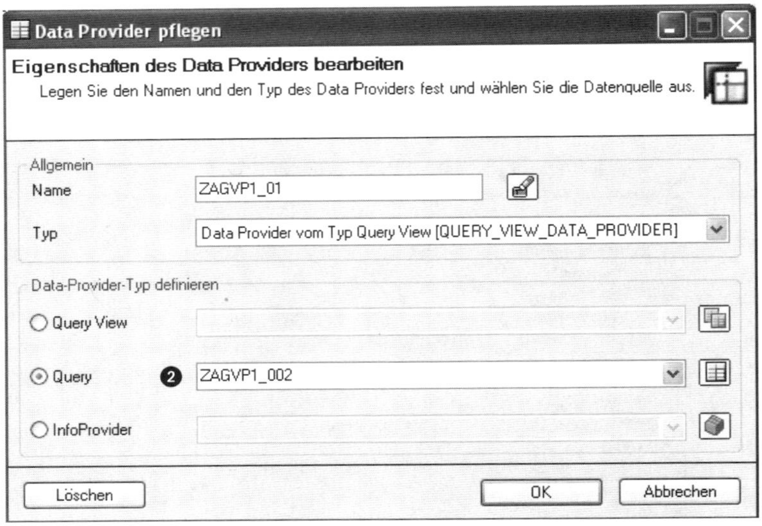

Abbildung 2.90 Eigenschaften des DataProviders ZAGVP1_01

Gehen Sie nun in die Eigenschaften des BUTTON_GROUP_ITEM_1. Setzen Sie das Kennzeichen MIT TRAY ❸, und geben Sie die Beschriftung GRUNDFUNKTIONEN ❹ ein (siehe Abbildung 2.91).

Abbildung 2.91 Tray-Einstellungen von BUTTON_GROUP_ITEM_1

Als Grundfunktionen selektieren Sie die Befehle SAVE_DATA und OPEN_VARIABLE_DIALOG. Am Beispiel SAVE_DATA wird das demonstriert.

In der internen Anzeige der Eigenschaften wählen Sie DRUCKTASTE. Es erscheint ein Fenster, in dem die Parameter für das Web Item bestimmt werden können. Geben Sie hier die Beschriftung EINGABE SICHERN ein ❺, und wählen Sie dann BEFEHL ❻ (siehe Abbildung 2.92).

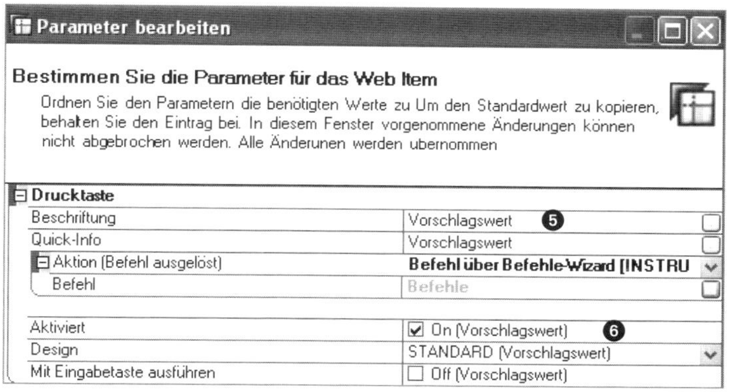

Abbildung 2.92 Parameter bearbeiten für SAVE_DATA

Gehen Sie in der Befehlsübersicht auf die Registerkarte ALLE BEFEHLE. Den Befehl SAVE_DATA finden Sie unter BEFEHLE FÜR PLANUNGSANWENDUNGEN ❶. Markieren Sie den Eintrag ❷, und wählen Sie WEITER ❸ (siehe Abbildung 2.93).

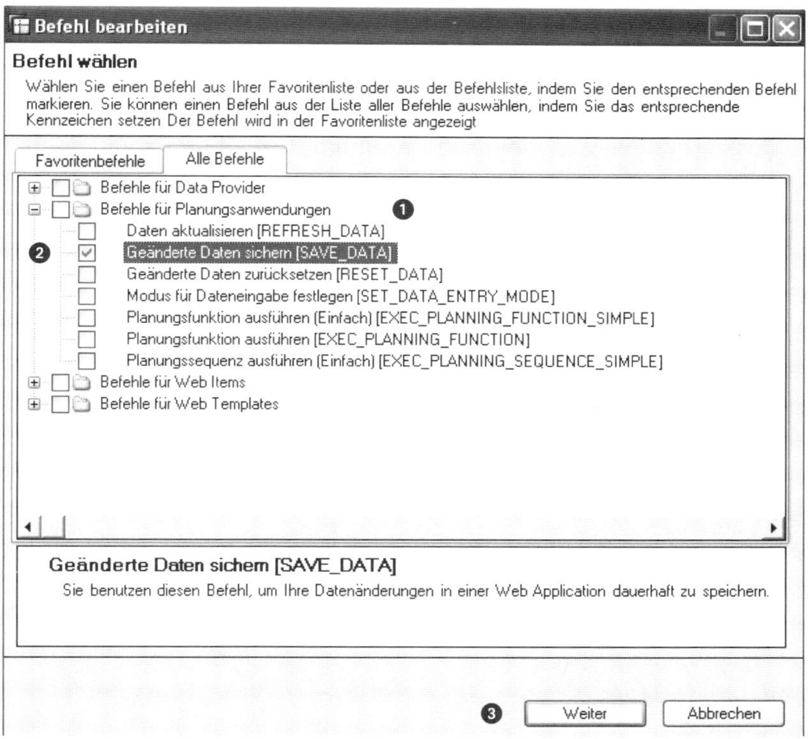

Abbildung 2.93 Befehl bearbeiten für SAVE_DATA

Anschließend bestätigen Sie zweimal mit OK.

Das Gleiche führen Sie für den Befehl OPEN_VARIABLE_DIALOG durch, zu finden unter BEFEHLE FÜR WEB TEMPLATES. Unter INTERNE ANZEIGE sehen Sie nun die Eigenschaften dargestellt wie in Abbildung 2.94.

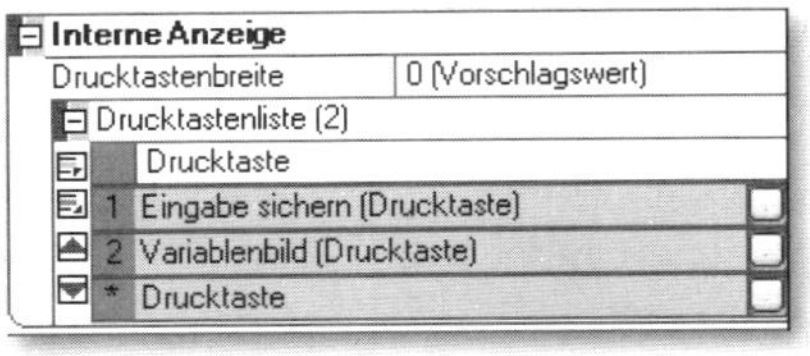

Abbildung 2.94 Eigenschaften – Interne Anzeige von BUTTON_GROUP_ITEM_1

Für die zweite BUTTON_GROUP hinterlegen Sie nun die von Ihnen definierten Planungsfunktionen und -sequenzen:

- Istdaten kopieren
- Plandaten löschen
- Umwertung in %
- Kopieren/Umwertung

Unter BEFEHLE FÜR PLANUNGSANWENDUNGEN (siehe Abbildung 2.95) finden Sie die Befehle zum einen für die Planungsfunktionen ❶ und zum anderen für die Planungssequenz ❷.

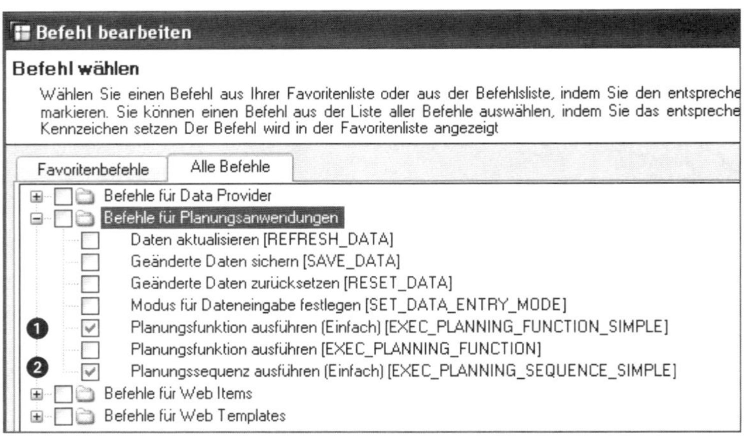

Abbildung 2.95 Auswahl der Befehle für Planungsfunktionen und Planungssequenzen

Im Einzelnen nehmen Sie folgende Definitionen vor:

- **Istdaten kopieren**
  Setzen Sie das Kennzeichen für das Variablenbild ❶, und selektieren Sie die Planungsfunktion ZAGVP1_KOPIE1 ❷ (siehe Abbildung 2.96).

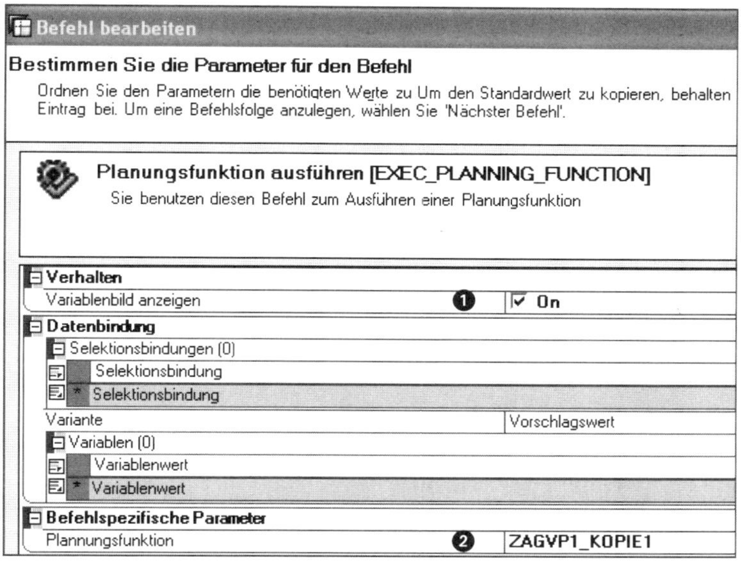

Abbildung 2.96 Parameter für »Istdaten kopieren«

- **Plandaten löschen**
  Setzen Sie das Kennzeichen für das Variablenbild ❸, und selektieren Sie die Planungsfunktion ZAGVP1_LOESCHEN1 ❹ (siehe Abbildung 2.97).
- **Umwertung in %**
  Setzen Sie das Kennzeichen für das Variablenbild ❺, und selektieren Sie die Planungsfunktion ZAGVP1_UMWERT1 ❻ (siehe Abbildung 2.98).
- **Kopieren/Umwertung**
  Setzen Sie das Kennzeichen für das Variablenbild ❼, und selektieren Sie die Planungssequenz ZAGVP1_KOPUMW1 ❽ (siehe Abbildung 2.99).

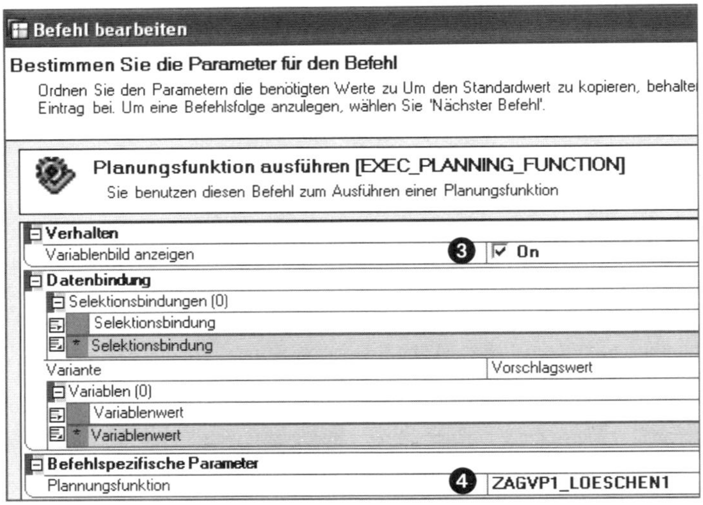

Abbildung 2.97 Parameter für »Plandaten löschen«

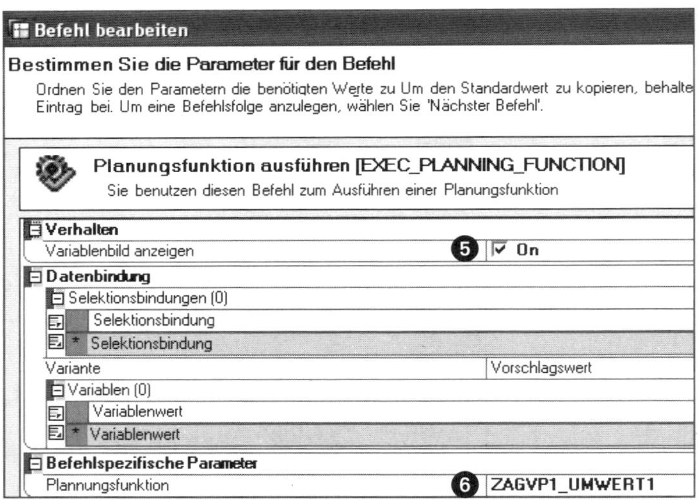

Abbildung 2.98 Parameter für »Umwertung in %«

Nachdem Sie schließlich alle Ihre Eingaben verifiziert und gespeichert haben, ist der Vorgang weitestgehend abgeschlossen. Sie haben im Ergebnis mit einfachen Mitteln ein Web Template für Ihre Vertriebsplanung geschaffen. Optional können Sie zusätzlich noch ein Web Item CONTAINER für einen Bericht, den Sie mit dem Report Designer angelegt haben, sowie ein Web Item CONTAINER für ein Chart hinzufügen.

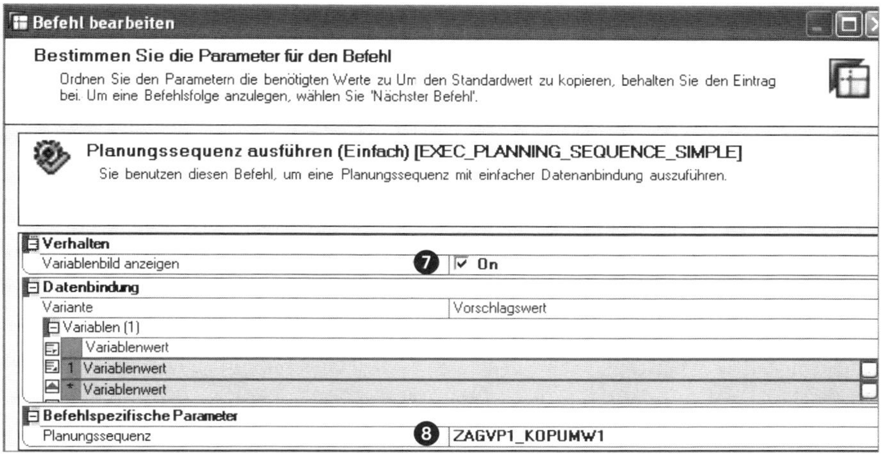

Abbildung 2.99 Parameter für »Kopieren/Umwertung«

Um Ihre Planung auch aktiv anwenden zu können, führen Sie Ihr Web Template aus dem BEx Web Application Designer heraus aus. Daraufhin öffnet sich Ihr Internetbrowser. Melden Sie sich einmalig mit Ihrem Usernamen an, und Sie gelangen in das Variablenbild. Im Variablenbild geben Sie bei der Variable GESCHÄFTSJAHR 2008 ❶ ein, und bestätigen Sie anschließend mit OK ❷ (siehe Abbildung 2.100).

Abbildung 2.100 Variablenbild

Sie gelangen nach dem Bestätigen mit OK automatisch in die Planungsmaske (siehe Abbildung 2.101) und können dort nach Bedarf die einzelnen Funktionen ausführen.

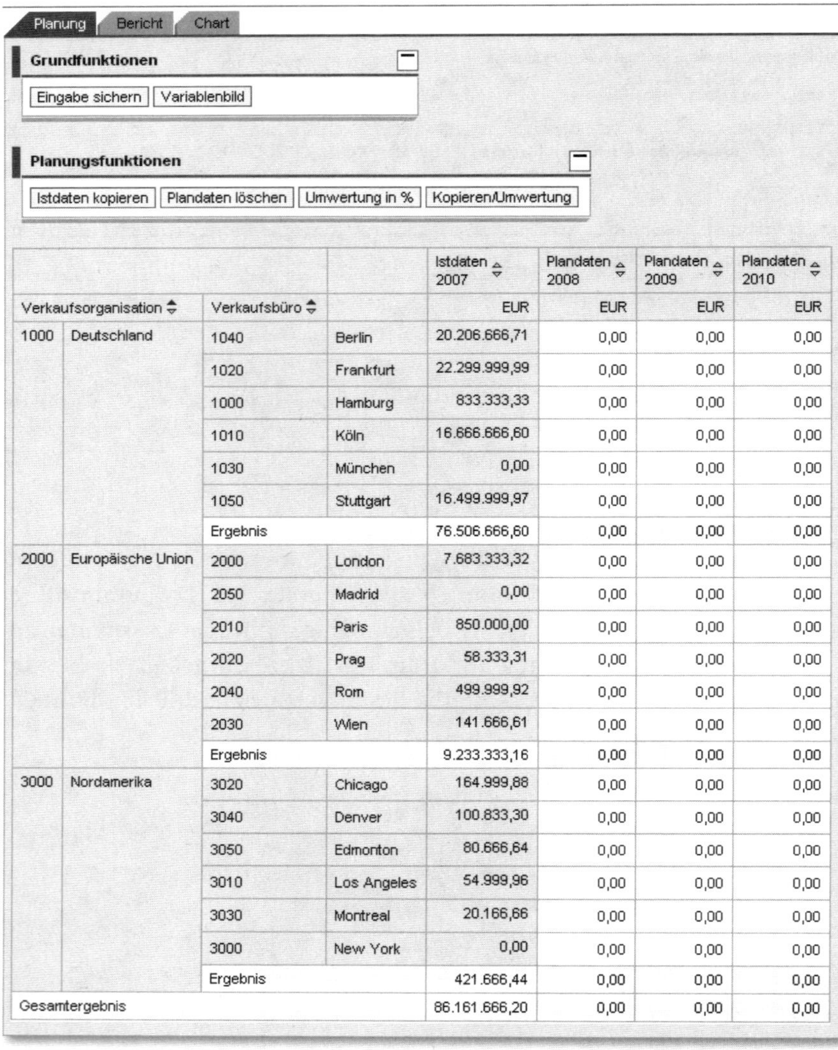

				Istdaten 2007	Plandaten 2008	Plandaten 2009	Plandaten 2010
Verkaufsorganisation		Verkaufsbüro		EUR	EUR	EUR	EUR
1000	Deutschland	1040	Berlin	20.206.666,71	0,00	0,00	0,00
		1020	Frankfurt	22.299.999,99	0,00	0,00	0,00
		1000	Hamburg	833.333,33	0,00	0,00	0,00
		1010	Köln	16.666.666,60	0,00	0,00	0,00
		1030	München	0,00	0,00	0,00	0,00
		1050	Stuttgart	16.499.999,97	0,00	0,00	0,00
		Ergebnis		76.506.666,60	0,00	0,00	0,00
2000	Europäische Union	2000	London	7.683.333,32	0,00	0,00	0,00
		2050	Madrid	0,00	0,00	0,00	0,00
		2010	Paris	850.000,00	0,00	0,00	0,00
		2020	Prag	58.333,31	0,00	0,00	0,00
		2040	Rom	499.999,92	0,00	0,00	0,00
		2030	Wien	141.666,61	0,00	0,00	0,00
		Ergebnis		9.233.333,16	0,00	0,00	0,00
3000	Nordamerika	3020	Chicago	164.999,88	0,00	0,00	0,00
		3040	Denver	100.833,30	0,00	0,00	0,00
		3050	Edmonton	80.666,64	0,00	0,00	0,00
		3010	Los Angeles	54.999,96	0,00	0,00	0,00
		3030	Montreal	20.166,66	0,00	0,00	0,00
		3000	New York	0,00	0,00	0,00	0,00
		Ergebnis		421.666,44	0,00	0,00	0,00
Gesamtergebnis				86.161.666,20	0,00	0,00	0,00

Abbildung 2.101 Planungsmaske

3 Modellierung und Implementierung

In diesem Kapitel werden wir alle technischen Modellierungsmöglichkeiten, alle Planungsinstrumente und alle Funktionalitäten der BI-integrierten Planung umfassend vorstellen. Dieses Kapitel kann und soll Ihnen als Nachschlagewerk bei Ihrer eigenen Entwicklungsarbeit dienen.

So werden wir Ihnen in dem in Abbildung 3.1 dargestellten Planungskreislauf das Handwerkszeug für die Schritte Modellierung ❷ bis Analyse ❺ vermitteln. Wie Sie konkrete betriebswirtschaftliche Planungsaufgaben lösen können – d. h. modellieren und implementieren –, werden wir noch in Kapitel 5, »Konzeption und Betrieb einer Planungsanwendung«, besprechen.

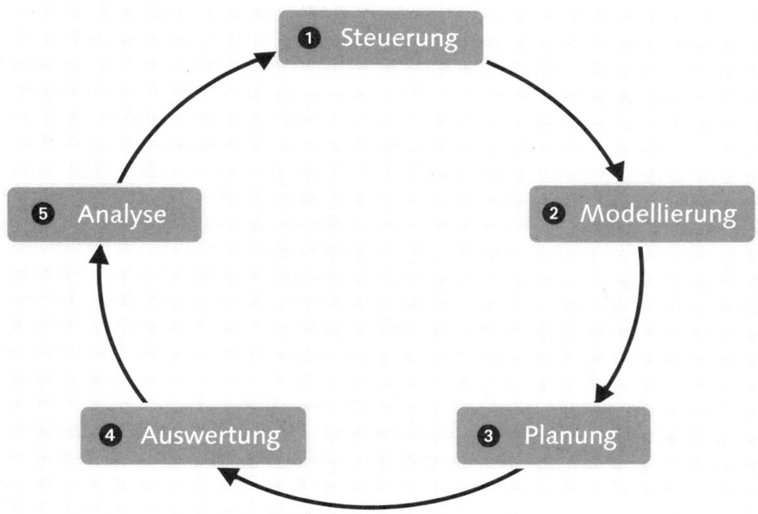

Abbildung 3.1 Planungskreislauf

Wir beginnen mit einer Beschreibung der für die BI-integrierte Planung wichtigen Strukturen und Objekte von SAP BW. Anschließend erläutern wir die Grundlagen der BI-integrierten Planung und geben Ihnen einen ersten Überblick über den Ablauf einer Modellierung und Implementierung. Nach einer wichtigen Diskussion der Vor- und Nachteile verschiedener Modellierungen beschließen wir den theoretischen Teil dieses Kapitels und stellen

Ihnen im Anschluss daran die Planungsinstrumente der BI-integrierten Planung vor. Auf den Punkt gebracht, gehen wir in den einzelnen Abschnitten detailliert auf die verschiedenen Objekte, Einstellungen, Sperrkonzepte und Planungsfunktionen der BI-integrierten Planung ein.

3.1 Grundlagen von SAP BW

Um die in diesem Kapitel folgenden Ausführungen zur BI-integrierten Planung verstehen zu können, müssen Sie die elementaren Strukturen und Objekte in einem Data Warehouse und im Besonderen im Data Warehouse von SAP, dem SAP Business Information Warehouse (kurz SAP BW), kennen und ihre Bedeutung und Wirkungsweise verstanden haben.

Als Erstes gehen wir in einem kleinen Exkurs kurz auf die wichtigsten Strukturen und Objekte ein. Bei weiteren Fragen zu SAP BW möchten wir Sie auf die bereits bei SAP PRESS veröffentlichten Bücher verweisen (*www.sap-press.de*). Es lohnt sich auch, in der Hilfe von SAP unter *help.sap.com* nachzuschauen.

In einem Data Warehouse werden die Daten im Allgemeinen im sogenannten *Star-Schema* zum Zweck eines schnellen Reportings (OLAP etc.) abgelegt. Das Star-Schema ist in Abbildung 3.2 dargestellt.

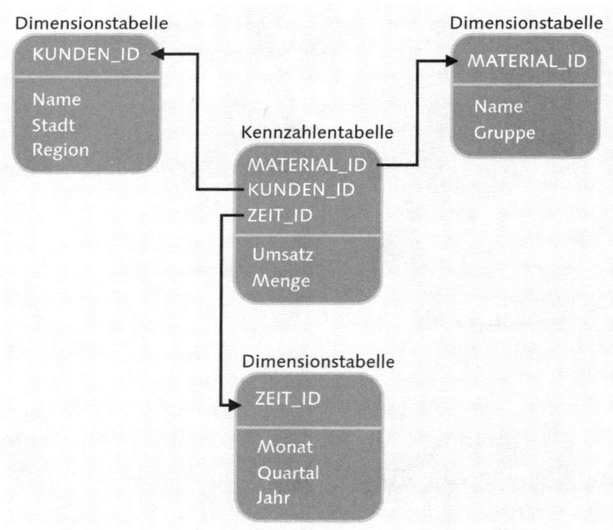

Abbildung 3.2 Einfaches Star-Schema

Bei dieser Anordnung werden die Kennzahlen in einer zentralen Tabelle gespeichert und die diese Kennzahlen beschreibenden Dimensionstabellen oder Merkmale in mehreren Tabellen satellitenförmig um diese zentrale Kennzahlentabelle gruppiert. Diese Anordnung wird auch als Datenwürfel bezeichnet. In einem solchen Datenwürfel kann besonders für Reportingzwecke sehr schnell auf die nach den jeweiligen Merkmalskombinationen zu verdichtenden Kennzahlen zugegriffen werden.

In SAP BW wird ein Datenwürfel mit Kennzahlen, Merkmalen, Hierarchien in den beschreibenden Merkmalen etc. als *InfoCube* bezeichnet. Ein InfoCube gehört zur Familie der *InfoProvider*. Ein *InfoProvider* ist ein Sammelbegriff für Datenobjekte in SAP BW, die für das Reporting mit verschiedensten Werkzeugen genutzt werden können.

InfoCubes sollen in SAP BW ein schnelles Reporting gewährleisten. Ein (Standard-)InfoCube ist daher für Lesezugriffe auf Kosten der Schreibzugriffe optimiert. Ein InfoCube unterstützt aber nur einen sequenziellen Schreibzugriff, z.B. im Rahmen eines Staging-Prozesses, wenn zyklisch neue Daten inkrementell in den InfoCube geladen werden. Ein InfoCube ist nicht für parallele Schreibzugriffe geeignet, wie sie z.B. bei einem Planungsvorgang auftreten, an dem mehrere Abteilungen oder Mitarbeiter in einem Unternehmen gleichzeitig teilnehmen.

Zu diesem Zweck gibt es in SAP BW den Typ des *realtime-fähigen InfoCubes*. Bei einem realtime-fähigen InfoCube kann zusätzlich zwischen Ladeprozessen aus einem Staging-Prozess und dem Beschreiben mit Daten aus einem Planungsvorgang hin- und hergeschaltet werden.

Ein weiterer für uns wichtiger InfoProvider ist der *MultiProvider*. Ein MultiProvider ist ein virtuelles Objekt, das mehrere InfoProvider zu Reportingzwecken über einen Union-Operator zusammenfasst. Das Zusammenspiel zwischen verschiedenen InfoProvidern und einem MultiProvider ist in Abbildung 3.3 dargestellt.

Mit dem Einsatz eines *MultiProviders* errichtet man eine zusätzliche Abstraktionsschicht zwischen den physikalischen Daten mehrerer *InfoProvider* und dem auf diesen Daten aufbauenden Reporting. Mit einer solchen Definition eines MultiProviders können Veränderungen in den InfoProvidern durchgeführt werden, ohne dass die auf einem MultiProvider basierenden Abfragen (Querys) angepasst werden müssen.

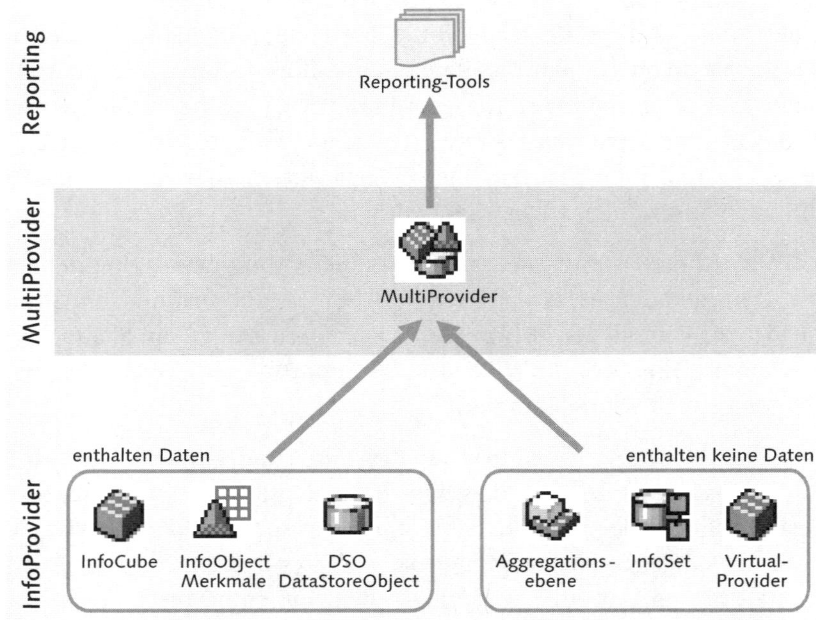

Abbildung 3.3 Aufbau eines MultiProviders

Neben den verschiedenen soeben aufgeführten Objekten des SAP BW-Systems werden wir auch die Reportingfunktionalitäten in Form des Business Explorers (kurz BEx) nutzen. Die BI-integrierte Planung beinhaltet den Einsatz des BEx Query Designers zum Erstellen von Reports sowie die Darstellung in Excel mit dem BEx Analyzer und die Darstellung im Web mit dem BEx Web Application Designer.

3.2 Grundlagen der BI-integrierten Planung

Wenn Sie das in Kapitel 2, »Praxisbeispiel einer Planung«, gezeigte Schritt-für-Schritt-Beispiel am BI-System durchgearbeitet haben, dann haben Sie bereits die wichtigsten Objekte und Abläufe in der Erstellung einer Planungsanwendung kennengelernt. Die Implementierung dieses Beispiels ist keine Pflicht, erleichtert Ihnen aber das Verständnis der nachfolgenden Ausführungen.

Das zentrale neue Datenobjekt der BI-integrierten Planung ist ein virtueller InfoProvider mit dem Namen *Aggregationsebene*. Eine Aggregationsebene definiert auf Basis eines InfoCubes oder eines MultiProviders die Merkmale und Kennzahlen, mit denen eine Planung durchgeführt werden soll. In

Abbildung 3.4 geben wir Ihnen einen ersten Gesamtüberblick über den Ablauf der Modellierung der BI-integrierten Planung.

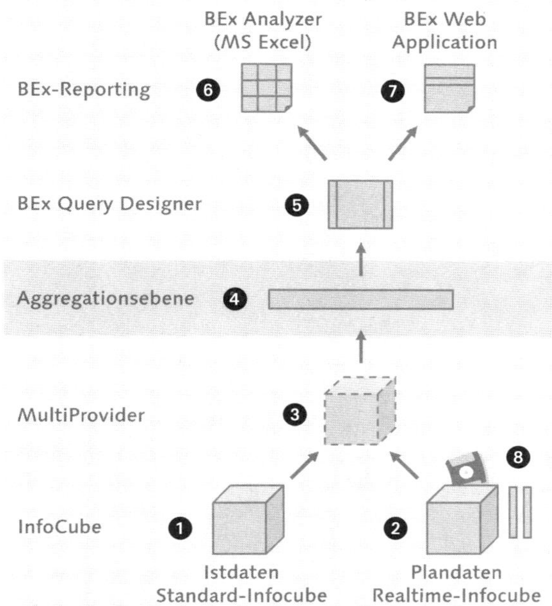

Abbildung 3.4 Überblick über die Modellierung der BI-integrierten Planung

Ausgehend von einem Istdatenbestand in einem Standard-InfoCube ❶ (die Istdaten können auch aus einem DSO-Objekt stammen) sollen die Plandaten in einem realtime-fähigen InfoCube ❷ gespeichert werden. Diese Ist- und Plandaten werden über einen MultiProvider verbunden ❸. Basierend auf diesem MultiProvider werden eine oder mehrere Aggregationsebenen ❹ definiert, die die gewünschten Merkmale und Kennzahlen beinhalten. Neben kleineren weiteren Einstellungen, die wir im Verlauf dieses Kapitels noch besprechen, kann dann mit dem BEx Query Designer ❺ eine sogenannte *eingabebereite Query* erstellt werden. In einer solchen Query können vom Anwender Daten eingegeben werden. Es spielt dabei keine Rolle, ob Sie die Durchführung der Planung in Microsoft Excel ❻ mit dem BEx Analyzer oder in der gewohnten Darstellung im Web mit dem BEx Web Application Designer ❼ bevorzugen. Zur Erleichterung der Verwaltung eines Plan-Cubes können im Verlauf des Bestehens einer Planungsanwendung Merkmalsbeziehungen und Datenscheiben ❽ definiert werden. Diese Möglichkeiten werden in dem Abschnitt »Merkmalsbeziehungen und Datenscheiben« in diesem Kapitel vorgestellt.

Es gibt mehrere Wege, wie man sich mit dem Themenkomplex der BI-integrierten Planung vertraut machen kann. Wir haben einen Weg ausgewählt, der Sie nach unserer Erfahrung auf Basis einer sehr häufig anzutreffenden Systemmodellierung direkt teilhaben lässt. Wie bereits in Abbildung 3.4 gezeigt, haben viele Systemmodellierungen in SAP NetWeaver BI einen Stand, wie er in Abbildung 3.5 dargestellt ist.

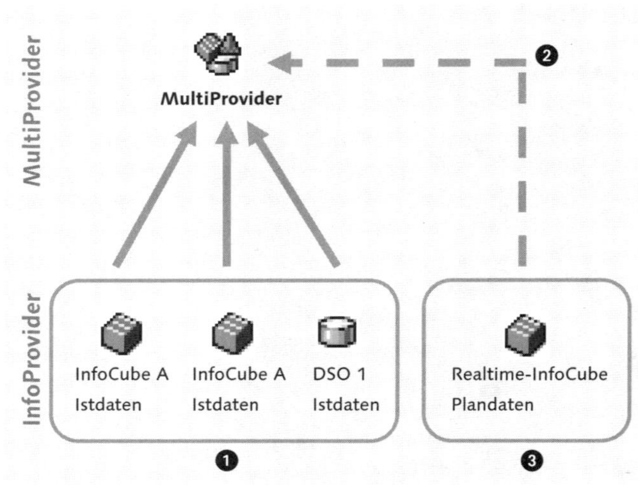

Abbildung 3.5 Erweiterung einer bestehenden Systemmodellierung um die BI-integrierte Planung

Ausgehend von Datenbeständen, die in Standard-Ist-InfoCubes und DSO-Tabellen gespeichert sind ❶, werden diese Daten durch eine logische Abstraktionsschicht in MultiProvidern entsprechend ihren Themengebieten zusammengefasst. Um die Funktionalitäten der BI-integrierten Planung nutzen zu können, können Sie zu jedem MultiProvider ❷ einen realtime-fähigen InfoCube ❸ zur Aufnahme der Plandaten definieren. An den bereits definierten Querys oder sonstigen Zugriffen auf die Daten des MultiProviders z. B. durch Non-SAP-Applikationen muss nichts geändert werden.

3.3 Modellierungsszenarien

In diesem Abschnitt werden wir Ihnen Empfehlungen sowohl zur technischen Modellierung der Datenobjekte in SAP NetWeaver BI als auch zur Herangehensweise für die Modellierung der Planungsberechnungen mit Planungsfunktionen geben.

3.3.1 Modellierung der Datenobjekte

Wir wollen die Diskussion aus Abschnitt 3.2, »Grundlagen der BI-integrierten Planung«, noch ein wenig vertiefen. Welche Möglichkeiten hat man in der Modellierung der Objekte Ist-InfoCube, Plan-Realtime-InfoCube, MultiProvider und Aggregationsebene?

In Abbildung 3.6 sind die verschiedenen Möglichkeiten der Anordnung von MultiProvider und Aggregationsebene dargestellt.

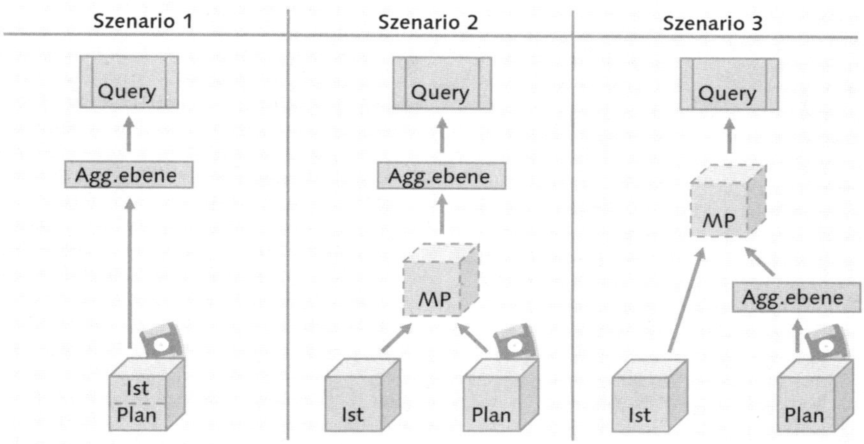

Abbildung 3.6 Übersicht über die Modellierungsszenarien

In Szenario 1 wird ein realtime-fähiger InfoCube zur Speicherung von Istdaten und durch den Anwender veränderbaren Planzahlen genutzt. Dies ist eine sicherlich selten auftretende Konstellation. Ein InfoCube mit Ist- und Plandaten muss kontinuierlich zwischen den Fähigkeiten hin- und hergeschaltet werden, Istdaten aus der normalen Fortschreibung aufnehmen zu können und Plandaten der Anwender verarbeiten zu können. Wahrscheinlicher ist eine Kombination von Ist- und Plandaten wie in den Szenarien 2 und 3. Der Unterschied zwischen diesen beiden Szenarien liegt in der Modellierung der Aggregationsebene. In Szenario 2 wird diese erst auf dem MultiProvider definiert, in Szenario 3 wird die Aggregationsebene direkt auf einem realtime-fähigen InfoCube definiert und erst anschließend über einen MultiProvider mit den Istdaten verbunden.

Wir empfehlen die Modellierung gemäß Szenario 2. Sie werden sich fragen, worin die Vor- und Nachteile der Szenarien 2 und 3 bestehen. In Abbildung 3.7 ist das Szenario 2 unter der Annahme dargestellt, dass mehrere Planungsaufgaben mit den Daten desselben MultiProviders bearbeitet werden können, d.h., es werden alle zusätzlich benötigten Aggregationsebenen auf einem MultiProvider definiert.

Die gleiche Annahme führt mit einer Modellierung gemäß Szenario 3 zu einer deutlich anderen Konstellation. In Abbildung 3.8 wird deutlich, dass Szenario 3 bei n weiteren benötigten Aggregationsebenen zu einem gleichzeitigen Anstieg der Anzahl von neuen MultiProvidern führt und damit zu einem höheren Aufwand in der Verwaltung der Datenobjekte in SAP BW.

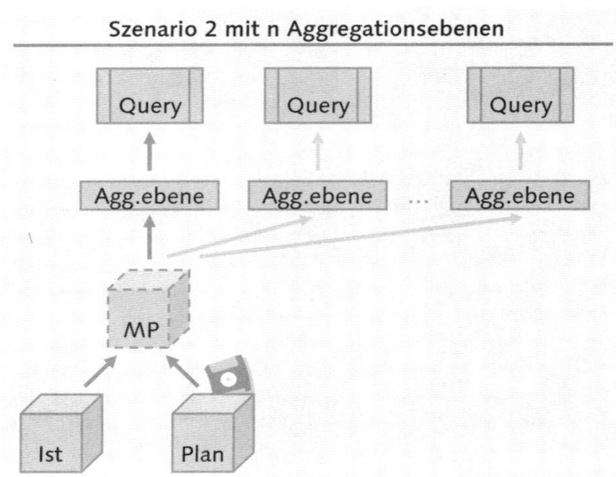

Abbildung 3.7 Szenario 2 mit n Aggregationsebenen

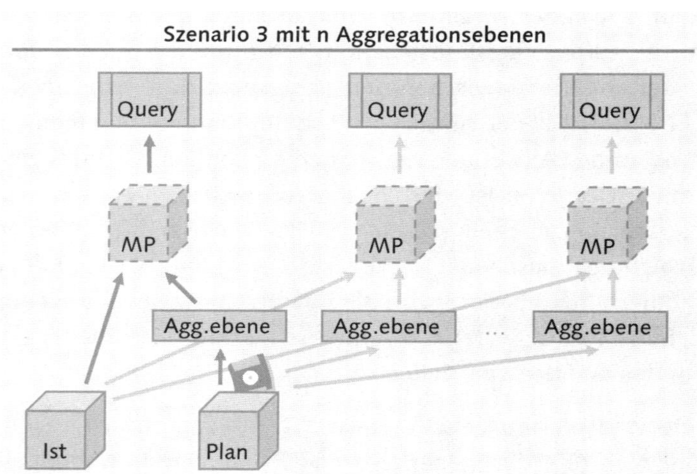

Abbildung 3.8 Szenario 3 mit n Aggregationsebenen

Die Modellierung gemäß Szenario 2 ist noch aus einem weiteren Umstand zu favorisieren. Wie wir später noch sehen werden, können auf Basis einer Aggregationsebene vorab definierte oder auch individuell programmierte Planungsfunktionen genutzt werden. Eine solche Planungsfunktion kann aber nur auf die in einer Aggregationsebene definierten Merkmale und Kennzahlen angewendet werden. In Abbildung 3.9 sind die Konsequenzen bezüglich der Nutzung von Planungsfunktionen in den Szenarien 2 und 3 dargestellt.

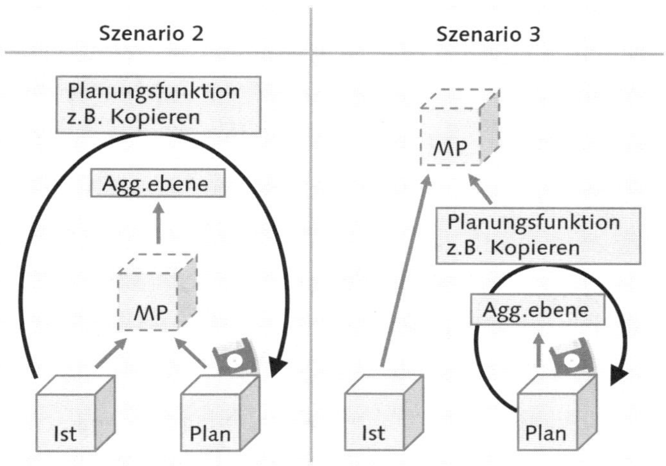

Abbildung 3.9 Nutzung von Planungsfunktionen

In Szenario 2 können die Istdaten z. B. eines Geschäftsjahres ohne Probleme durch eine Planungsfunktion aus dem Ist-Cube in den Plan-Cube kopiert werden. Ebenso können die Daten natürlich auch vom Plan-Cube in sich selbst kopiert werden. Ein Kopiervorgang vom Plan-Cube in den Ist-Cube ist jedoch nicht möglich, da der Ist-Cube aus technischer Sicht nur ein Standard-InfoCube ist und somit nicht realtime-fähig wie der PlanCube.

In Szenario 3 kann ein solcher Vorgang nicht mehr durch die vorhandenen Planungsfunktionen ausgeführt werden. Die Planungsfunktionen können nur Daten innerhalb des Plan-Cubes z. B. von einem Geschäftsjahr 2005 in das Geschäftsjahr 2006 kopieren. Eine Kopie der Istdaten aus dem Ist-Cube in den Plan-Cube kann nur durch die SAP BW-eigenen Fortschreibungsregeln erfolgen.

Zusammenfassend ist es zu empfehlen, Modellierungen für Planungsanwendungen mit der BI-integrierten Planung gemäß Szenario 2 durchzuführen, um sowohl bezüglich weiterer Planungsanwendungen als auch hinsichtlich der effizienten Nutzung der vorhandenen Planungsfunktionalitäten die größtmögliche Flexibilität bei minimalem Aufwand zu erreichen.

3.3.2 Modellierung der Planungsberechnungen

In diesem Abschnitt wollen wir Ihnen Tipps zur Herangehensweise für die Modellierung der in Ihrer Planung benötigten Planungsberechnungen geben. Es geht nicht um technische Gegebenheiten von SAP NetWeaver BI, sondern um die Beantwortung der Frage: »Wie geht man bei bestimmten gegebenen Anforderungen an eine Planungsanwendung vor, um die benötigten Berechnungsvorgänge mit vorhandenen und/oder neuen Planungsfunktionen sowie Planungssequenzen der BI-integrierten Planung umzusetzen?«

Wenn Sie das Praxisbeispiel in Kapitel 2, »Praxisbeispiel einer Planung«, bearbeitet haben oder wenn Sie bereits erfolgreich eigene Planungsanwendungen mit der BI-integrierten Planung umgesetzt haben, dann stellt sich bei Ihnen (wie auch bei vielen anderen Planungsentwicklern) der Eindruck ein, die BI-integrierte Planung sei ein »komfortabel und einfach zu benutzendes Werkzeug«. Dieser Eindruck ist nicht falsch, Sie sollten sich aber darüber im Klaren sein, dass die Vorüberlegungen zu den Berechnungsvorgängen und zum Design einer Planungsanwendung nicht in fünf Minuten zu erledigen sind.

Aus unserer Erfahrung möchten wir Ihnen zwei Empfehlungen geben:

- Zerlegen Sie die einzelnen Berechnungsvorgänge Ihrer Planungsanwendung wie bei einer Programmieraufgabe in einzelne kleine Schritte. Jeder Schritt verarbeitet Input-Daten, führt eine Berechnungsvorschrift in Form einer gegebenen Planungsfunktion oder eines individuellen ABAP-Codes aus und stellt die Ergebnisse als Output-Daten wieder zur Verfügung. Mit einer solchen Zerlegung erkennen Sie zum einen sofort, ob Sie zusätzlich individuelle Planungsfunktionen entwickeln müssen, und zum anderen, ob Sie für die temporäre Speicherung der Output-Daten zusätzliche Hilfskennzahlen in Ihrem Planungsdesign benötigen, die als »globale Variablen« zur Speicherung von Zwischenergebnissen erforderlich sind.
- Überlegen Sie, wann in Ihrer Planungsanwendung welche Planungsfunktionen bzw. Planungssequenzen ausgeführt werden müssen. Wenn Sie mit Hilfskennzahlen arbeiten, dann kann es nötig sein, diese beim Start einer Planungsanwendung mit bestimmten Werten vorzubelegen, also zu initialisie-

ren. Um die volle Leistungsfähigkeit der BI-integrierten Planung nutzen zu können, müssen Sie gleichzeitig über ein sehr gutes Wissen in Bezug auf den BEx Analyzer und den BEx Web Application Designer verfügen. Besonders der BEx Web Application Designer ermöglicht dem Planungsentwickler viele Gestaltungsmöglichkeiten, z. B. das beim Start einer Planungsanwendung über das Ereignis »Aktion vor der ersten Anzeige« erfolgende Ausführen einer Planungsfunktion zur Initialisierung einer Hilfskennzahl.

3.4 Planungsinstrumente

In diesem Abschnitt stellen wir Ihnen die Planungsinstrumente und Transaktionen der BI-integrierten Planung vor.

Die Startseite der BI-integrierten Planung sehen Sie in Abbildung 3.10. Diese Seite können Sie im BI-System mit der Transaktion RSPLAN aufrufen. Von dieser Seite aus können Sie das zentrale Planungswerkzeug, den PLANNING MODELER ❶, oder die um einen Assistenten erweiterte Version, den PLANNING WIZARD ❷, starten. Diese beiden Planungsinstrumente sind Java-Applikationen und werden in einem eigenen Browserfenster aufgerufen.

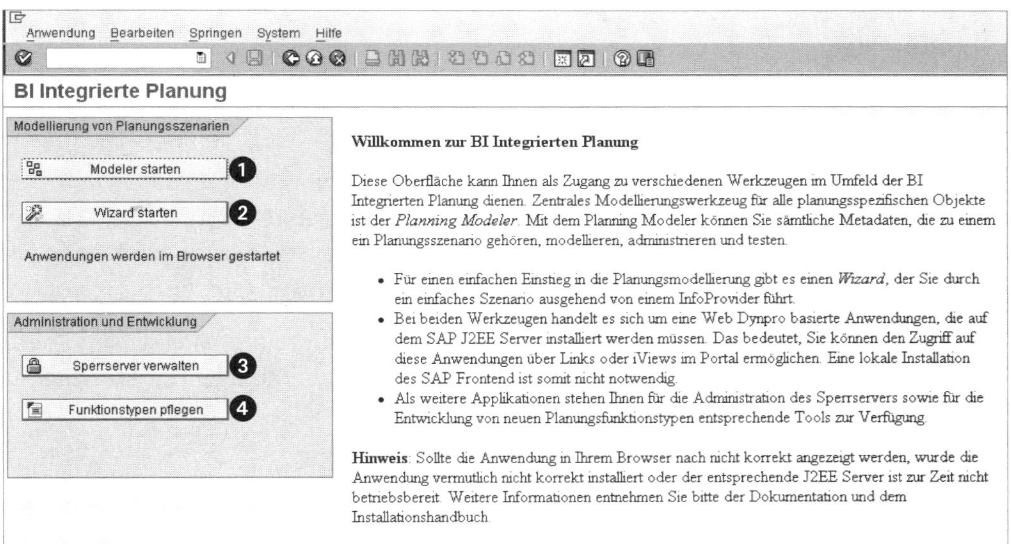

Abbildung 3.10 Startseite der BI-integrierten Planung

Die Verwaltungsfunktionen SPERRSERVER VERWALTEN ❸ und FUNKTIONSTYPEN PFLEGEN ❹ werden wir detailliert in späteren Abschnitten dieses Kapitels erläutern. Hier geht es einerseits um die Festlegung verschiedener Optionen zur Sperrverwaltung bei der konkurrierenden Nutzung von Planungsanwendungen und um die Erweiterung der zur Verfügung stehenden Planungsfunktionen um individuell programmierte Funktionen.

Eine zweite zentrale Einstiegsseite in die BI-integrierte Planung wird Ihnen im SAP NetWeaver Portal angeboten (siehe Abbildung 3.11). Um die Registerkarte BUSINESS PLANNING im Portal angeboten zu bekommen, muss dem jeweiligen Benutzer die Rolle *pcd:portal_content/com.sap.pct/platform_add_ons/com.sap.ip.bi/Roles/com.sap.ip.bi.business_planning_showcase* zugeordnet sein.

Abbildung 3.11 Startseite der BI-integrierten Planung im Portal

Analog zur Startseite im BI-System können Sie von dieser Seite sowohl den PLANNING MODELER ❶ als auch den PLANUNGSASSISTENT ❷ starten. Der Aufruf der Verwaltungsfunktionen kann von dieser Stelle nicht erfolgen, da es sich hierbei um normale Web Dynpro-Anwendungen handelt.

Der SCHNELLEINSTIEG ❸ bietet eine sehr komfortable Möglichkeit, ohne unnötiges Herumklicken sofort an die Stelle im Modellierungsprozess zu springen, an der weitergearbeitet werden soll.

Mit dem BEx WEB ANALYZER ❹ können Sie Querys von Planungsanwendungen zu Kontrollzwecken schnell und problemlos aufrufen, ohne jedes Mal den BEx Query Designer oder den BEx Web Application Designer starten zu müssen. Diese Möglichkeit hat sich in der täglichen Arbeit als hilfreich herausgestellt. Das Ergebnis eines Aufrufs einer Query ist in Abbildung 3.12 dargestellt. Hierbei handelt es sich um die Query zur Planungsanwendung aus Kapitel 2, »Praxisbeispiel einer Planung«.

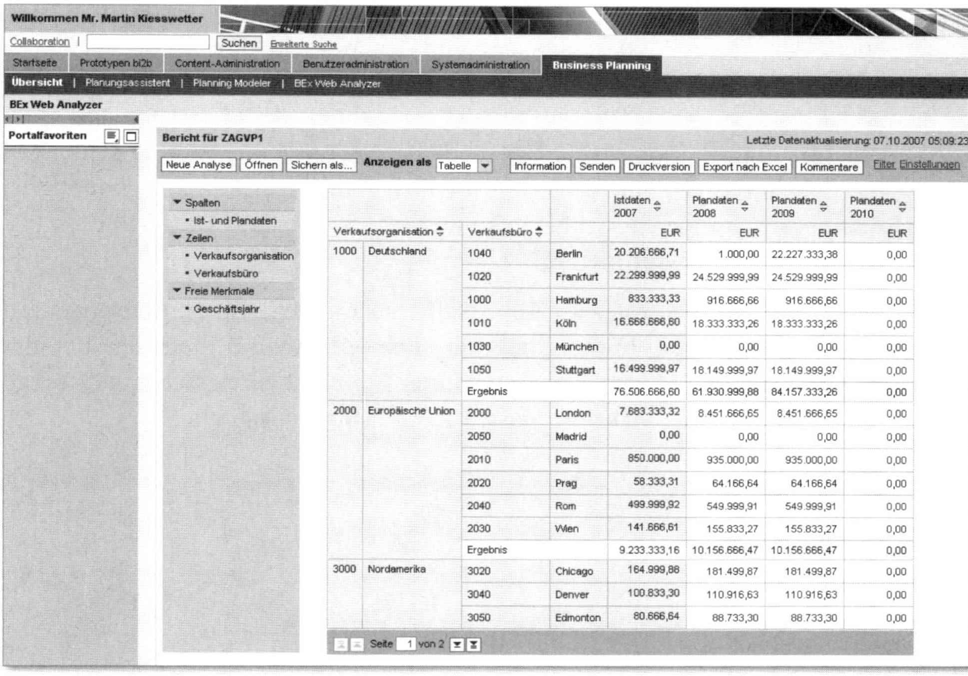

Abbildung 3.12 Aufruf des BEx Web Analyzers

Mit dem Planning Modeler können Sie alle Modellierungsaufgaben für die BI-integrierte Planung durchführen. In Abbildung 3.13 ist dieses Java-basierte Tool dargestellt.

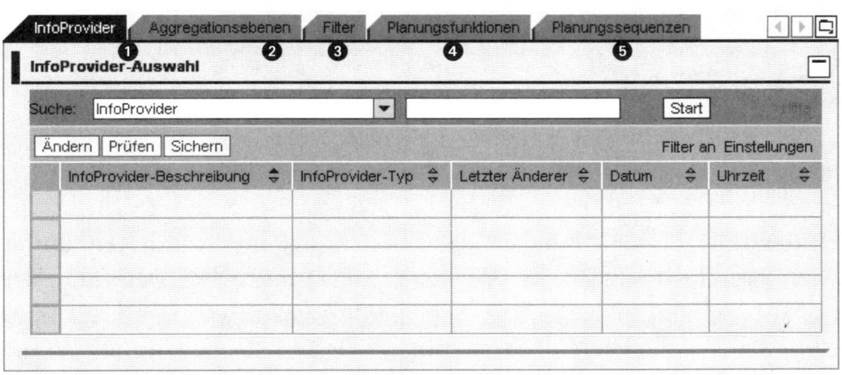

Abbildung 3.13 Ablauf der Modellierung im Planning Modeler

Die Anwendung erfolgt in der Reihenfolge der angeordneten Registerkarten (siehe Abbildung 3.13). Ausgehend von der Auswahl eines InfoProviders ❶ (gemäß unserem Szenario 2 aus Abschnitt 3.3, »Modellierungsszenarien«, würden Sie hier einen MultiProvider auswählen) definieren Sie eine oder mehrere Aggregationsebenen ❷ und die gewünschten Filtereinstellungen ❸. Anschließend können Sie die für Ihre Planungsanwendung benötigten Planungsfunktionen auswählen ❹ und diese bei Bedarf in sogenannten Planungssequenzen anordnen ❺.

Der Planning Wizard (siehe Abbildung 3.14) unterstützt Sie mit einer fast analogen Benutzerführung und mit entsprechenden Hilfetexten bei der Modellierung Ihrer Planungsanwendung. Die Bearbeitungsschritte ❻ bis ❾ sind identisch mit der Vorgehensweise im Planning Modeler.

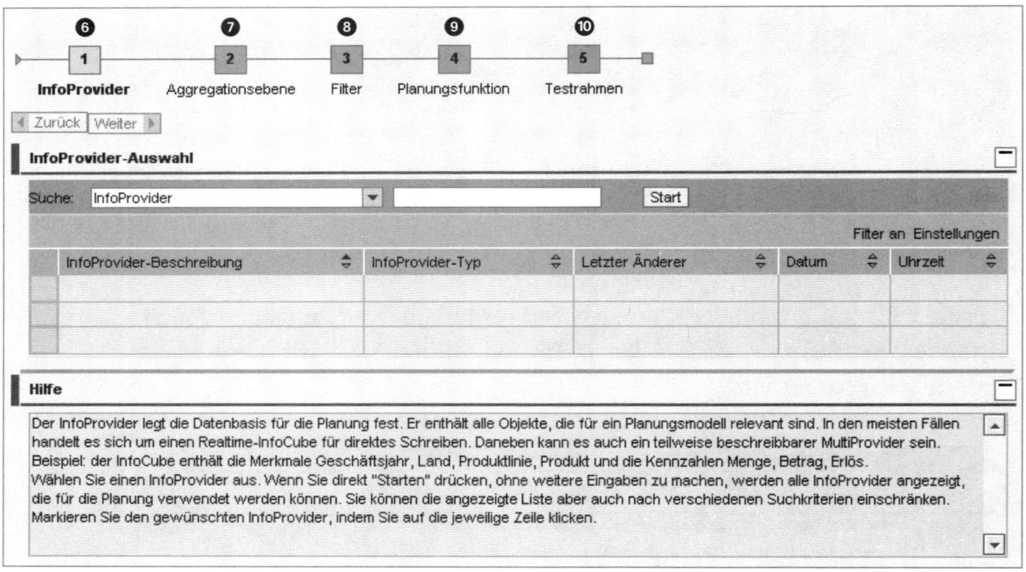

Abbildung 3.14 Ablauf der Modellierung im Planning Wizard

Der Unterschied zum Planning Modeler besteht in dem veränderten fünften Bearbeitungsschritt TESTRAHMEN ❿ und der nicht möglichen Definition von Merkmalsbeziehungen und Datenscheiben. Anstatt wie beim Planning Modeler eine Planungssequenz zu definieren, haben Sie im Planning Wizard die Möglichkeit, Ihre Planungsanwendung zu testen. In Abbildung 3.15 ist die Eingabeseite für diesen Testrahmen dargestellt.

Basierend auf der definierten Aggregationsebene und den Filtereinstellungen wird eine Standardansicht auf Ihre Plandaten erzeugt, in der Sie Daten manuell ändern und Ihre Planungsfunktionen testen können. Mit dem Button AUSFÜHREN ⓫ starten Sie die Erzeugung des Testrahmens. Mit den Buttons SCHRITT FÜR PLANUNGSFUNKTION HINZUFÜGEN können Sie Ihrem Testrahmen Planungsfunktionen hinzufügen und haben darüber hinaus die Möglichkeit, diese Funktionalität direkt zu testen.

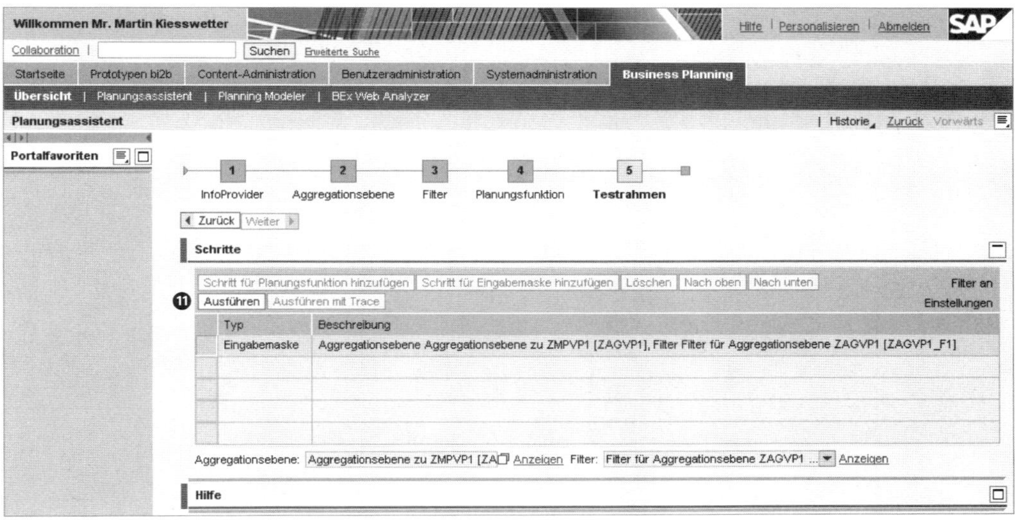

Abbildung 3.15 Definition des Testrahmens im Planning Wizard

Ein Beispiel für einen erzeugten Testrahmen ist in Abbildung 3.16 dargestellt. Die Buttons PLANDATEN SICHERN und SCHLIESSEN ❶ werden automatisch generiert. Die Ist- und die Plandaten sind in Abbildung 3.16 gut zu erkennen. Im Bereich der Istdaten ❷ können Sie u. a. die Herkunft der Daten aus dem Ist-InfoCube erkennen. Im Bereich der Plandaten ❸ können Sie zusätzlich in der letzten Spalte manuell Werte eingeben (weißer Hintergrund).

Die Verwaltungsfunktionen lassen sich aus der Startseite der BI-integrierten Planung aufrufen (siehe Abbildung 3.10).

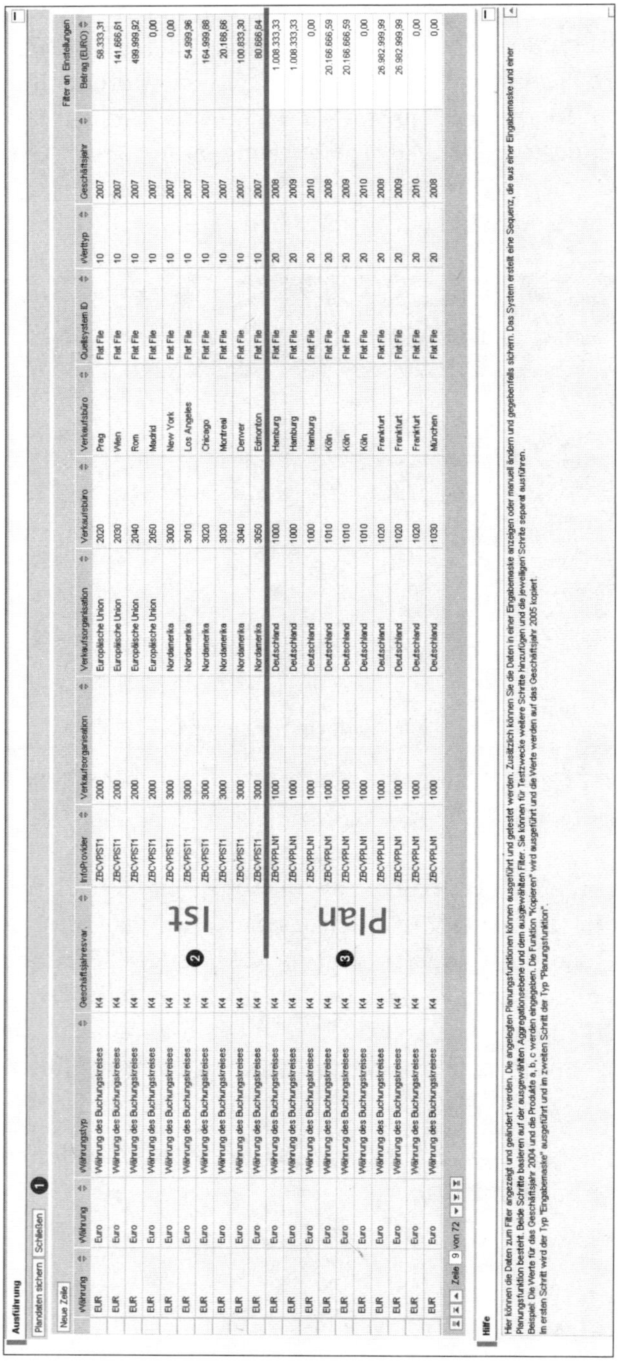

Währung	Währung	Währungstyp	Geschäftsjahresvar.	InfoProvider	Verkaufsorganisation	Verkaufsorganisation	Verkaufsbüro	Verkaufsbüro	Quellsystem ID	Werttyp	Geschäftsjahr	Betrag (EURO)
EUR	Euro	Währung des Buchungskreises	K4	ZBCVPIST1	2000	Europäische Union	2020	Prag	Flat File	10	2007	58.333,31
EUR	Euro	Währung des Buchungskreises	K4	ZBCVPIST1	2000	Europäische Union	2030	Wien	Flat File	10	2007	141.666,61
EUR	Euro	Währung des Buchungskreises	K4	ZBCVPIST1	2000	Europäische Union	2040	Rom	Flat File	10	2007	499.999,92
EUR	Euro	Währung des Buchungskreises	K4	ZBCVPIST1	2000	Europäische Union	2050	Madrid	Flat File	10	2007	0,00
EUR	Euro	Währung des Buchungskreises	K4	ZBCVPIST1	3000	Nordamerika	3000	New York	Flat File	10	2007	0,00
EUR	Euro	Währung des Buchungskreises	K4	ZBCVPIST1	3000	Nordamerika	3010	Los Angeles	Flat File	10	2007	54.999,96
EUR	Euro	Währung des Buchungskreises	K4	ZBCVPIST1	3000	Nordamerika	3020	Chicago	Flat File	10	2007	164.999,88
EUR	Euro	Währung des Buchungskreises	K4	ZBCVPIST1	3000	Nordamerika	3030	Montreal	Flat File	10	2007	20.166,66
EUR	Euro	Währung des Buchungskreises	K4	ZBCVPIST1	3000	Nordamerika	3040	Denver	Flat File	10	2007	100.833,30
EUR	Euro	Währung des Buchungskreises	K4	ZBCVPIST1	3000	Nordamerika	3050	Edmonton	Flat File	10	2007	80.666,64
EUR	Euro	Währung des Buchungskreises	K4	ZBCVPPLN1	1000	Deutschland	1000	Hamburg	Flat File	20	2008	1.008.333,33
EUR	Euro	Währung des Buchungskreises	K4	ZBCVPPLN1	1000	Deutschland	1000	Hamburg	Flat File	20	2009	1.008.333,33
EUR	Euro	Währung des Buchungskreises	K4	ZBCVPPLN1	1000	Deutschland	1000	Hamburg	Flat File	20	2010	0,00
EUR	Euro	Währung des Buchungskreises	K4	ZBCVPPLN1	1000	Deutschland	1010	Köln	Flat File	20	2008	20.166.666,59
EUR	Euro	Währung des Buchungskreises	K4	ZBCVPPLN1	1000	Deutschland	1010	Köln	Flat File	20	2009	20.166.666,59
EUR	Euro	Währung des Buchungskreises	K4	ZBCVPPLN1	1000	Deutschland	1010	Köln	Flat File	20	2010	0,00
EUR	Euro	Währung des Buchungskreises	K4	ZBCVPPLN1	1000	Deutschland	1020	Frankfurt	Flat File	20	2008	26.982.999,99
EUR	Euro	Währung des Buchungskreises	K4	ZBCVPPLN1	1000	Deutschland	1020	Frankfurt	Flat File	20	2009	26.982.999,99
EUR	Euro	Währung des Buchungskreises	K4	ZBCVPPLN1	1000	Deutschland	1020	Frankfurt	Flat File	20	2010	0,00
EUR	Euro	Währung des Buchungskreises	K4	ZBCVPPLN1	1000	Deutschland	1030	München	Flat File	20	2008	0,00

Abbildung 3.16 Ausführung des Testrahmens im Planning Wizard

Wenn Sie die Verwaltungsfunktion SPERRSERVER wählen, dann wird eine Anordnung mit vier Registerkarten aufgebaut, wie in Abbildung 3.17 dargestellt. Mit den Eingabemöglichkeiten auf der Registerkarte SPERRTABELLE ❶ können Sie zwischen verschiedenen Implementierungsarten eines Sperrkonzepts für Ihre Planungsanwendung wählen. Mit der Registerkarte SPERRMERKMALE ❷ können Sie Ihren Sperrservice performanter gestalten, indem Sie nur die Merkmale in den Sperrservice mit aufnehmen, die von allen Planern genutzt werden. Die Registerkarte SPERREN ❸ dient zur Anzeige der aktuellen Sperren, und die Registerkarte SPERRKONFLIKT ❹ zeigt den zuletzt aufgetretenen Sperrkonflikt eines InfoProviders an. Die genaue Nutzung der Sperrservices wird im Abschnitt »Sperrkonzept« detailliert erläutert.

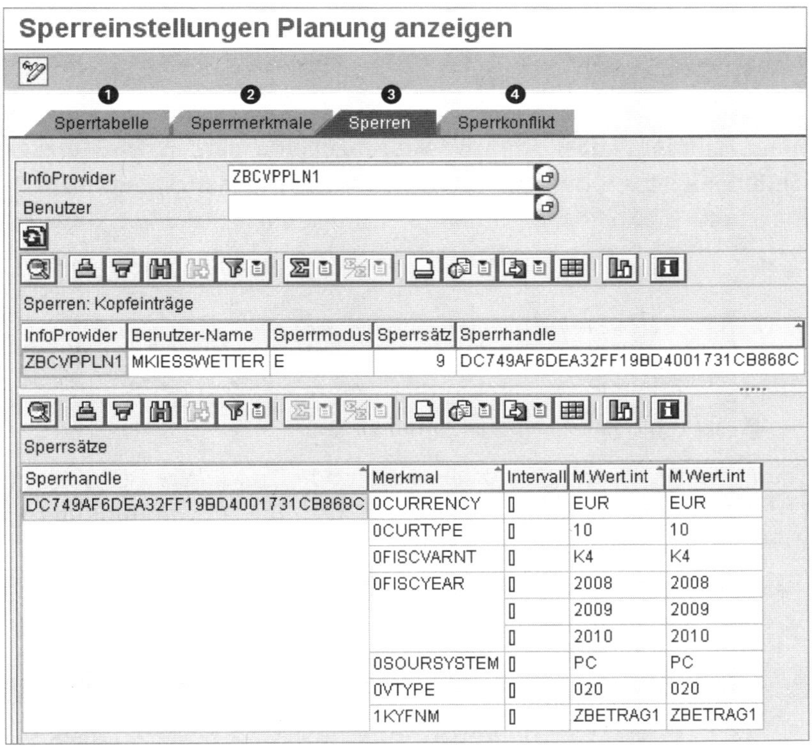

Abbildung 3.17 Verwaltung der Sperreinstellungen

Der Aufruf der Verwaltungsfunktion FUNKTIONSTYPEN PFLEGEN erzeugt die in Abbildung 3.18 dargestellte Eingabemaske.

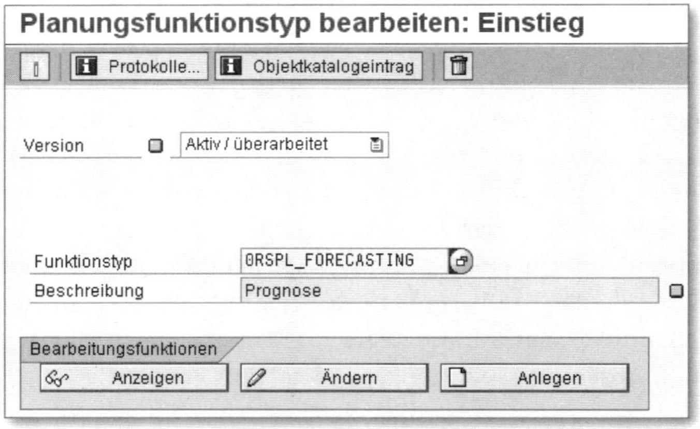

Abbildung 3.18 Verwaltung der Planungsfunktionen

Mit dieser Funktionalität können Sie eigene Planungsfunktionen anlegen, die dann im Planning Modeler zur Auswahl angeboten werden. Die Nutzung dieser Funktionalität und das Anlegen einer neuen Planungsfunktion werden in Abschnitt 3.10, »Planungsfunktionen«, detailliert diskutiert.

3.5 Aggregationsebene

Wir werden Ihnen in diesem Abschnitt das zentrale Objekt der BI-integrierten Planung, die Aggregationsebene, vorstellen.

Die Wirkungsweise einer *Aggregationsebene* und eines *Filters* ist in Abbildung 3.19 dargestellt. Nehmen wir an, ein realtime-fähiger InfoCube ❸ besteht aus den Merkmalen »M1«, »M2«, »M3«, »M4« und den Kennzahlen »K1«, »K2«. Mit einer Aggregationsebene definieren wir einen Ausschnitt auf dem zugrunde liegenden InfoCube. Im Beispiel in Abbildung 3.19 besteht die Aggregationsebene ❷ aus den Merkmalen »M1«, »M3« und der Kennzahl »K2«. Mit einem Filter ❶ können wir das Datenmodell unserer Planungsaufgabe weiter verfeinern, indem wir z. B. das Merkmal »M1« auf die Regionen EMEA, ASIA und das Merkmal »M2« auf die Geschäftsjahre 2005 bis 2009 einschränken.

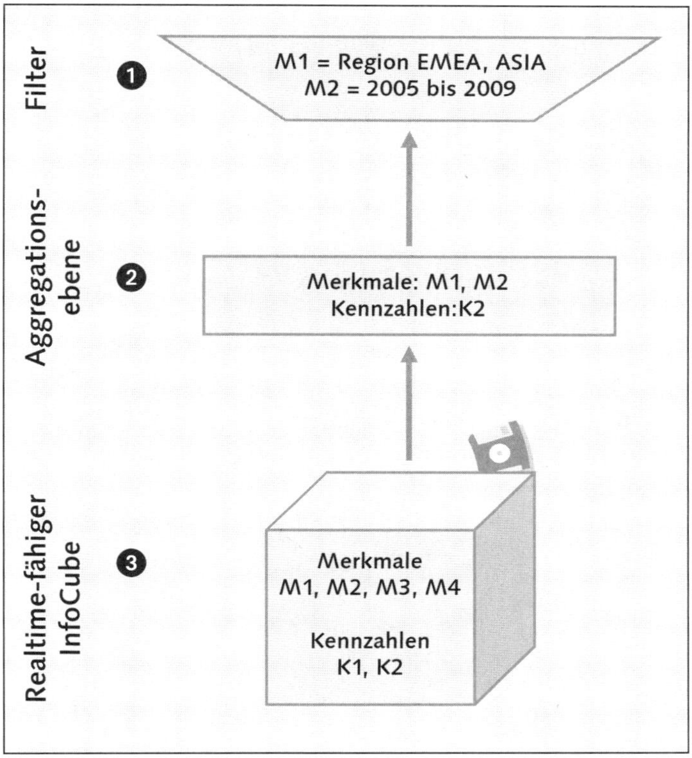

Abbildung 3.19 Wirkungsweise der Aggregationsebene und des Filters

Kommen wir auf Grundlage der soeben ausgeführten Erklärung bezüglich der Wirkungsweise einer Aggregationsebene und eines Filters zurück zur formalen Definition der beiden Begriffe.

Eine Aggregationsebene ist ein virtueller InfoProvider, der eine Menge von Merkmalen und Kennzahlen des zugrunde liegenden InfoProviders zusammenfasst. Hier sollten Sie beachten, dass eine Aggregationsebene sowohl direkt auf einem realtime-fähigen InfoCube als auch auf einem MultiProvider, der die Verbindung zum realtime-fähigen InfoCube bereitstellt (siehe hierzu auch die Ausführungen in Abschnitt 3.3, »Modellierungsszenarien«), definiert werden kann.

Die in einer Aggregationsebene enthaltenen Kennzahlen werden automatisch über der Menge der nicht in der Aggregationsebene enthaltenen Merkmale verdichtet. Sie können auf einem InfoProvider beliebig viele Aggregationsebenen definieren, jedoch können Sie Aggregationsebenen nicht kaskadierend schachteln.

In Abbildung 3.20 sehen Sie die Darstellung einer auf einem MultiProvider angelegten Aggregationsebene in der Data Warehousing Workbench (Transaktion RSA1).

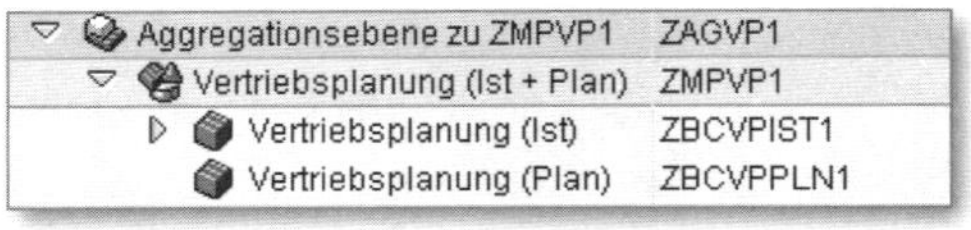

Aggregationsebene zu ZMPVP1	ZAGVP1
Vertriebsplanung (Ist + Plan)	ZMPVP1
Vertriebsplanung (Ist)	ZBCVPIST1
Vertriebsplanung (Plan)	ZBCVPPLN1

Abbildung 3.20 Aggregationsebene in der Data Warehousing Workbench

In der Data Warehousing Workbench können Sie eine angelegte Aggregationsebene nur als Objekt sehen und sich mit dem Kontextmenü der rechten Maustaste die Objektübersicht anzeigen lassen. In Abbildung 3.21 ist die Objektübersicht einer Aggregationsebene mit den ausgewählten Merkmalen ❶ und Kennzahlen ❷ dargestellt.

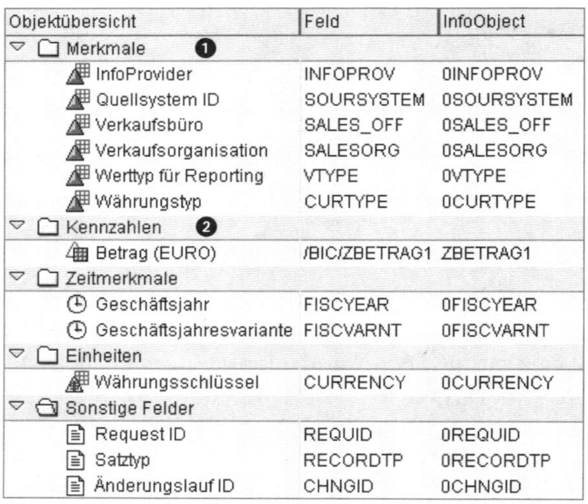

Objektübersicht	Feld	InfoObject
Merkmale ❶		
InfoProvider	INFOPROV	0INFOPROV
Quellsystem ID	SOURSYSTEM	0SOURSYSTEM
Verkaufsbüro	SALES_OFF	0SALES_OFF
Verkaufsorganisation	SALESORG	0SALESORG
Werttyp für Reporting	VTYPE	0VTYPE
Währungstyp	CURTYPE	0CURTYPE
Kennzahlen ❷		
Betrag (EURO)	/BIC/ZBETRAG1	ZBETRAG1
Zeitmerkmale		
Geschäftsjahr	FISCYEAR	0FISCYEAR
Geschäftsjahresvariante	FISCVARNT	0FISCVARNT
Einheiten		
Währungsschlüssel	CURRENCY	0CURRENCY
Sonstige Felder		
Request ID	REQUID	0REQUID
Satztyp	RECORDTP	0RECORDTP
Änderungslauf ID	CHNGID	0CHNGID

Abbildung 3.21 Objektübersicht zu einer Aggregationsebene

Wenn Sie eine Aggregationsebene bearbeiten bzw. neu anlegen möchten, dann können Sie dies nur mit dem Planning Modeler tun (siehe Abschnitt 3.4, »Planungsinstrumente«). Den Planning Modeler rufen Sie für neu anzulegende Aggregationsebenen mit der Transaktion RSPLAN auf, bei bestehenden Aggregationsebenen können Sie den Planning Modeler auch in der Data Warehousing Workbench über das Kontextmenü mit der rechten Maustaste starten.

Im Beispiel aus den Abbildungen 3.20 und 3.21 ist die Definitionssicht des Planning Modeler in Abbildung 3.22 dargestellt. Am oberen Rand sind die

Registerkarten für die verschiedenen Schritte in der Definition einer Planungsanwendung erkennbar. Der InfoProvider, auf dem diese Aggregationsebene definiert ist, ist bereits ausgewählt. Dies kann ein realtime-fähiger InfoCube sein oder ein MultiProvider. Aktuell ist auf diesem InfoProvider nur eine Aggregationsebene definiert ❶.

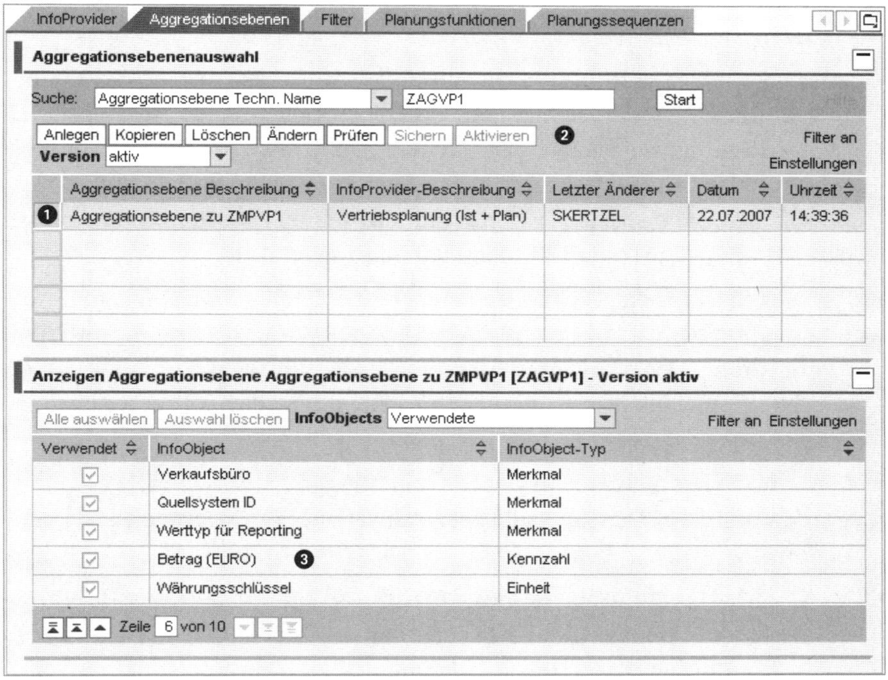

Abbildung 3.22 Verwaltung der Aggregationsebenen

Im unteren Bereich sind die ausgewählten Merkmale und Kennzahlen aufgeführt ❷. Hier sehen Sie z. B. auch die Kennzahl »Betrag« analog zu Abbildung 3.21.

Mit den Buttons ❸ haben Sie die Möglichkeit, eine Aggregationsebene neu anzulegen, eine bestehende Aggregationsebene zu kopieren, zu löschen oder zu ändern, und Sie können zudem prüfen, ob die Definition der Aggregationsebene konsistent ist. Diese Buttons sind auf allen Registerkarten in identischer Weise angeordnet und erklären sich in ihrer Anwendung von selbst.

Die wichtigsten bei der Definition und Verarbeitung von Aggregationsebenen zu beachtenden Punkte sind nachfolgend aufgelistet:

- Eine Aggregationsebene besteht aus mindestens einem Merkmal und einer Kennzahl.
- Achten Sie darauf, dass Ihre Aggregationsebene so definiert ist, dass auch ein Zurückschreiben von Plandaten möglich ist. Dies bedeutet, dass die jeweilige Merkmalskombination und die Ausprägungen dieser Merkmale eindeutig für einen Schreibvorgang in den realtime-fähigen InfoCube sind.
- Wenn Sie mehrere InfoCubes für die Ablage Ihrer Ist- und Plandaten nutzen (sollte der normale Fall sein, siehe Szenario 2 in Abschnitt 3.3, »Modellierungsszenarien«), dann denken Sie daran, dass Sie das Merkmal InfoProvider in Ihre Aggregationsebene mit aufnehmen. Nur mit diesem Merkmal können Sie sich später in einer BEx Query Spalten/Zeilen mit Istdaten und Spalten/Zeilen mit Plandaten anzeigen lassen.
- Bei den in einer Aggregationsebene verwendeten Kennzahlen muss die Aggregation SUM, MIN oder MAX eingestellt sein. Nur Kennzahlen mit Aggregation SUM können später in der Planungsanwendung geändert werden: Kennzahlen mit Aggregation MIN oder MAX können nur angezeigt werden.
- Soll ein geklammertes Merkmal in einer Aggregationsebene verwendet werden, dann müssen auch alle geklammerten übergeordneten Merkmale in der Aggregationsebene definiert werden.
- In einer Aggregationsebene müssen auch die Merkmale eines InfoProviders aufgenommen werden, die scheinbar konstant sind. Die Daten könnten sich unter gewissen Umständen ändern, die Merkmale mehrere Ausprägungen erhalten, und damit wäre ein eindeutiges Zurückschreiben von Planwerten in den InfoCube nicht mehr möglich.
- Referenzierende Kennzahlen werden in Aggregationsebenen nicht unterstützt.
- Bei einer Kennzahl ohne feste Mengen- oder Währungseinheit muss die Aggregationsebene das Merkmal für die Einheit enthalten.
- Wenn in einer Aggregationsebene eine Kennzahl mit Ausnahmeaggregation verwendet wird, dann muss in dieser Aggregationsebene auch das Merkmal für die Ausnahmeaggregation enthalten sein (wenn beides aus dem gleichen InfoProvider kommt).
- Das Navigationsattribut eines Merkmals ist nicht in der Aggregationsebene sichtbar, sondern nur im BEx Query Designer.

3.6 Filter

Aufbauend auf Abschnitt 3.5, »Aggregationsebene«, erläutern wir Ihnen im Folgenden die Filtermöglichkeiten, die die BI-integrierte Planung bietet (siehe dazu auch Abbildung 3.19). Ein Filter schränkt die durch die Aggregationsebene definierten Merkmale zusätzlich in ihrer Ausprägung ein. Sie können damit direkten Einfluss auf die in einer Planungsanwendung zu planenden Ausprägungen der Merkmalskombinationen nehmen.

Die Verwaltung eines auf der Definition einer Aggregationsebene basierenden Filters ist in Abbildung 3.23 dargestellt.

Abbildung 3.23 Verwaltung der Filter im Planning Modeler

Wenn Sie die Registerkarte FILTER auswählen (am oberen Rand des Bildschirms befindlich), dann haben Sie die Möglichkeit, eine Aggregationsebene auszuwählen ❶ und anschließend für diese Aggregationsebene Filter ❷ zu definieren. Mit den Buttons ❸ können Sie analog zur Definition einer Aggregationsebene einen Filter neu anlegen bzw. einen bestehenden Filter ändern, löschen und auf Konsistenz in der Definition prüfen. Die Buttons ❹ dienen zur Ausgestaltung eines Filters, d. h., Sie können wählen, welche

Merkmalseinschränkungen Sie in dem Filter definieren wollen. In diesem Beispiel ist etwa das Merkmal »Währung« eingeschränkt auf den Wert »Euro«.

In Abbildung 3.24 wurde das Merkmal »Verkaufsorganisation« ausgewählt und mit dem Button HINZUFÜGEN (siehe schwarzer Pfeil) in die Auflistung der bereits bestehenden Merkmalseinschränkungen ❺ integriert. Durch einen Klick auf die WERTEHILFE ❻ können Sie jetzt die konkrete Merkmalseinschränkung definieren.

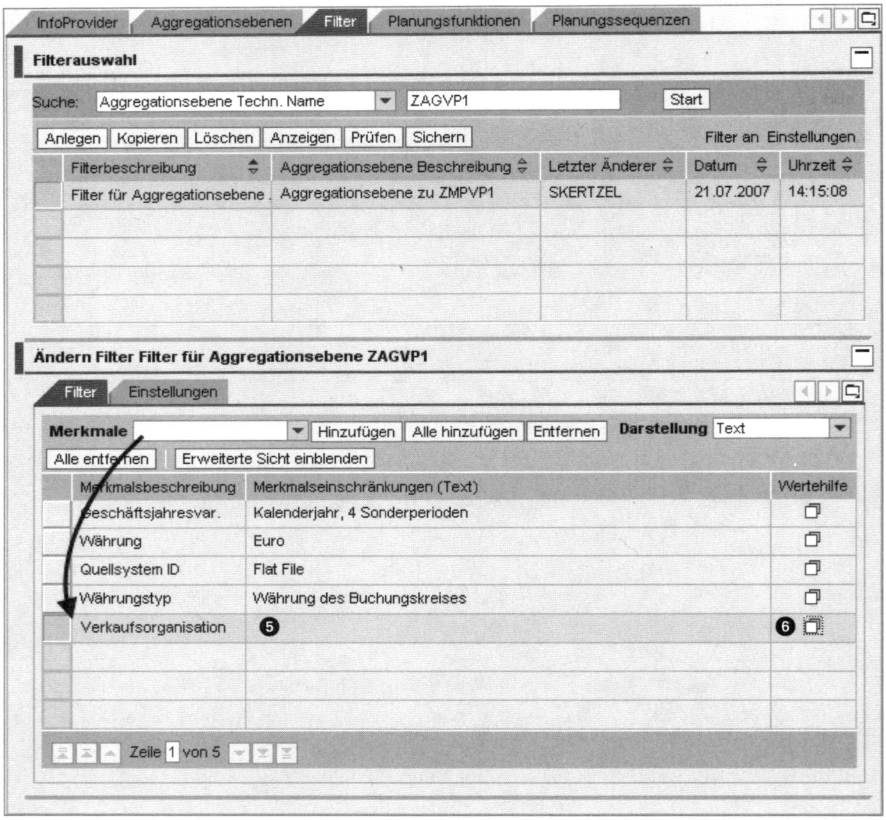

Abbildung 3.24 Anlegen einer neuen Merkmalseinschränkung

Die Wertehilfe für die Merkmalseinschränkung ist in Abbildung 3.25 dargestellt. Sie haben die Möglichkeit, das ausgewählte Merkmal (bei uns das Merkmal »Verkaufsorganisation«) entweder mit einem EINZELWERT, einem WERTEBEREICH, Werten aus HISTORIE oder aus FAVORITEN ❼ einzuschränken. Mit der Auswahloption HISTORIE bekommen Sie die letzten von Ihnen durchgeführten Werte für Merkmalseinschränkungen wiederholt angeboten. Mit der Option FAVORITEN kommen Sie in einen Dialog, in dem Sie Ihre Werte für Merkmalseinschränkungen dauerhaft speichern und zu einem späteren Zeitpunkt wieder abrufen können.

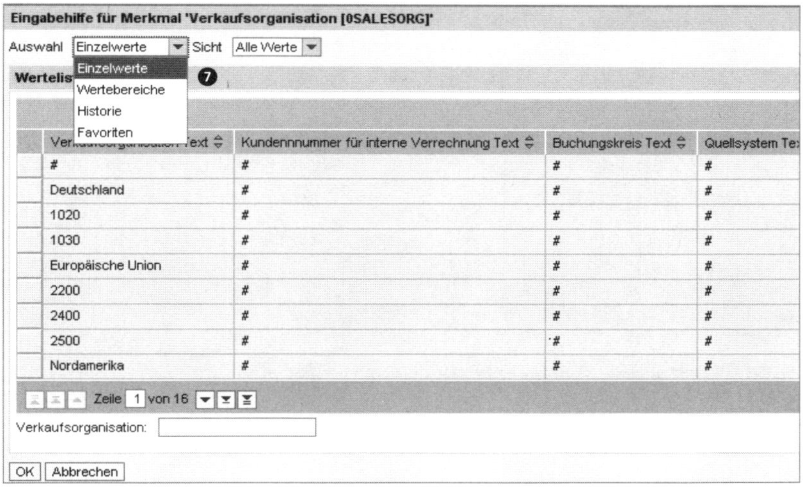

Abbildung 3.25 Möglichkeiten der Merkmalseinschränkung

In Abbildung 3.26 ist ein Beispiel für eine Merkmalseinschränkung mit einem WERTEBEREICH dargestellt ❶. Das Merkmal »Verkaufsorganisation« darf später nur mit den Ausprägungen von 1020 bis 1030 in einer Planungsanwendung erscheinen. Mit dem Button HINZUFÜGEN ❷ wird der gewählte Wertebereich übernommen.

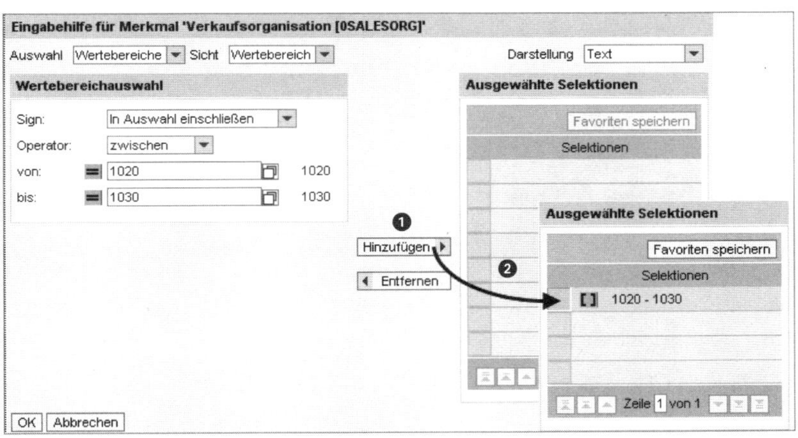

Abbildung 3.26 Merkmalseinschränkung durch Intervall

Das Ergebnis unserer Merkmalseinschränkung ist in Abbildung 3.27 dargestellt. Neben dem jeweiligen Merkmal ist die konkrete Merkmalsausprägung aufgelistet ❶.

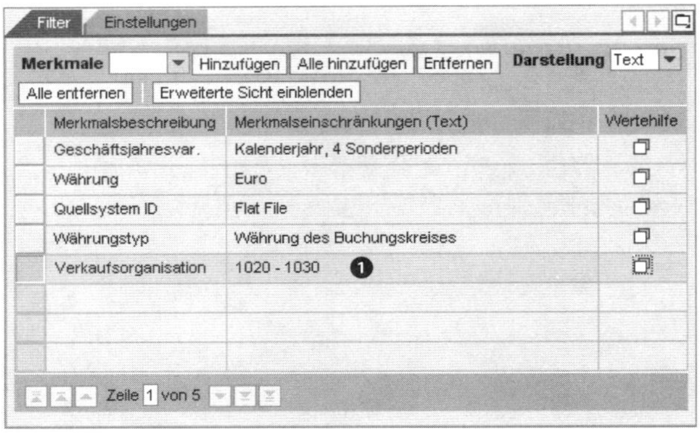

Abbildung 3.27 Ergebnis der Merkmalseinschränkung

Zusätzlich zu der Merkmalseinschränkung mit konkreten Werten können Sie auch eine Merkmalseinschränkung mit dem Inhalt von Variablen definieren. Eine solche Auswahl bekommen Sie in der Wertehilfe angeboten (siehe Abbildung 3.28), wenn Sie die rechte Combobox aufklappen ❷ und den Eintrag VARIABLEN auswählen. Dann bekommen Sie die bereits definierten Variablen angezeigt, Sie können neue Variablen anlegen und mit dem Button HINZUFÜGEN die Einschränkung in das ausgewählte Merkmal übernehmen.

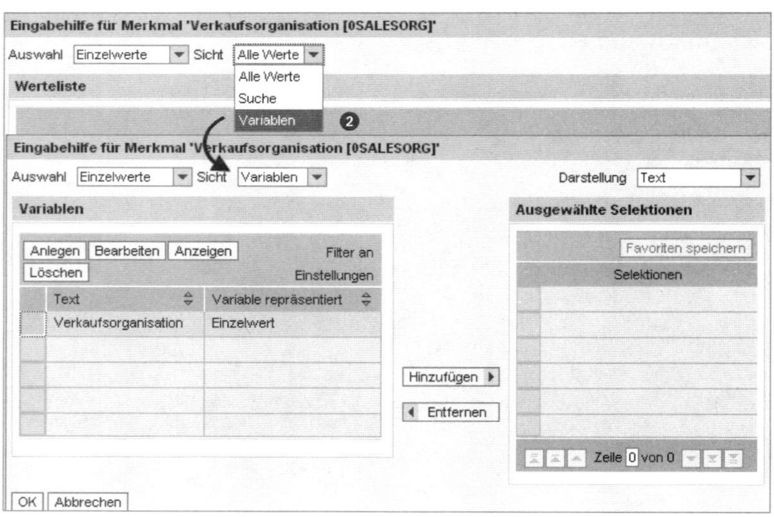

Abbildung 3.28 Merkmalseinschränkungen mit Variablen

Nachdem Sie nun einige Möglichkeiten der Filtererstellung kennengelernt haben, fragen Sie sich vielleicht, wie Sie denn ein eingeschränktes Merkmal mit einem von Ihnen gewählten Vorschlagswert vorbelegen können. Wie kann aus einem zulässigen Intervall an Werten ein bestimmter Wert als initialer Startwert für eine spätere Planungsanwendung definiert werden?

Eine solche Einstellung können Sie vornehmen, wenn Sie wie in Abbildung 3.27 auf den Button ERWEITERTE SICHT EINBLENDEN klicken. Die Darstellung der durchgeführten Merkmalseinschränkungen ändert sich wie in Abbildung 3.29 (im oberen Teil) dargestellt. Es erscheinen im unteren Bereich drei neue Spalten.

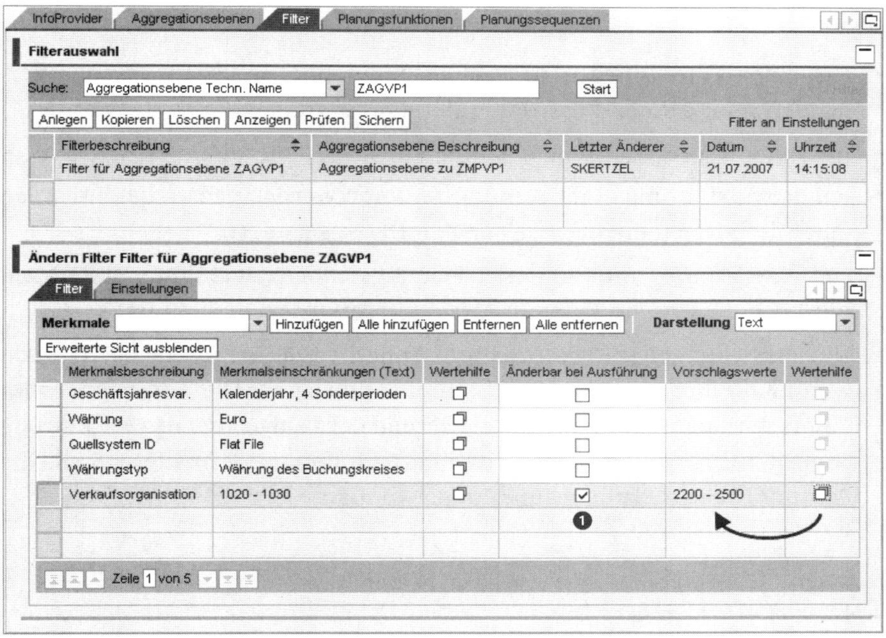

Abbildung 3.29 Erweiterte Sicht der Filtereinstellungen

Wenn Sie die Option ÄNDERBAR BEI AUSFÜHRUNG ❶ aktivieren, dann können Sie bei der Ausführung einer Query die definierte Ausprägung des betreffenden Merkmals ändern. Zusätzlich können Sie jetzt VORSCHLAGSWERTE mit Unterstützung der bekannten WERTEHILFE angeben.

Auf der Registerkarte EINSTELLUNGEN können Sie angeben, wie der Stichtag bei der Ausführung einer Query in einer Planungsanwendung ermittelt werden soll (siehe Abbildung 1.30). Sie können wählen zwischen dem Standardwert des Systems, einem von Ihnen definierten Festwert und einer Variablen, die den Stichtag enthält.

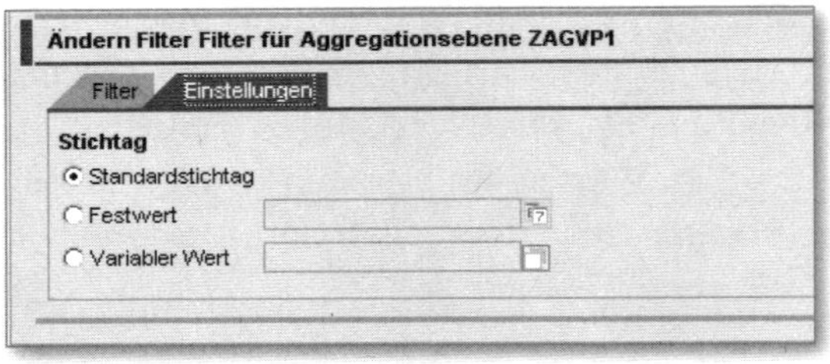

Abbildung 3.30 Einstellungen für Filter

Die wichtigsten bei der Definition und Verarbeitung von Filtern zu beachtenden Punkte sind nachfolgend aufgelistet:

- Um einen Filter anlegen zu können, muss eine Aggregationsebene vorhanden sein, auf der dieser Filter definiert wird.
- Auf einer Aggregationsebene können mehrere Filter definiert werden.
- Bei der Ausführung einer Planungsfunktion werden genau die durch den Filter definierten mehrdimensionalen Daten geändert.
- Um eine Planungsfunktion oder Planungssequenz ausführen zu können, muss mindestens ein Filter auf der Aggregationsebene definiert sein.
- Die Einstellungen zu einem Filter können Sie jederzeit speichern, auch wenn ein Filter noch nicht vollständig definiert ist. Die Konsistenz eines Filters wird darüber hinaus stets während der Laufzeit bei der Ausführung geprüft, d. h., ein nicht korrekt definierter Filter würde an dieser Stelle die Ausführung von Planungsfunktionen stoppen.

3.7 Variablen

In diesem Abschnitt wollen wir Sie mit dem Einsatz von Variablen in Planungsanwendungen vertraut machen. Die Nutzung von Variablen wurde bereits bei der Definition von Filtern erwähnt, jedoch haben wir noch nicht die inhaltlichen Möglichkeiten bei der Gestaltung von Planungsanwendungen diskutiert. Außerdem wollen wir Ihnen in diesem Zusammenhang auch das Instrument zum Verwalten von Variablen vorstellen.

In Abbildung 3.31 ist eine Planungsmodellierung dargestellt, bei der Variablen zur Anwendung kommen. In dieser Planungsmodellierung sollen der Ist- und der Planumsatz ❶ in den Spalten und die Produkte ❷ in den Zeilen angeordnet werden. Eine zusätzliche Anforderung an diese Planungsmodellierung sind folgende Punkte:

1. Die Planungsanwendung soll immer die Istumsätze des aktuellen Jahres anzeigen und die Planumsätze des nächsten Jahres verarbeiten können.
2. Es sollen 95 % der umsatzstärksten Produkte detailliert als einzelne Produkte und die restlichen Produkte pauschal in einer gemeinsamen Position geplant werden.
3. Um die erste Anforderung umsetzen zu können, müssen wir eine Variable für das anzuzeigende Geschäftsjahr des Istumsatzes anlegen. Dieser Variablen wird dann das Jahr des aktuellen Systemdatums zugewiesen.
4. Mit dieser Definition können wir eine dynamische Planungsanwendung implementieren, die automatisch jedes Jahr mit der richtigen Sicht auf den Ist- und Planumsatz funktioniert. Der Filterwert für das Geschäftsjahr muss also nicht jedes Jahr manuell gleich dem aktuellen Jahr gesetzt werden – diesen Vorgang erledigt für uns die Variable.

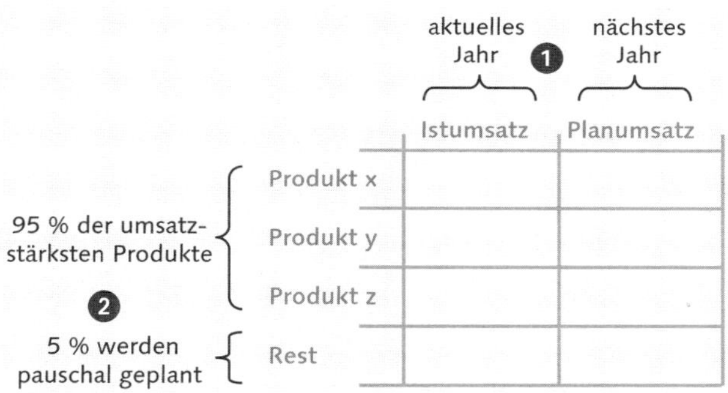

Abbildung 3.31 Beispiel einer dynamischen Planungsanwendung mit Variablen

Die zweite Anforderung wird ähnlich gelöst und ist nur in ihrer Implementierung aufwendiger. Wir definieren wieder eine Variable, die die Kennzeichnung der in den Zeilen anzuzeigenden Produkte enthält. 95 % der umsatzstärksten Produkte variieren von Jahr zu Jahr sowohl in der Anzahl als auch in den Produkten selbst, die sich in dieser Menge befinden. Die gesuchte Menge an Produkten kann über Methoden des Data Minings, z. B. über eine ABC-Analyse, identifiziert werden. In SAP NetWeaver BI sind bereits einige Data-Mining-Methoden implementiert.

Beide Anforderungen können Sie nicht mit Einstellungen definieren, sondern müssen die Inhalte der Variablen durch ein selbst entwickeltes ABAP-Programm berechnen lassen. Um dieses zu ermöglichen, hat die SAP auch bei Variablen einen Customer Exit (SAP-Erweiterung RSR00001) bereitgestellt, der eine individuelle Programmierung der Befüllung von Variablen ermöglicht.

Mit dem in Abbildung 3.32 abgebildeten Assistenten des Planning Modelers für Variablen können Sie die folgenden Variablen anlegen:

- **Manuelle Eingabe/Vorschlagswert**
  Sie können einer Variablen einen konstanten Wert bzw. einen Vorschlagswert zuordnen.
- **Ersetzungspfad**
  Sie können definieren, durch welche Werte eine Variable zur Laufzeit ersetzt werden soll. Möglich sind die Ersetzung durch einen Merkmalswert, die Ersetzung durch das Ergebnis einer Query oder die Ersetzung durch den Wert einer anderen Variablen (siehe hierzu auch die SAP-Hilfe zum BEx QUERY DESIGNER • VARIABLEN • ERSETZUNGSPFAD).
- **Customer Exit**
  Sie können den Inhalt einer Variablen in einem ABAP-Programm berechnen lassen (siehe hierzu auch die SAP-Hilfe zum BEx QUERY DESIGNER • VARIABLEN • CUSTOMER EXIT).
- **Berechtigung**
  Mit dieser Option wird eine Variable automatisch mit den Werten aus der Berechtigung eines Benutzers gefüllt.

Den in Abbildung 3.32 dargestellten Assistenten können Sie an mehreren Stellen im Planning Modeler aufrufen, an denen Ihnen eine Werthilfe angeboten wird.

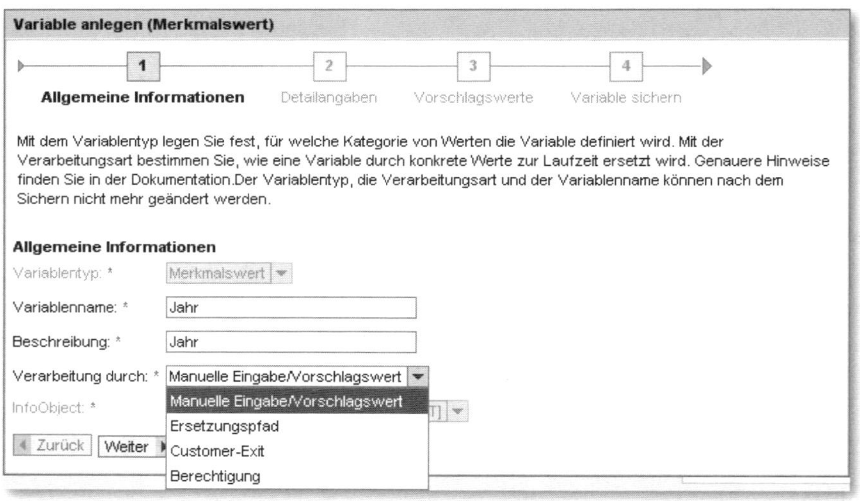

Abbildung 3.32 Assistent zum Anlegen von Variablen

Tabelle 3.1 gibt einen Überblick über die Einsatzmöglichkeiten von Variablen:

Einsatz von Variablen in ...	Verwendung der Variablen zur ...
Query	Parametrisierung von Merkmalseinschränkungen, Nutzung in Formeln, Bedingungen, Exceptions etc.
Filter	Parametrisierung von Merkmalseinschränkungen
Planungsfunktionen	Parametrisierung von Bedingungen und Parametern
Merkmalsbeziehungen	Parametrisierung der verwendeten Hierarchie, Parametrisierung der Selektion aus einem DSO-Objekt
Datenscheiben	Parametrisierung von Merkmalseinschränkungen

Tabelle 3.1 Einsatz von Variablen in SAP NetWeaver BI

3.8 Sperrkonzept

Im Folgenden werden Sie das Sperrkonzept der BI-integrierten Planung näher kennenlernen. Anders als beim Lesen von Daten muss beim Schreiben von Daten verhindert werden, dass mehrere Anwender am gleichen Datensatz zur gleichen Zeit Änderungen vornehmen können.

In Abbildung 3.33 ist ein Beispiel für ein gegenseitiges Sperren von zwei Anwendern dargestellt. In Anlehnung an unser Beispiel aus Kapitel 2, »Praxisbeispiel einer Planung«, sehen Sie hier die Planer 1 und 2, die Umsatzplanungen durchführen sollen. Der Planer 1 soll die Umsätze für die Verkaufsorganisation »1000 – Deutschland« planen, und der Planer 2 soll die gleichen Planungen für die Verkaufsorganisation »3000 – Nordamerika« durchführen. Da die beiden Planer auf komplett unterschiedlichen Datenbeständen operieren, kann es keine Überschneidungen bei den Planungsvorgängen geben. Falls jedoch ein Planer auch Planungen in der Verkaufsorganisation des jeweils anderen Planers durchführen muss, dann muss durch das Sperren der aktuell bearbeiteten Datensätze sichergestellt werden, dass ein Planer nur dann Planungen durchführen kann, wenn ein Datensatz nicht parallel durch einen anderen Planer bearbeitet wird.

	Jahr	Verkaufsorganisation	Verkaufsbüro
Planer 1	2007	1000 – Deutschland	alle
Planer 2	2007	3000 – Nordamerika	alle

↓ getrennte Datenbereiche, keine Überschneidungen

Abbildung 3.33 Gegenseitiges Sperren

Ein Sperrkonzept für das in Abbildung 3.33 dargestellte Beispiel muss nicht alle Datenobjekte umfassen, d. h. Jahr, Verkaufsorganisation und Verkaufsbüro. In unserem Beispiel ist das Jahr bei jeder Planungsdurchführung für alle Planer gleich. Es ist daher vollkommen ausreichend, wenn auf Überschneidungen im Bereich der Verkaufsorganisation und des Verkaufsbüros geprüft wird, das Jahr kann aus genanntem Grund vernachlässigt werden.

Wie wird dies in SAP NetWeaver BI umgesetzt? In der Transaktion RSPLSE können Sie die bereits skizzierten Sperrsituationen verwalten. Sie können zwischen einem Sperrmonitor, einer Anzeige von Sperrkonflikten, einer Verwaltung der Sperrmerkmale und der Konfiguration der Sperrverwaltung wählen.

In Abbildung 3.34 sehen Sie in der Startsicht dieser Transaktion den Sperrmonitor auf der Registerkarte Sperren. Nach Eingabe eines InfoProviders und eines Benutzers (Planers) ❶ werden die durch diesen Benutzer erzeugten Sperren angezeigt.

Die Anzeige ist zweigeteilt. Sie enthält in einer Übersicht ❷ die zusammengefassten Angaben zum ausgewählten InfoProvider. In der Spalte Sperrmodus kennzeichnet der Buchstabe »E« eine exklusive Schreibsperre (nur der aktuelle Benutzer kann Änderungen durchführen). Der Buchstabe »S« kennzeichnet eine Shared-Sperre, d. h., mehrere Benutzer können gleichzeitig Daten lesen, eine Schreibsperre kann nicht gesetzt werden.

In einer Tabelle ❸ werden die gesperrten Selektionen angezeigt (nicht die einzelnen Datensätze). Die Selektionen werden je Merkmal mit der Intervallart (offenes Intervall ( ), halboffenes Intervall [ ) ( ] oder geschlossenes Intervall [ ]) sowie den unteren und oberen Intervallgrenzen (M.Wert.int) angezeigt.

Auf der Registerkarte Sperrkonflikt wird Ihnen der letzte Sperrkonflikt angezeigt (siehe Abbildung 3.35).

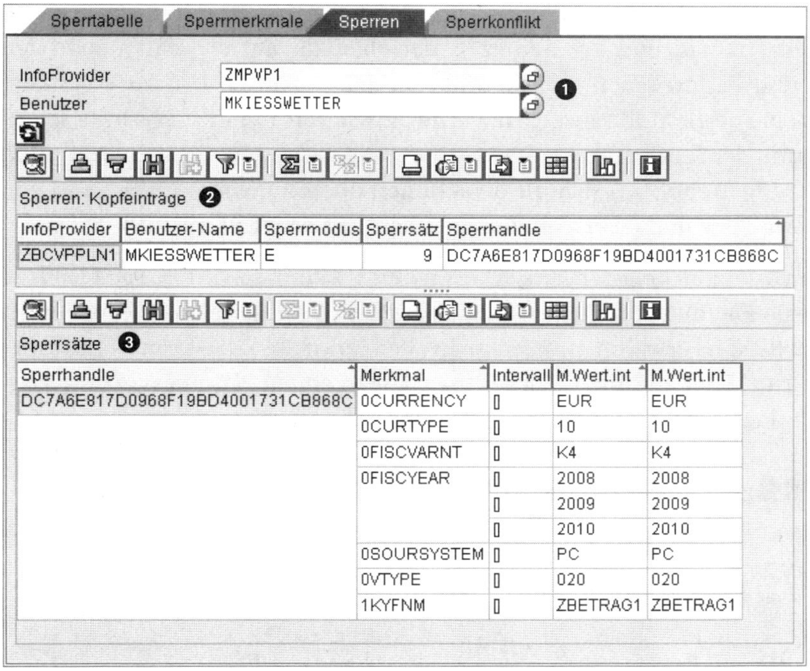

Abbildung 3.34 Sperrmonitor

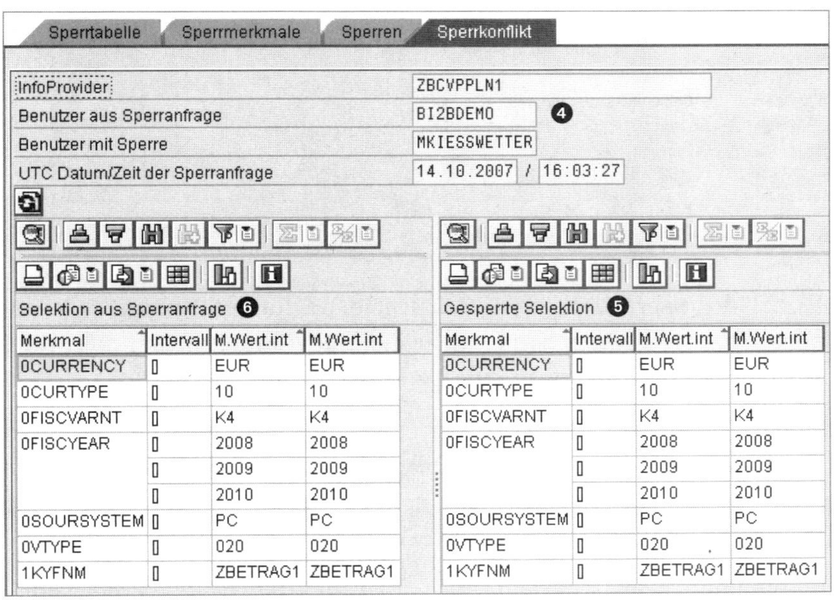

Abbildung 3.35 Übersicht der Sperrkonflikte

Es werden zwei Benutzer angezeigt: der Benutzer, der die Daten zur Bearbeitung gesperrt hat, und der Benutzer, der ebenfalls auf die Daten zugreifen wollte und dadurch den Sperrkonflikt ausgelöst hat ❹. Um zu erkennen, warum ein Sperrkonflikt ausgelöst wurde, müssen Sie nur die GESPERRTE SELEKTION ❺ mit der SELEKTION AUS SPERRANFRAGE ❻ vergleichen. Ein Sperrkonflikt ist dort aufgetreten, wo sich die Selektionen überschneiden. Im Beispiel von Abbildung 3.35 sind Überschneidungen bei allen Merkmalen aufgetreten.

Auf der vorletzten Registerkarte SPERRMERKMALE können Sie festlegen, welche Merkmale ❼ eines InfoCubes ❽ als Sperrmerkmale ❾ dienen. Wie bereits oben im Beispiel erwähnt, müssen nicht alle Merkmale als Sperrmerkmale dienen. Es ist z. B. nicht sinnvoll, Merkmale, die in einem Planungsvorgang konstant sind (z. B. ein Geschäftsjahr), auf Überschneidungen zu prüfen.

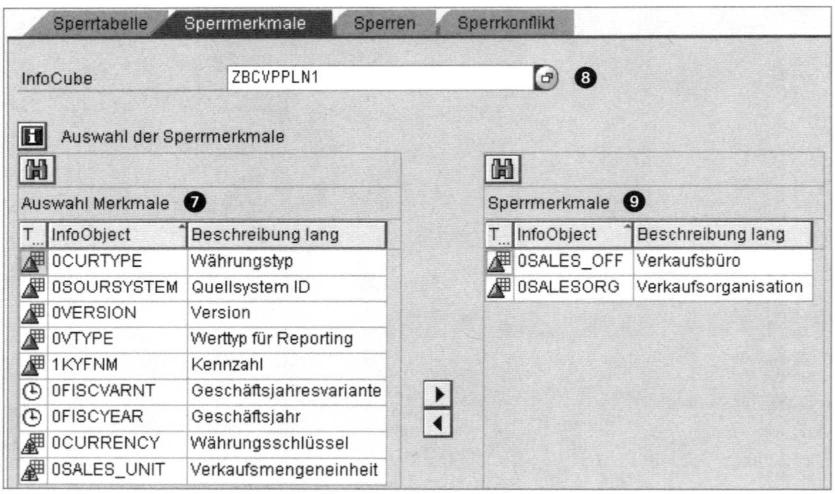

Abbildung 3.36 Verwaltung der Sperrmerkmale

Die Anzahl der Sperrmerkmale ist entscheidend für die Performance des Sperrservers. Je weniger Sperrmerkmale auf einem InfoCube definiert sind, desto geringer ist die zu verwaltende Datenlast.

Auf der letzten Registerkarte SPERRTABELLE wird die Konfiguration der Sperrtabelle verwaltet. Die Einstellmöglichkeiten sind in Abbildung 3.37 zu sehen. Sie können wählen zwischen einem Standard-Sperrserver ❿, einem Shared Object Memory ⓫ und dem liveCache ⓬.

Eine Empfehlung, wann welche Implementierungsart gewählt werden sollte, finden Sie in Tabelle 3.2. Detaillierte Informationen zur Berechnung der

Größe der Sperrtabellen finden Sie ausführlich in der SAP-Hilfe unter *help.sap.com*.

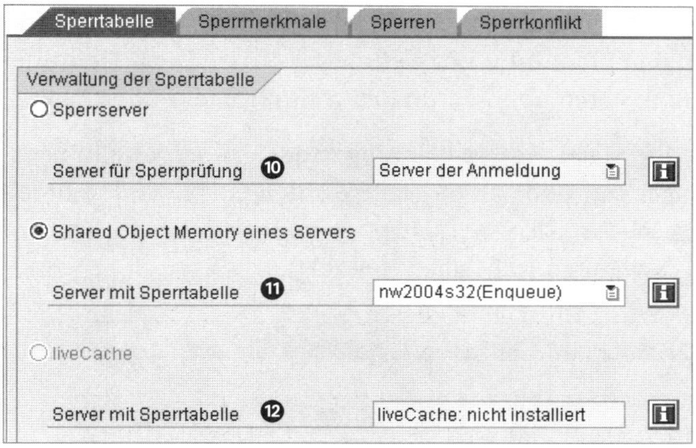

Abbildung 3.37 Konfiguration der Sperrtabelle

	Sperrserver	Shared Object Memory	liveCache
Größe der Planungsanwendungen	klein/mittel	klein/mittel	mittel/groß
Leistungsfähigkeit	mittel	schnell	schnell
Verwaltungsaufwand	gering	gering	gering
Sperrtabelle (in Transaktion SM12)	RSPLS_S_LOCK	RSPLS_S_LOCK_SYNC	LCA_GUID_STR

Tabelle 3.2 Implementierungsarten der Sperrtabelle

Die letzte Frage im Zusammenhang mit der Sperrverwaltung ist: Wie kann man eine bestehende Sperre aufheben?

Wenn Sie einen Sperrkonflikt erkannt haben oder aus einem anderen Grund eine Sperre aufheben wollen, dann gehen Sie bitte in der folgenden Reihenfolge vor:

1. Sichern Sie die geänderten Plandaten. Es werden dann alle Sperrselektionen freigegeben.
2. Schließen Sie die Planungsanwendung.
3. Wenn die Sperre immer noch bestehen sollte, rufen Sie die Transaktion SM12 auf, und entfernen Sie die Sperreinträge manuell.

3.9 Merkmalsbeziehungen und Datenscheiben

In diesem Abschnitt erläutern wir Ihnen die Einsatzmöglichkeiten von Merkmalsbeziehungen und Datenscheiben. Merkmalsbeziehungen und Datenscheiben können nur auf einem InfoCube definiert werden. Diese Definitionen werden dann z. B. in einen übergeordneten MultiProvider übertragen.

In Abbildung 3.38 ist die Startseite des Planning Modelers dargestellt, nachdem ein realtime-fähiger InfoCube ausgewählt worden ist ❶. In den Bereichen DIMENSIONEN ❷, NAVIGATIONSATTRIBUTE ❸ und KENNZAHLEN ❹ wird die Definition des ausgewählten InfoCubes angezeigt.

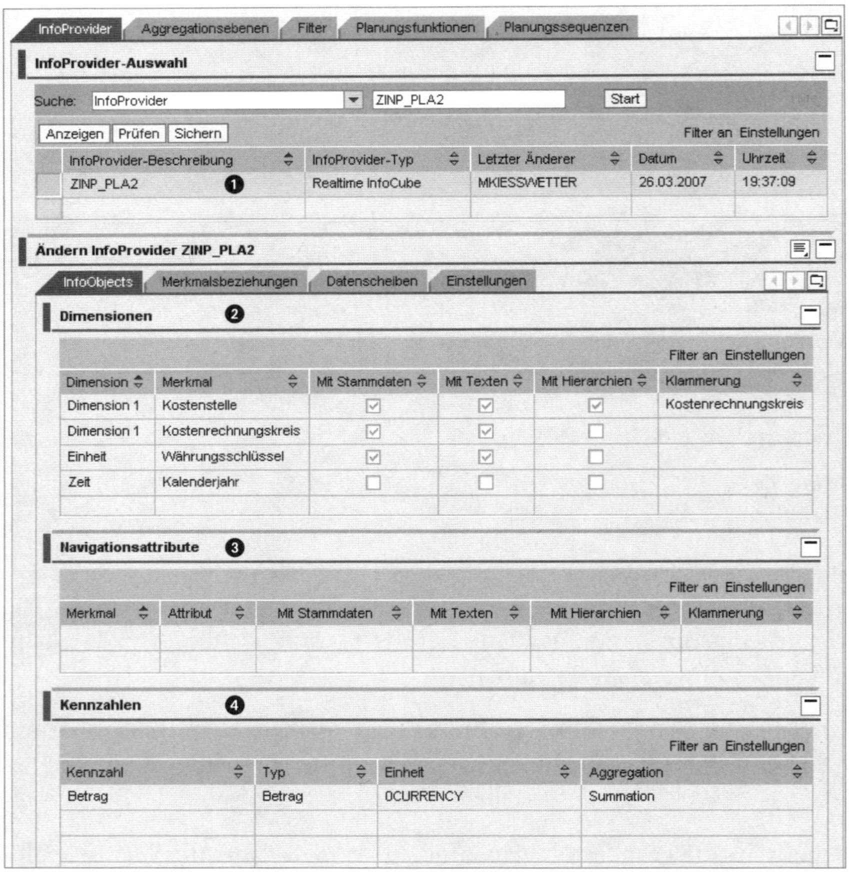

Abbildung 3.38 Startseite im Planning Modeler

Im Bereich DIMENSIONEN können Sie für den gewählten InfoCube Merkmalsbeziehungen, Datenscheiben und Einstellungen verwalten. Unter EINSTEL-

LUNGEN können Sie wählen, ob der Stichtag den Standardwert erhalten soll, ob Sie einen festen Wert eingeben wollen oder ob der Stichtag durch eine Variable gesetzt werden soll.

Auf der Registerkarte MERKMALSBEZIEHUNGEN können Sie Regeln zwischen Merkmalswerten definieren. Diese Regeln garantieren die Datenkonsistenz der Ausprägungen der Merkmalskombinationen.

Es können folgende Kombinationsprüfungstypen durchgeführt werden:

- **Kombinationsprüfung ohne Ableitung**
  Die definierten Regeln dienen als Prüfung der Ausprägungen dieser Merkmale.
- **Kombinationsprüfung mit Ableitung**
  Mit den definierten Regeln kann aus einem Quellmerkmal ein Zielmerkmal ermittelt werden, das in einer weiteren Regel wieder als Quellmerkmal definiert ist. Es finden nur die Regeln Anwendung, deren Quellmerkmale vollständig in einer Aggregationsebene enthalten sind.

Die Ausprägungen der Merkmalskombinationen können über einen der folgenden vier Wege ermittelt werden:

- **Stammdatenattribut**
  Die in den Daten bereits enthaltenen Kombinationen aus Merkmals- und Attributwerten werden als zulässige Ausprägungen interpretiert.
- **Hierarchie**
  Es kann genau ein Quell- und ein Zielmerkmal einer Hierarchie gewählt werden. Es lassen sich nur die InfoObjects auswählen, die mit der Eigenschaft »Externe Merkmale in Hierarchie« definiert wurden.
- **DSO-Objekt**
  Es werden genau die Ausprägungen akzeptiert, die in einem DSO-Objekt enthalten sind.
- **Exit**
  Die zulässigen Merkmalskombinationen bzw. Ausprägungen von Merkmalen können durch eine ABAP-Programmierung individuell gestaltet werden (als Vorlage dient die Beispielklasse CL_RSPLS_CR_EXIT_BASE).

In Abbildung 3.39 ist die Definition einer Merkmalsbeziehung mit STAMMDATENATTRIBUTEN dargestellt. Mit dem Button ANLEGEN ❶ wird ein Eintrag ❷ in der Tabelle erstellt. Mit den Optionen unter ❸ können Sie Ihre Auswahl treffen und im letzten Schritt die PRÜFMERKMALE ❹ festlegen. In diesem Beispiel werden alle in den Daten des realtime-fähigen InfoCubes vorkommenden Kombinationen aus Kostenrechnungskreis und Währungsschlüssel als zulässig übernommen.

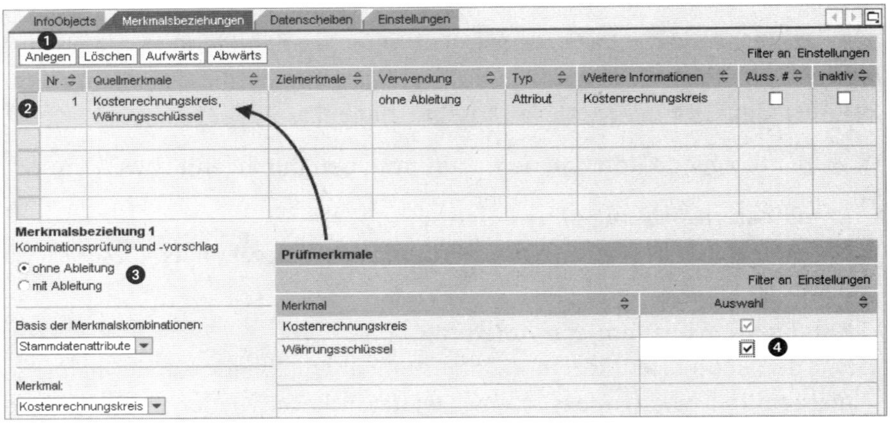

Abbildung 3.39 Definition von Merkmalsbeziehungen

In Abbildung 3.40 ist die Definition einer Datenscheibe dargestellt. Datenscheiben dienen dazu, Datensätze einer frei wählbaren Selektion aus den Ausprägungen mehrerer Merkmale gegen Änderungen zu schützen. Datenscheiben werden in Planungsprozessen wiederholt neu erstellt, geändert und gelöscht.

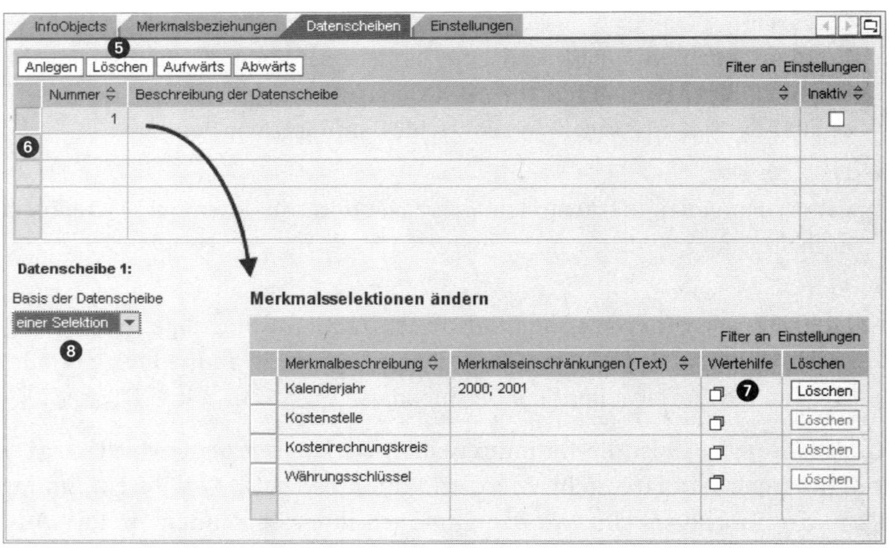

Abbildung 3.40 Definition von Datenscheiben

Im Beispiel in Abbildung 3.40 ist mit dem Button ANLEGEN ❺ eine Datenscheibe ❻ erzeugt worden, die auf BASIS EINER SELEKTION ❽ mit den Merkmalsausprägungen in der Tabelle ❼ alle Datensätze gegen Änderungen sperrt, die in den Kalenderjahren 2000 und 2001 vorgenommen wurden.

3.10 Planungsfunktionen

Mit einer Planungsfunktion können Sie die Daten in Ihrem realtime-fähigen InfoCube verändern. Sie können auf drei verschiedene Kategorien an Planungsfunktionen zurückgreifen:

- **Vordefinierte Planungsfunktionen**
  In der BI-integrierten Planung können Sie im Planning Modeler auf viele vordefinierte Planungsfunktionen zugreifen. Diese Planungsfunktionen werden wir Ihnen in diesem Abschnitt detailliert vorstellen.
- **FOX-Formeln**
  Mit dem Editor für eine FOX-Formel (Formula Extensions) können ähnlich wie mit einer Programmiersprache leistungsfähige Planungsfunktionen entwickelt werden. Die Entwicklung mit einer FOX-Formel bietet Ihnen zwar Schleifen- und If-Strukturen, jedoch sind die Gestaltungsmöglichkeiten begrenzt. Sie können aber die Leistungsfähigkeit von ABAP in eine FOX-Formel integrieren, indem Sie aus einer FOX-Formel einen ABAP-Funktionsbaustein ansprechen können.
- **Individuelle Planungsfunktionen**
  Wenn Ihnen die Möglichkeiten der vordefinierten Planungsfunktionen und der FOX-Formel nicht ausreichen, dann können Sie eine neue und individuelle Planungsfunktion vollständig in ABAP entwickeln. Eine solche Planungsfunktion wird in der Anwendung wie eine vordefinierte Planungsfunktion im Planning Modeler angesprochen, parametrisiert und eingesetzt.

Beachten Sie im Umgang mit Planungsfunktionen bitte Folgendes:

- Nach der Ausführung einer Planungsfunktion werden die geänderten/neuen/gelöschten Daten in einen Planpuffer geschrieben. Die Daten werden erst in den realtime-fähigen InfoCube übertragen, wenn der Anwender die Daten sichert.
- Eine Planungsfunktion operiert auf den Daten einer Aggregationsebene und dem darauf definierten Filter. Daraus folgt, dass Sie z. B. nur die Daten in einen Plan-Cube kopieren können, deren Merkmalskombination

und Ausprägung in dem Plan-Cube enthalten sind (definiert durch einen Filter und/oder eine Query).

- Wenn Sie Istdaten aus einem Ist-Cube in einen Plan-Cube kopieren wollen, dann können Sie bezüglich des Ist-Cubes auch auf Istdaten zugreifen, die nicht in einem Filter definiert sind. Ein Filter definiert nur die Datensicht auf den Plan-Cube. Sie können z. B. die Istdaten des Geschäftsjahres 2000 aus dem Ist-Cube in den Plan-Cube kopieren, auch wenn der Filter nur die Verarbeitung der Geschäftsjahre 2005 bis 2010 im Plan-Cube erlaubt.

Wir werden Ihnen nachfolgend alle vordefinierten Planungsfunktionen vorstellen und auch auf die mit der FOX-Formel definierten sowie auf die individuellen Planungsfunktionen eingehen. Da die Parametrisierung dieser Planungsfunktionen im Planning Modeler sehr intuitiv gestaltet ist, werden wir uns im Folgenden auf eine kurze Beschreibung der Planungsfunktionen beschränken. In Abbildung 3.41 ist die Auswahl einer vordefinierten Planungsfunktion im Planning Modeler dargestellt. Durch einen Klick auf den Button ANLEGEN ❶ erscheint der Dialog zur Auswahl und Parametrisierung einer Planungsfunktion ❷. Wenn Sie die Combobox zur Auswahl eines Planungsfunktionstyps aufklappen, können Sie in der sich daraufhin öffnenden Liste verschiedene Planungsfunktionen auswählen.

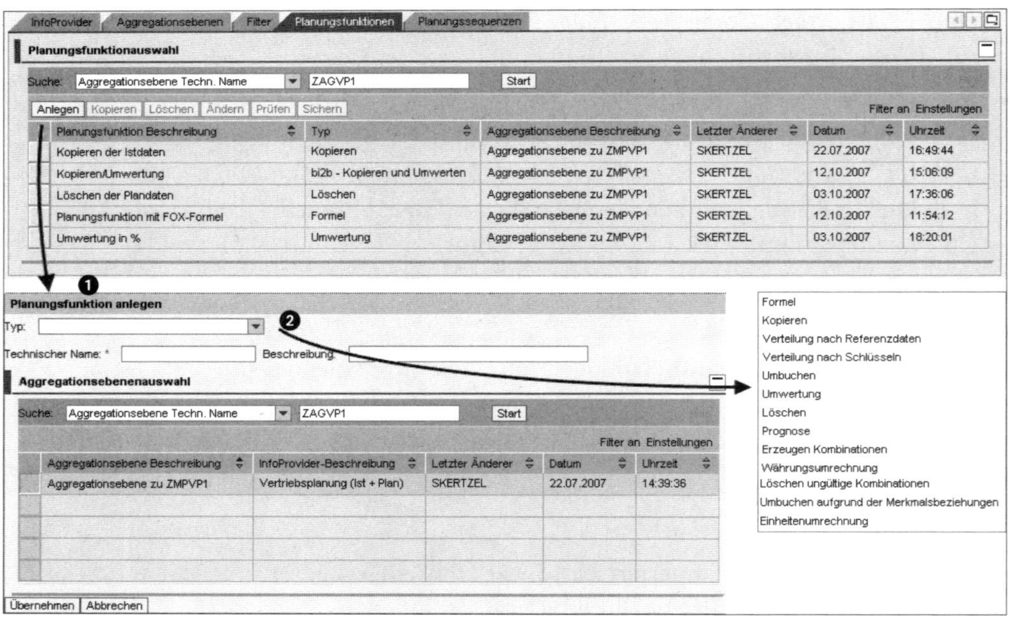

Abbildung 3.41 Aufruf der vordefinierten Planungsfunktionen

3.10.1 Kopieren

Mit der Planungsfunktion Kopieren können Sie Kennzahlen von einer bestehenden Merkmalskombination auf eine andere Merkmalskombination kopieren.

3.10.2 Umbuchen

Die Planungsfunktion Umbuchen führt fast den gleichen Vorgang aus wie die Planungsfunktion Kopieren. Der Unterschied besteht darin, dass nach dem Kopiervorgang die Quelldaten gelöscht werden.

3.10.3 Verteilung nach Referenzdaten

Mit der Planungsfunktion Verteilung nach Referenzdaten können Sie Merkmalskombinationen im Plan-Cube basierend auf den Daten des Ist-Cubes erzeugen und die Kennzahlenwerte prozentual gemäß den Istdaten verteilen.

3.10.4 Verteilung nach Schlüsseln

Ähnlich wie bei der Planungsfunktion Verteilung nach Referenzdaten werden bei der Planungsfunktion Verteilung nach Schlüsseln ebenfalls die Merkmalskombinationen im Plan-Cube auf Basis der Daten des Ist-Cubes erzeugt und dann nach einem festen Verteilungsschlüssel umgelegt.

3.10.5 Umbuchen aufgrund der Merkmalsbeziehungen

Mit dieser Planungsfunktion werden Plandaten so umgebucht, dass diese wieder konsistent zu den gültigen Merkmalsbeziehungen sind (siehe dazu auch Abschnitt 3.9, »Merkmalsbeziehungen und Datenscheiben«). Wenn Merkmalsbeziehungen geändert werden, müssen eventuell Datensätze im Plan-Cube der neuen Struktur entsprechend angepasst werden.

3.10.6 Umwertung

Die Planungsfunktion Umwertung wird häufig angewendet. Mit dieser Planungsfunktion können Sie Plandaten um einen festen oder variabel vom Anwender einzugebenden Prozentsatz ändern.

3.10.7 Löschen

Die Planungsfunktion Löschen entfernt die Kennzahlenwerte der vom Anwender ausgewählten Datensätze im Plan-Cube.

3.10.8 Erzeugen Kombinationen

Diese Planungsfunktion erzeugt einen initialen Datenbestand im Plan-Cube. Zu allen Merkmalskombinationen im Plan-Cube werden Null-Datensätze gespeichert.

3.10.9 Löschen ungültige Kombinationen

Die Planungsfunktion LÖSCHEN UNGÜLTIGE KOMBINATIONEN dient der Reorganisation des Plan-Cubes. Es werden die Kennzahlenwerte aller Datensätze gelöscht, deren Merkmalskombination nicht mehr mit der aktuellen Definition des Plan-Cubes übereinstimmt.

3.10.10 Währungsumrechnung

Mit der Planungsfunktion WÄHRUNGSUMRECHNUNG rechnen Sie eine Kennzahl in der jeweiligen Quellwährung in die ausgewählte Zielwährung um. Der ursprüngliche Datensatz mit der Quellwährung bleibt im Plan-Cube erhalten, es wird zusätzlich ein neuer Datensatz mit der Zielwährung angelegt.

3.10.11 Einheitenumrechnung

Die Planungsfunktion EINHEITENUMRECHNUNG kann allgemeiner als die Planungsfunktion WÄHRUNGSUMRECHNUNG den Wert einer Kennzahl anhand mehrerer Umrechnungsarten in den neuen Wert der Zielkennzahl umrechnen.

3.10.12 Prognose

Die Planungsfunktion PROGNOSE ist die von den Auswahlmöglichkeiten her mächtigste vordefinierte Planungsfunktion. Die umfangreichen Eingabe- und Auswahlmöglichkeiten sind in Abbildung 3.42 dargestellt.

Ausgehend von der Definition der zu prognostizierenden Kennzahl und des zu prognostizierenden Zeitraums ❶ müssen Sie für den Lernvorgang der Prognose den Zeitraum mit den Vergangenheitsdaten ❷ festlegen. Anschließend können Sie eines der Prognoseverfahren auswählen ❸, und Sie können unter ALLGEMEINE EINSTELLUNGEN bestimmen ❹, wie mit Ausreißern in einer vergangenen Zeitreihe oder mit Nullwerten verfahren werden soll.

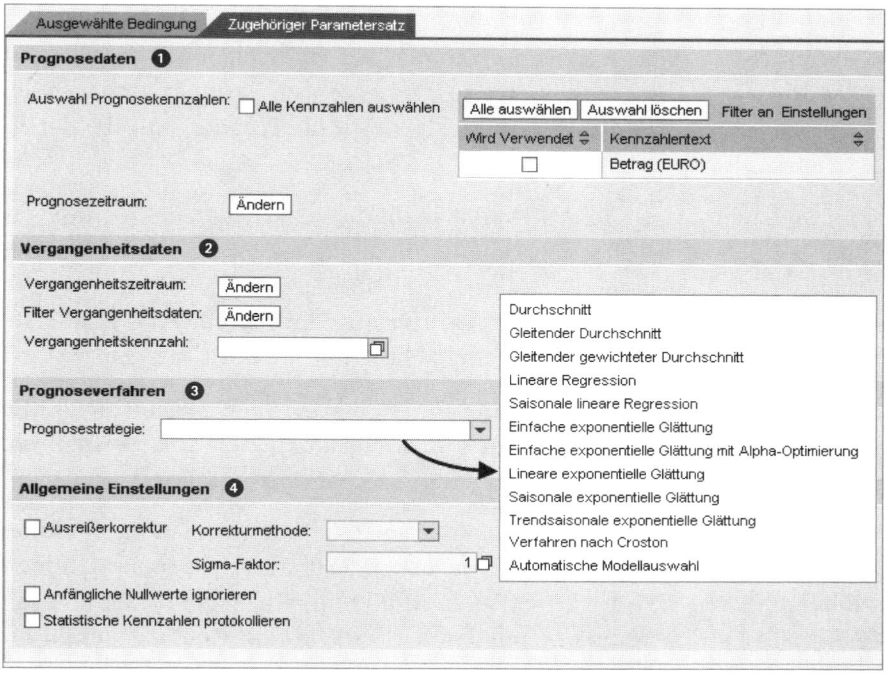

Abbildung 3.42 Auswahl eines Prognoseverfahrens

In Kapitel 5, »Konzeption und Betrieb einer Planungsanwendung«, stellen wir Ihnen detailliert den Einsatz der vordefinierten Planungsfunktionen zur Prognose des Umsatzes mit einer Zeitreihenzerlegung vor.

Als Prognoseverfahren stehen Ihnen die folgenden Verfahren zur Verfügung:

- Durchschnitt
- gleitender Durchschnitt
- gewichteter gleitender Durchschnitt
- lineare Regression
- saisonale lineare Regression
- einfache exponentielle Glättung
- einfache exponentielle Glättung mit Alpha-Optimierung
- lineare exponentielle Glättung
- saisonale exponentielle Glättung
- trendsaisonale exponentielle Glättung

- Verfahren nach Croston
- automatische Modellauswahl (anhand von verschiedenen Tests wird ermittelt, welches konkrete Prognoseverfahren auf Basis der vorliegenden Vergangenheitsdaten am besten geeignet ist, die Prognoseaufgabe durchzuführen)

Wir können an dieser Stelle nicht näher auf die verschiedenen Prognoseverfahren eingehen, da dies den Umfang dieses Buches sprengen würde. Bei Fragen zu den statistischen Verfahren der Zeitreihenanalyse möchten wie Sie bitten, sich in der einschlägigen Literatur zu informieren. Eine gute erste Information bietet auch an dieser Stelle die SAP-Hilfe unter *help.sap.com*.

Neben den vordefinierten Planungsfunktionen können Sie auch mithilfe eines komfortablen Editors eigene Planungsfunktionen implementieren. Hierbei handelt es sich um den Planungsfunktionstyp FOX-FORMEL.

In Abbildung 3.43 ist die Erstellung einer individuellen Planungsfunktion mit der FOX-Formel dargestellt. Um eine FOX-Formel programmieren zu können, müssen Sie eine neue Planungsfunktion vom Typ FORMEL anlegen ❶. Anschließend wird im unteren Bereich des Planning Modelers der Editor der FOX-Formel angezeigt. Sie können im Bereich EINGABEHILFE FÜR OPERANDEN ❷ eine Kennzahl auswählen, die mit dem Button ÜBERNEHMEN automatisch in Ihren Code eingefügt wird.

Im Bereich PROGRAMMELEMENTE ❸ finden Sie verschiedene Anweisungen, Schleifen, Operatoren etc., die jeweils mit einem Beispiel für die korrekte Anwendung dargestellt sind. Auch hier können Sie mit dem Button ÜBERNEHMEN das ausgewählte Programmelement in Ihren Code einfügen lassen. Die Anwendung der Programmelemente ist didaktisch gut aufbereitet und sollte Ihnen kaum Probleme bereiten. Bei Fragen möchten wir Sie an die in diesem Punkt sehr umfangreiche und gute SAP-Hilfe verweisen (*help.sap.com*).

Im EDITOR ❹ selbst können Sie die Programmelemente anpassen oder auch frei programmieren. Im Beispiel in Abbildung 3.43 ist eine einfache Planungsfunktion erstellt worden, die die Kennzahl »ZBETRAG1« je nach ihrem Wert entweder mit 2 oder mit 3 multipliziert.

Wie Sie in der FOX-Formel einen ABAP-Funktionsbaustein ansprechen und ausführen können, stellen wir Ihnen in Kapitel 4, »Technische Modellierung«, vor. Da es sich hierbei um eine sehr häufig benötigte Erweiterung der Planungsfunktionalitäten handelt, erläutern wir dort detailliert die Einbindung von ABAP-Funktionsbausteinen in Abschnitt 4.2.1, »Planungsfunktionen mit der FOX-Formel«.

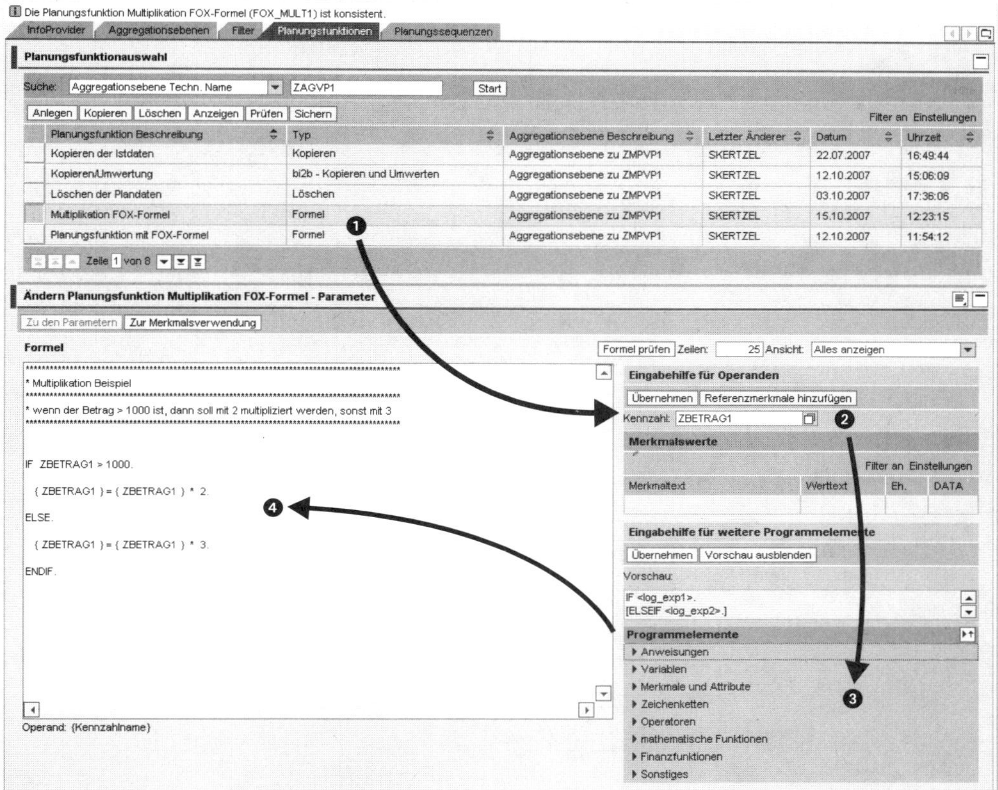

Abbildung 3.43 Erstellung einer FOX-Formel

Zum Schluss dieses Abschnitts möchten wir Sie noch mit einer weiteren Möglichkeit vertraut machen, eigene Planungsfunktionen zu entwickeln. Wenn Sie die Transaktion RSLPAN ausführen, erscheint der Startdialog für die BI-integrierte Planung. Sie können dort auf den Button FUNKTIONSTYPEN PFLEGEN klicken und gelangen dann in die Transaktion RSPLF1.

In Abbildung 3.44 wird der Dialog zur Bearbeitung von Planungsfunktionen angezeigt. In diesem Fall haben wir die Planungsfunktion Z_KOPIE_UMW bereits angelegt ❺. Diese Planungsfunktion führt die Vorgänge KOPIEREN und UMWERTEN in einem Schritt aus. Mit den Ihnen bekannten Buttons ANLEGEN, ÄNDERN und ANZEIGEN ❻ können Sie eine neue Planungsfunktion anlegen bzw. eine bestehende Planungsfunktion ändern oder anzeigen.

In Abbildung 3.45 ist ein Ausschnitt aus Verwaltungsdialog dargestellt, den Sie mit den Buttons ÄNDERN, ANLEGEN oder ANZEIGEN aufrufen können. Die neue Planungsfunktion erscheint im Planning Modeler unter dem Namen, den Sie im Feld BESCHREIBUNG angegeben haben ❼.

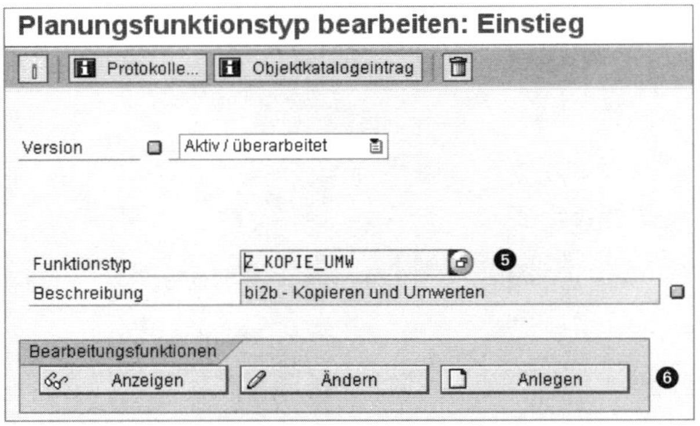

Abbildung 3.44 Planungsfunktionen bearbeiten

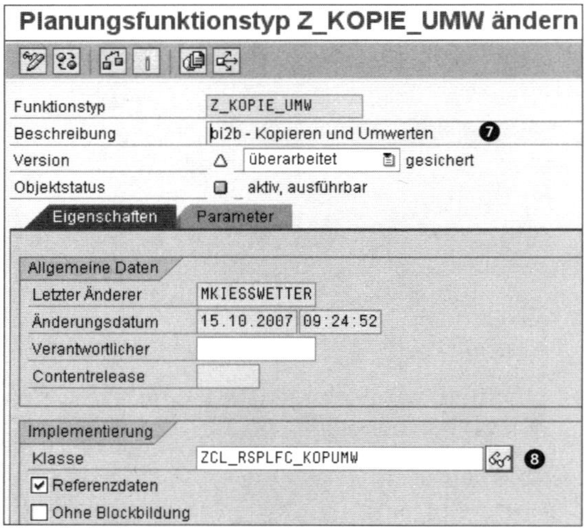

Abbildung 3.45 Verwaltung von Planungsfunktionen

Mit dem Button für KLASSE ❽ können Sie in den objektorientierten Editor der ABAP-Klasse Ihrer Planungsfunktion verzweigen.

In Abbildung 3.46 sind die Methoden der Planungsfunktion LÖSCHEN abgebildet. Sie können den Code als Vorlage für eigene Entwicklungen nutzen, wenn Sie in der Transaktion SE24 (ClassBuilder) nach Klassen mit dem Namensinhalt *RSPLFC* suchen. Die mit ❾ markierte Methode führt den eigentlichen Löschvorgang aus.

In Abbildung 3.47 sehen Sie die von uns in Abbildung 3.44 und in Abbildung 3.45 angelegte neue Planungsfunktion in der Auswahl-Combobox des Planning Modelers mit dem Namen BI2B – KOPIEREN UND UMWERTEN.

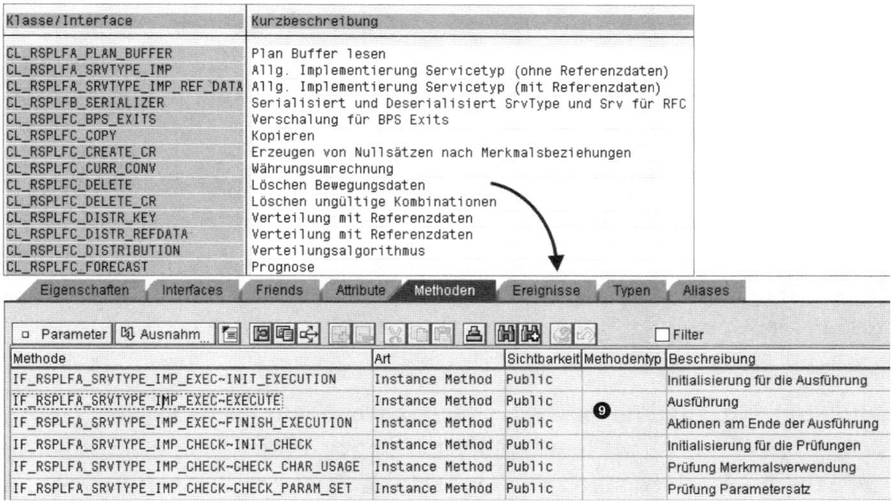

Abbildung 3.46 Codebeispiel der Planungsfunktion »Löschen«

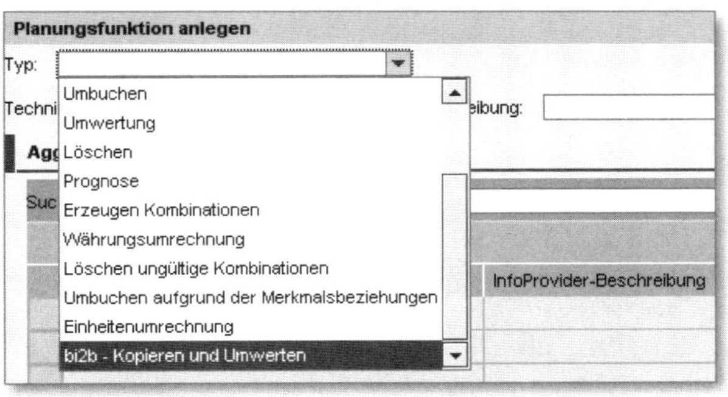

Abbildung 3.47 Nutzung einer neuen Planungsfunktion im Planning Modeler

3.11 Planungssequenzen

Die im vorigen Abschnitt vorgestellten Planungsfunktionen können Sie zu einer Planungssequenz gruppieren. In einer Planungssequenz werden die Planungsfunktionen in einer sortierten Reihenfolge angeordnet und in dieser änderbaren Reihenfolge auch ausgeführt.

In Abbildung 3.48 ist die Verwaltung von Planungssequenzen auf der letzten Registerkarte des Planning Modelers dargestellt. Wenn Sie eine Planungssequenz angelegt haben, erscheint diese namentlich im Bereich PLANUNGSSEQUENZ-AUSWAHL ❶. Im Bereich PLANUNGSFUNKTION ❷ können Sie jetzt von Ihnen vorab definierte Planungsfunktionen auswählen und in einer sortierten Reihenfolge ablegen. Die zu setzenden Parameter der ausgewählten Planungsfunktionen werden im Bereich VERFÜGBARE VARIANTEN ❹ aufgelistet und können dort auch geändert werden.

In die Auflistung der Planungsfunktionen im Bereich ❸ können Sie bei Bedarf mit den Buttons ❺ auch Eingabemasken einfügen. Auf diesen Eingabemasken können Sie dann z. B. neue Variablenwerte eingeben. Während des Ablaufs einer Planungssequenz haben Sie dann die Wahl: Sie können den Prozentsatz einer Umwertung neu eingeben, oder der Vorschlagswert wird übernommen.

Im Beispiel in Abbildung 3.48 besteht die Planungssequenz aus den beiden Schritten KOPIEREN und UMWERTEN. Sie haben in diesem Dialog die Möglichkeit, die Planungssequenz zu testen. Dazu müssen Sie nur auf die Buttons AUSFÜHREN im Bereich ÄNDERN PLANUNGSSEQUENZ ❶ klicken. Die geänderten Daten befinden sich jetzt im Datenpuffer. Wenn die neuen Daten dauerhaft gespeichert werden sollen, dann müssen Sie im Bereich AUSFÜHRUNG ❺ auf den Button PLANDATEN SICHERN klicken.

Zur Unterstützung einer Fehlerdiagnose ❸ können Sie jede Planungsfunktion einzeln mit einem Trace ausführen. Sie erhalten dann im Bereich VERFÜGBARE VARIANTEN ❹ eine detaillierte Auflistung der geänderten Datensätze inklusive der Information, welchen Wert die betreffenden Kennzahlen vor und nach Ausführung einer Planungsfunktion hatten.

In Abbildung 3.49 ist das Ergebnis eines Traces abgebildet. Wenn Sie auf eine beliebige Zeile klicken, wird im unteren Bereich der Abbildung die Veränderung der Daten durch die Planungsfunktion detailliert dokumentiert.

Die Einbindung von Planungssequenzen in organisatorische Abläufe und in Prozessketten werden wir in Kapitel 5, »Konzeption und Betrieb einer Planungsanwendung«, diskutieren.

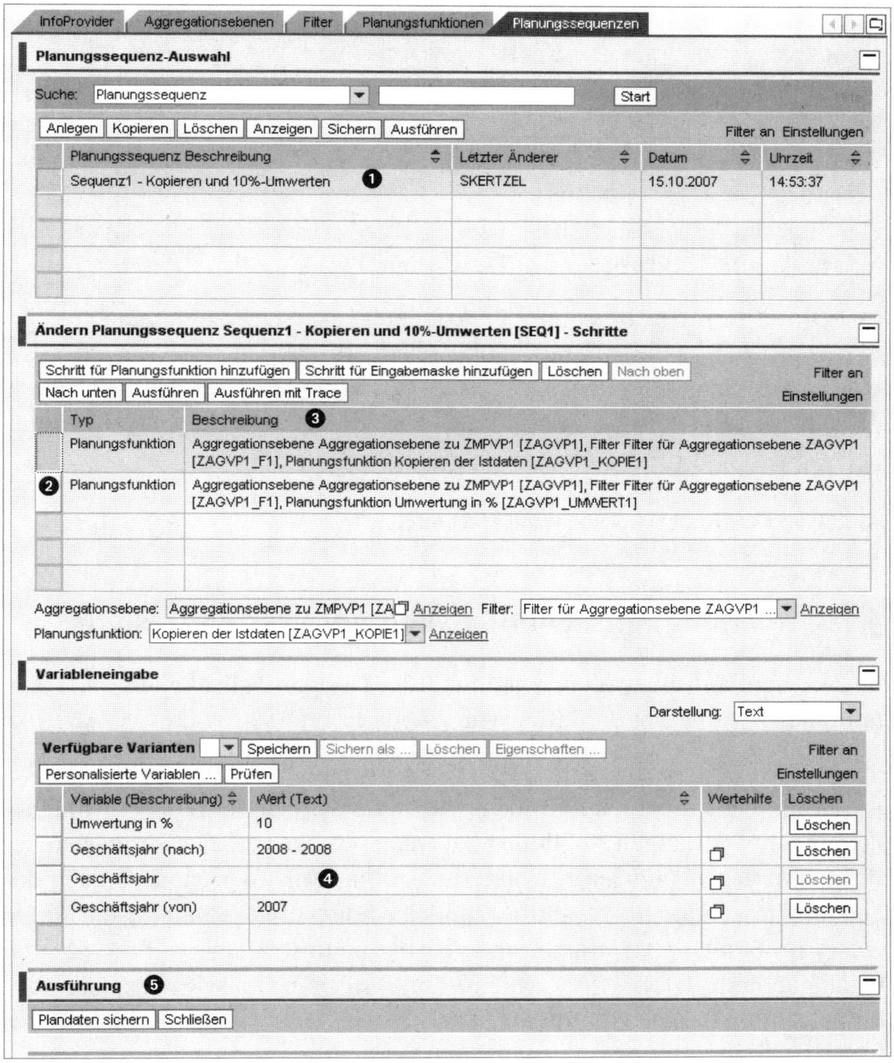

Abbildung 3.48 Verwaltung von Planungssequenzen

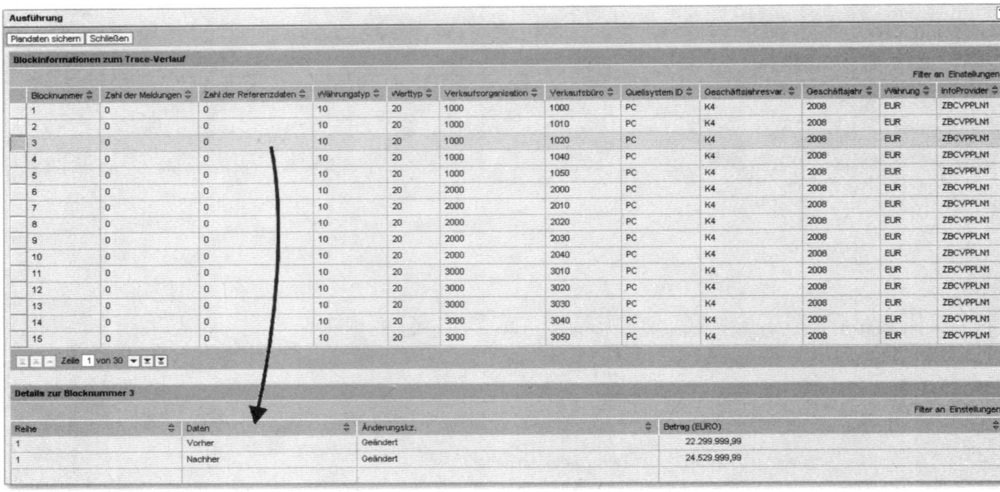

Abbildung 3.49 Ausführen eines Planungsschritts mit Trace

3.12 Planung mit dem BEx Web Application Designer

In diesem Abschnitt wollen wir Ihnen die Designmöglichkeiten einer Planungsanwendung mit dem BEx Web Application Designer (kurz WAD) vorstellen.

An dieser Stelle möchten wir noch einmal das Schema für den Aufbau einer Planungsanwendung in Abbildung 3.4 (siehe Abschnitt 3.2, »Grundlagen der BI-integrierten Planung«) in Erinnerung rufen. Nach der Modellierung der Planungsanwendung im Planning Modeler müssen wir eine eingabebereite Query im BEx Query Designer entwickeln, die unsere Sicht auf die Ist- und Plandaten definiert. Bei der Erstellung einer solchen Query ist besonders auf die folgenden Punkte zu achten:

Sie definieren in der Query die Anzeige Ihrer Ist- und Plandaten durch die zusätzliche Angabe des Merkmals InfoProvider bei Ihren Kennzahlen. Dieses Merkmal legt fest, ob die anzuzeigenden Daten aus dem Ist-Cube oder aus dem Plan-Cube gelesen werden.

Zusätzlich müssen Sie bei Kennzahlen aus dem Plan-Cube, die Sie später durch eine manuelle Eingabe oder eine Planungsfunktion verändern lassen wollen, die Eigenschaft Daten ändern setzen. Die möglichen Einstellungen sind in Abbildung 3.50 abgebildet. Sie können zwischen den folgenden Optionen wählen: Daten können nicht geändert werden ❶, Daten können durch Planungsfunktionen geändert werden ❷ oder Daten können durch Benutzereingaben oder Planungsfunktionen geändert werden ❸.

Achten Sie bei der Query-Definition darauf, dass die Query eindeutig definiert ist. Ein Zurückschreiben von Daten aus der Query in den Plan-Cube kann nur dann funktionieren, wenn jedes Merkmal in einem eindeutigen Zustand ist. Wenn Sie Ihre fertige Query im BEx Query Designer testen, dann müssen Sie in den Zeilen oder Spalten, die Sie für die manuelle Eingabe freigegeben haben, auch Eingaben machen können. Falls das nicht möglich ist, dann stimmt etwas nicht mit Ihrer Query-Definition.

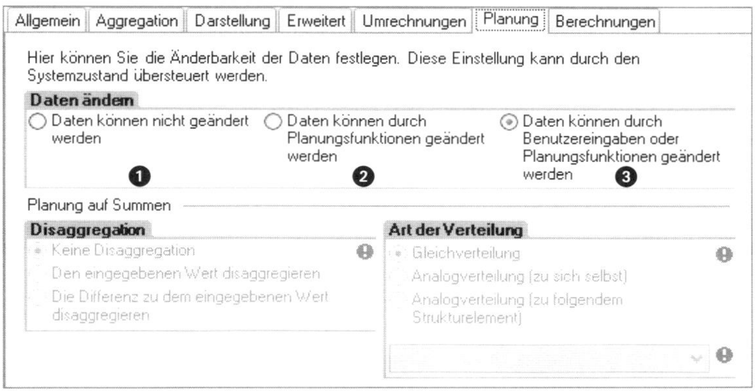

Abbildung 3.50 Einstellungen für eine eingabebereite Query

Im WAD können Sie Ihre Query mit den im Planning Modeler definierten Planungsfunktionen und Planungssequenzen zu einer Planungsanwendung zusammenfügen. Dieser Vorgang ist in Abbildung 3.51 dargestellt.

Fügen Sie in Ihre Webapplikation eine Button-Group ❹ ein. In den Eigenschaften dieser Button-Group öffnen Sie durch Klick auf den kleinen Button am rechten Rand ❺ ein Dialogfenster ❻ zur Definition der Aktion, die bei einem Klick durch den Anwender im laufenden Betrieb ausgelöst werden soll. In diesem Dialog wählen Sie bei der Eigenschaft Aktion den Eintrag Befehl über Befehle-Wizard aus.

Nach einem Klick auf den darunterliegenden Button der Eigenschaft Befehl öffnet sich der in Abbildung 3.52 abgebildete Dialog. Sie haben jetzt die Möglichkeit, einige vordefinierte Funktionalitäten durch einen Klick auf den entsprechenden Button ausführen zu lassen. Alternativ kann eine von Ihnen definierte Planungsfunktion oder Planungssequenz gestartet werden.

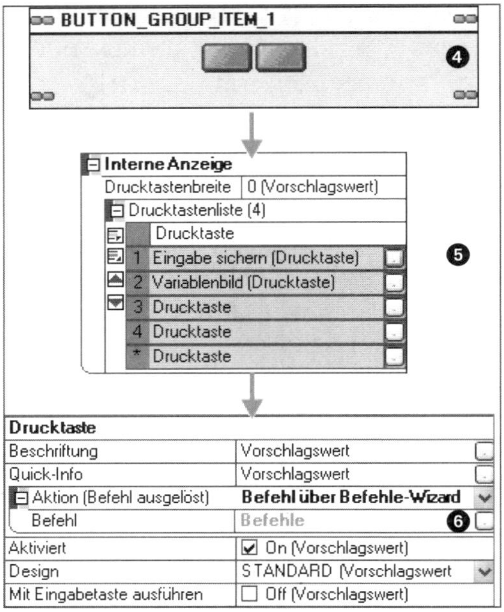

Abbildung 3.51 Implementierung von Planungsfunktionalität im BEx Web Application Designer

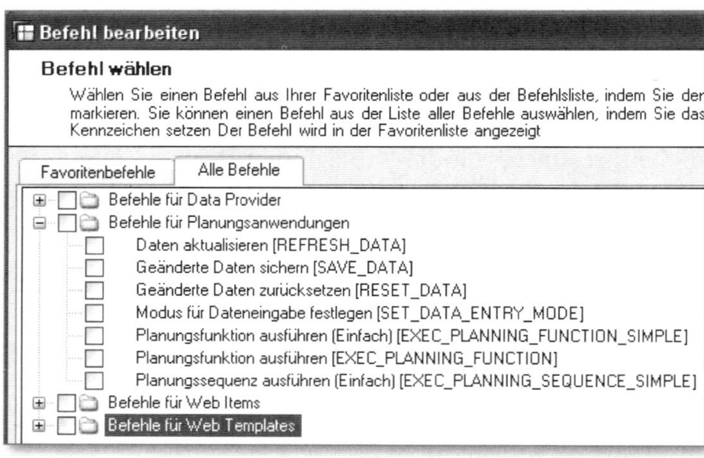

Abbildung 3.52 Befehlsvorrat für Planungsanwendungen

Sie können wählen zwischen den folgenden Optionen:

- **Daten aktualisieren**
  Mit diesem Befehl werden die in eine eingabebereite Query eingegebenen Daten nach einer Prüfung in den Planungspuffer übernommen.
- **Geänderte Daten sichern**
  Dieser Befehl knüpft direkt an den Befehl DATEN AKTUALISIEREN an. Mit diesem Befehl werden die Daten aus dem Planungspuffer nach einer Prüfung in den realtime-fähigen InfoCube geschrieben.
- **Geänderte Daten zurücksetzen**
  Dieser Befehl macht Änderungen von Daten auf der Ebene der Webapplikation rückgängig. Wenn die Daten bereits gespeichert worden sind, hat dieser Befehl keine Wirkung.
- **Modus für Dateneingabe festlegen**
  Dieser Befehl wechselt bei einer eingabebereiten Query zwischen Anzeige- und Änderungsmodus.
- **Planungsfunktion ausführen (einfach)**
  Dieser Befehl führt eine von Ihnen definierte Planungsfunktion aus. Beachten Sie bitte, dass diese Planungsfunktion auf dem Datenbestand eines DataProviders ausgeführt wird. Nehmen wir an, dieser DataProvider ist definiert durch unsere eingabebereite Query. Dann wird eine Planungsfunktion, die eine Umwertung des Planumsatzes vornimmt (wenn sie bei der Definition im Planning Modeler nicht weiter eingeschränkt wurde), alle Planumsätze des DataProviders verändern. Darüber hinaus werden bei diesem Befehl eingeschränkte Kennzahlen nicht berücksichtigt. Mit dem im nächsten Absatz beschriebenen Befehl können Sie diese Situation umgehen, da Sie bei dieser Planungsfunktionsvariante zusätzlich angeben können, dass diese auf den Daten eines oder mehrerer anderer DataProvider ausgeführt werden soll.
- **Planungsfunktion ausführen**
  Wie gerade geschildert, werden bei diesem Befehl sowohl eingeschränkte Kennzahlen berücksichtigt als auch andere DataProvider zur Datenselektion einer Planungsfunktion zugelassen. In dem Dialog für diesen Befehl können Sie unter SELEKTIONSBINDUNGSTYP einen anderen DataProvider für die Ausführung der Planungsfunktion auswählen als für die Anzeige der Query.
- **Planungssequenz ausführen (einfach)**
  Mit diesem Befehl können Sie die Ausführung einer Planungssequenz einem Button der Webapplikation zuordnen.

In Abbildung 3.53 sehen Sie zwei Button-Groups. Die durch den Anwender ausführbaren Befehle sind hier in zwei Gruppen aufgeteilt worden: die Grundfunktionen (EINGABE SICHERN und VARIABLENBILD) sowie die für die Planung wichtigen Planungsfunktionen.

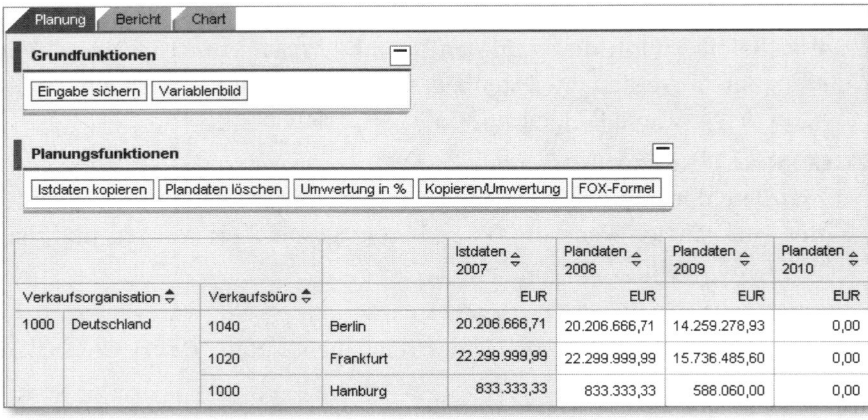

Abbildung 3.53 Implementierung der Befehle in einer Webapplikation

3.13 Planung mit dem BEx Analyzer

Im Folgenden werden wir Ihnen die Implementierung einer Planungsanwendung mit dem BEx Analyzer (kurz Analyzer) näher erläutern.

Die Voraussetzung für die Erstellung einer Planungsanwendung ist die Definition einer eingabebereiten Query. Falls Ihnen nicht bekannt sein sollte, wie Sie eine eingabebereite Query erstellen, schlagen Sie bitte in Abschnitt 3.12, »Planung mit dem BEx Web Application Designer«, nach.

Um mit dem BEx Analyzer eine Planungsanwendung erstellen zu können, müssen Sie in Microsoft Excel im Menü EXTRAS • MAKRO • SICHERHEIT die in Abbildung 3.54 dargestellte Option ZUGRIFF AUF VISUAL BASIC-PROJEKT VERTRAUEN (1) aktivieren.

Wir werden Ihnen nachfolgend Schritt für Schritt die Implementierung einer Planungsanwendung mit dem BEx Analyzer erläutern.

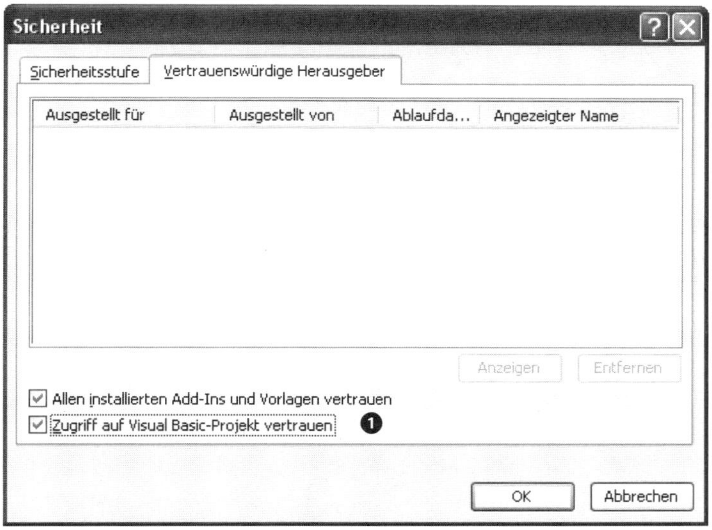

Abbildung 3.54 Einstellung im BEx Analyzer, um Planungsanwendungen erstellen zu können

3.13.1 Schritt 1: Anzeige der eingabebereiten Query

Wechseln Sie mit dem Icon DESIGNMODUS ❷ in Abbildung 3.55 in den Designmodus. Platzieren Sie den Cursor in einer Zelle des Excel-Worksheets, und klicken Sie mit der Maus auf das Icon ANALYSETABELLE EINFÜGEN (direkt unterhalb/neben dem Icon DESIGNMODUS). Diese Zelle wird jetzt von einem Platzhalter grafisch markiert ❸.

Wenn Sie auf diesen Platzhalter doppelklicken, öffnet sich das Dialogfenster ❹. Legen Sie einen neuen DataProvider an. In dem jetzt erscheinenden Dialog können Sie die von Ihnen bereits erstellte eingabebereite Query als Datenquelle angeben. Beenden Sie Ihre Eingaben.

Sie können Ihre Eingaben prüfen, indem Sie wie am Anfang auf das Icon DESIGNMODUS klicken (wenn Sie die Maus nur auf das Icon bewegen, ohne zu klicken, erscheint der Text DESIGNMODUS BEENDEN und den DESIGNMODUS VERLASSEN. Anstelle eines Platzhalters für die Analysetabelle können Sie jetzt die Daten Ihrer Query sehen. Falls anstatt Ihrer Daten der Text »Es sind Variablen vorhanden. Ändern Sie die Variablenwerte« erscheint, dann klicken Sie auf das Icon VARIABLENWERTE ÄNDERN, und geben Sie die benötigten Informationen ein.

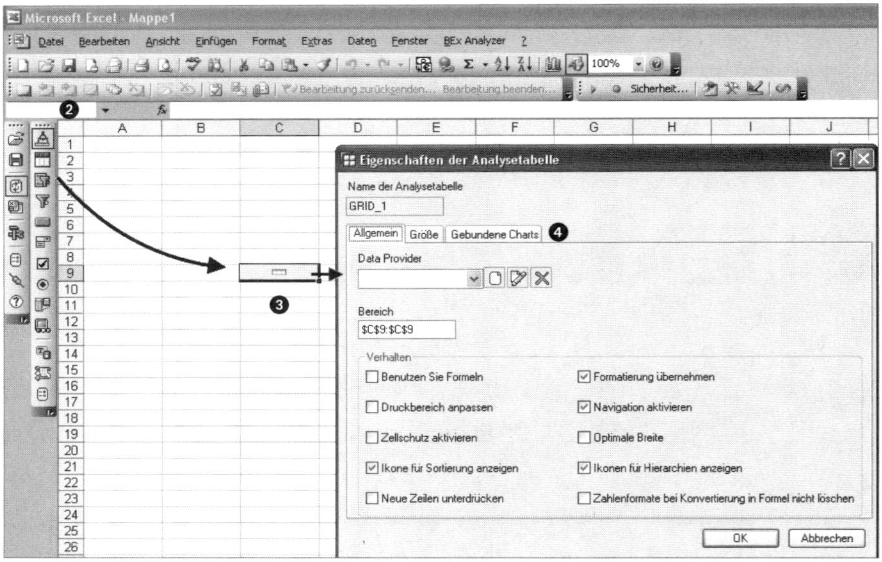

Abbildung 3.55 Anzeige der eingabebereiten Query

3.13.2 Schritt 2: Implementierung einer Planungsfunktion

Falls Sie sich nicht im Designmodus befinden, wechseln Sie mit einem Klick auf den Button DESIGNMODUS in den Designmodus.

Platzieren Sie den Cursor in einer Zelle unterhalb der Analysetabelle. Klicken Sie dann auf BUTTON EINFÜGEN. Es erscheint ein Platzhalter ❺ für den Button, wie in Abbildung 3.56 dargestellt. Mit einem Doppelklick auf den Button öffnet sich der Dialog ❻. Wählen Sie dort die Option PLANUNGSSPEZIFISCHER BEFEHL. Gehen Sie anschließend mit WEITER zum nächsten Dialog.

Im Dialog ❼ können Sie wählen, ob Sie eine der beiden Basisfunktionen SICHERN und WERTE ÜBERTRAGEN oder eine PLANUNGSFUNKTION bzw. PLANUNGSSEQUENZ AUSFÜHREN anwenden wollen. Wenn Sie die Option PLANUNGSFUNKTION oder PLANUNGSSEQUENZ auswählen, dann können Sie in einem weiteren Dialog eine Ihrer im Planning Modeler definierten Planungsfunktionen oder Planungssequenzen auswählen.

In unserem Beispiel wählen wir die einfachste, gleichzeitig aber auch elementarste Funktion SICHERN aus ❼. Wie in Abbildung 3.56 zu sehen, können Sie dem Objekt den Namen »Sichern« geben ❽ und die Beschriftung des Buttons mit SICHERN in das Eingabefeld ❾ eintragen. Beenden Sie Ihre Eingaben.

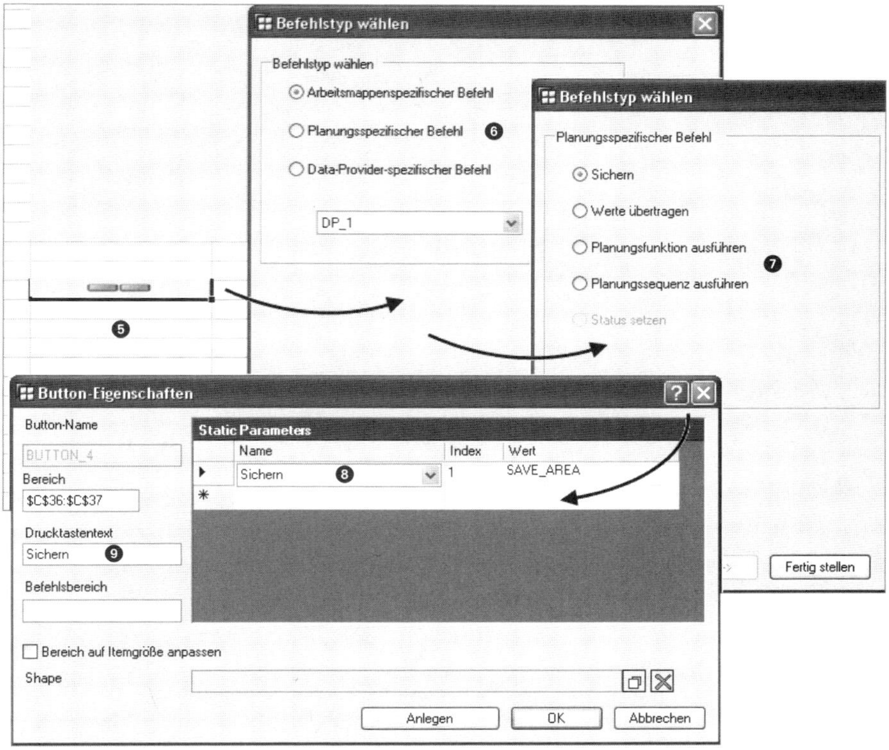

Abbildung 3.56 Implementierung einer Planungsfunktion

3.13.3 Schritt 3: Testen der Planungsanwendung

In Abbildung 3.57 ist unsere fertige Planungsanwendung zur manuellen Planung abgebildet. Beenden Sie den Designmodus durch einen Klick auf das Icon DESIGNMODUS ❶, und testen Sie Ihre Planungsanwendung. In der hier beispielhaft abgebildeten Planungsanwendung haben wir zusätzlich zur Anzeige der Query-Daten und zum Button SICHERN ❷ auch noch den Navigationsbereich ❸ in der gleichen Art und Weise implementiert wie den Button SICHERN.

Der Vorteil einer Planungsanwendung im BEx Analyzer liegt in der großen Verbreitung und Akzeptanz von Microsoft Excel sowie in den umfangreichen Programmier- und Erweiterungsmöglichkeiten. In Microsoft Excel können Sie einfache Makros programmieren, anspruchsvolle Programmieraufgaben mit Visual Basic für Applikationen (kurz VBA) umsetzen und sogar Webservices integrieren, die Ihre Excel-Planungsanwendung mit einem unbegrenzten Spektrum an Funktionalität versorgen.

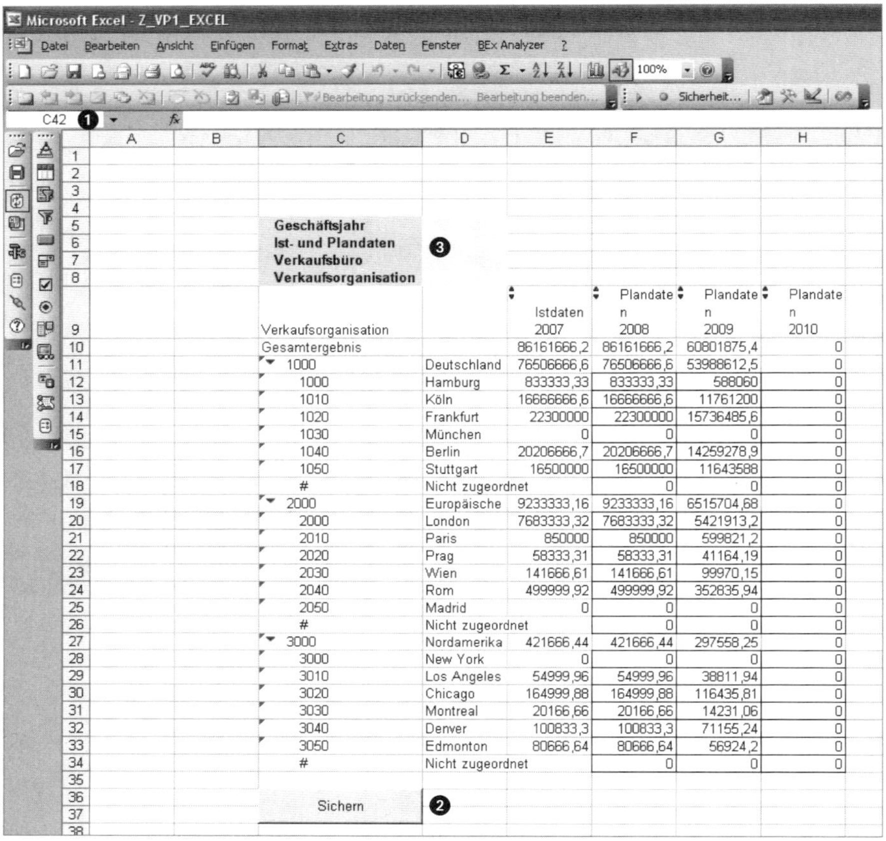

Verkaufsorganisation		Istdaten 2007	Plandaten 2008	Plandaten 2009	Plandaten 2010
Gesamtergebnis		86161666,2	86161666,2	60801875,4	0
1000	Deutschland	76506666,6	76506666,6	53988612,5	0
1000	Hamburg	833333,33	833333,33	588060	0
1010	Köln	16666666,6	16666666,6	11761200	0
1020	Frankfurt	22300000	22300000	15736485,6	0
1030	München	0	0	0	0
1040	Berlin	20206666,7	20206666,7	14259278,9	0
1050	Stuttgart	16500000	16500000	11643588	0
#	Nicht zugeordnet		0	0	0
2000	Europäische	9233333,16	9233333,16	6515704,68	0
2000	London	7683333,32	7683333,32	5421913,2	0
2010	Paris	850000	850000	599821,2	0
2020	Prag	58333,31	58333,31	41164,19	0
2030	Wien	141666,61	141666,61	99970,15	0
2040	Rom	499999,92	499999,92	352835,94	0
2050	Madrid	0	0	0	0
#	Nicht zugeordnet		0	0	0
3000	Nordamerika	421666,44	421666,44	297558,25	0
3000	New York	0	0	0	0
3010	Los Angeles	54999,96	54999,96	38811,94	0
3020	Chicago	164999,88	164999,88	116435,81	0
3030	Montreal	20166,66	20166,66	14231,06	0
3040	Denver	100833,3	100833,3	71155,24	0
3050	Edmonton	80666,64	80666,64	56924,2	0
#	Nicht zugeordnet		0	0	0

Abbildung 3.57 Planungsanwendung im BEx Analyzer

Die Erstellung von Planungsanwendungen erfolgt sowohl beim BEx Analyzer als auch beim BEx Web Application Designer im Wesentlichen gleich. Ein wesentlicher Unterschied jedoch ist die im Vergleich zum BEx Web Application Designer begrenzte Ausführungsmöglichkeit von einfachen Planungsfunktionen und Planungssequenzen. Darüber hinaus ist die Ausführung einer Planungsfunktion anhand einer je nach Merkmal unterschiedlichen Datenselektion im BEx Analyzer im Gegensatz zum BEx Web Application Designer nicht möglich.

4 Technische Modellierung

In diesem Kapitel gehen wir detailliert auf verschiedene Aspekte der technischen Modellierung ein. Ausgehend von der Art und Weise der Speicherung von Plandaten in einem realtime-fähigen InfoCube stellen wir Ihnen vor, wie Sie individuell entwickelte Planungsfunktionen in die BI-integrierte Planung aufnehmen. Wir beschreiben kurz die Unterschiede zwischen BW-BPS und der BI-integrierten Planung und erläutern anschließend die Nutzung der Retraktion zum Zurückschreiben von Daten in die operativen Systeme. Abschließend gehen wir noch auf die Möglichkeit ein, losgelöst von BW-BPS und BI-integrierter Planung eine vollkommen individuelle Planungsanwendung unter Einsatz von SAP-Standardobjekten und SAP-Standardfunktionsbausteinen zu implementieren.

4.1 Speicherung von Plandaten

Mithilfe des Beispiels in Kapitel 2, »Praxisbeispiel einer Planung«, haben Sie erfahren, dass Sie die Plandaten in einer Planungsmaske zum einen manuell erfassen und zum anderen durch Planungsfunktionen und Planungssequenzen auch verändern können.

Die Planungsanwendung dieses Beispiels schreibt die Plandaten aufgrund der Definition der Aggregationsebene, des Filters und der darauf aufbauenden eingabebereiten Query ausschließlich in den realtime-fähigen InfoCube ZBCVPPLN1.

Es stellt sich die Frage, wie die Daten in diesem InfoCube abgelegt werden und welche Veränderungen diese Daten durch die Anwendung von Planungsfunktionen erfahren. Wir werden mit Ihnen gemeinsam im Verlauf dieses Kapitels die Auswirkungen der Anwendung von Planungsfunktionen und manuellen Eingaben auf die Ablage der Daten in dem realtime-fähigen InfoCube untersuchen.

Nehmen wir an, Sie kopieren in unserer Planungsanwendung aus Kapitel 2, »Praxisbeispiel einer Planung«, (siehe Abbildung 4.1, hier für die Verkaufsorganisation 1000) mithilfe der Planungsfunktion ISTDATEN KOPIEREN ❶ die Daten des Jahres 2007 in das Jahr 2008 und sichern die Eingabe ❷.

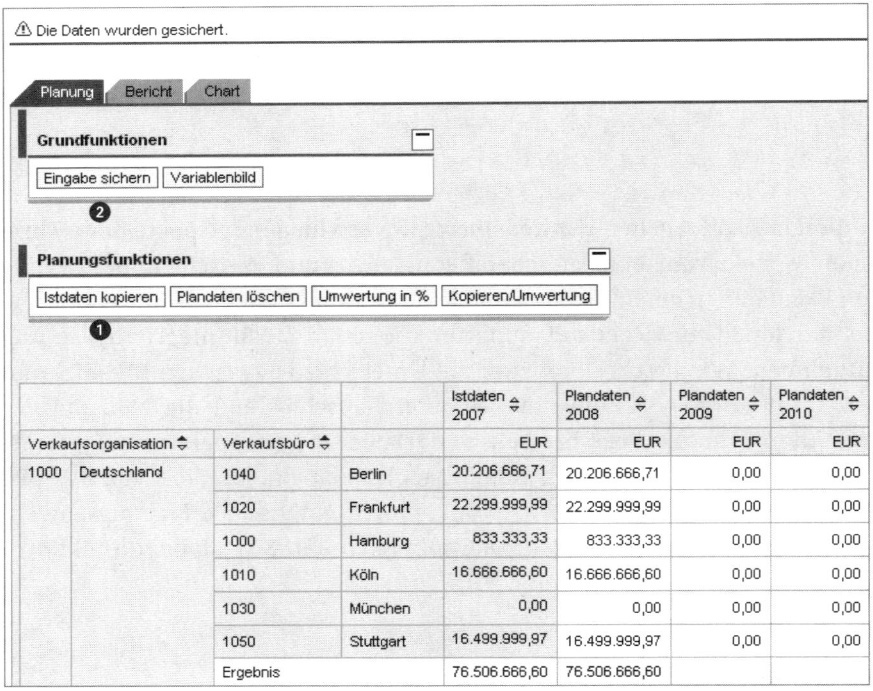

Abbildung 4.1 Kopieren der Istdaten

Mit dem ersten Erfassen der Daten und der Sicherung der Eingabe wird für den Realtime-InfoCube ZBCVPPLN1 ein Request mit dem Status »gelb« ❸ erzeugt (siehe Abbildung 4.2). Diesen Request können Sie in der Transaktion RSA1 kontrollieren. Wählen Sie dort den realtime-fähigen InfoCube aus, und klicken Sie dann mit der rechten Maustaste auf den Menüpunkt ADMINISTRIEREN.

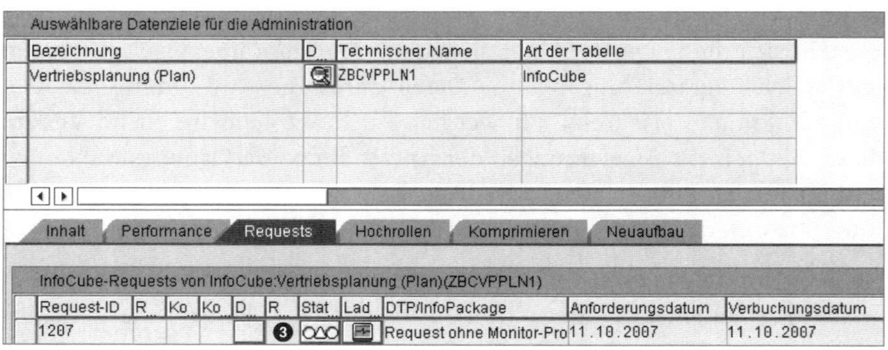

Abbildung 4.2 Request des InfoCubes ZBCVPPLN1

In Abbildung 4.3 ist die Datenablage in unserem realtime-fähigen InfoCube ZBCVPPLN1 dargestellt. Dieser enthält jetzt aufgrund der Anwendung der Planungsfunktion (ISTDATEN KOPIEREN von 2007 nach 2008) die Plandaten für die Verkaufsorganisation 1000.

"ZBCVPPLN1". List-Ausgabe

Verkaufsorganisation	Verkaufsbüro	Werttyp für Reporting	Geschäftsjahr	Währung	Betrag (EURO)
1000	1000	20	2008	EUR	833.333,33
1000	1010	20	2008	EUR	16.666.666,60
1000	1020	20	2008	EUR	22.299.999,99
1000	1030	20	2008	EUR	0,00
1000	1040	20	2008	EUR	20.206.666,71
1000	1050	20	2008	EUR	16.499.999,97

Abbildung 4.3 Inhalt des InfoCubes ZBCVPPLN1 nach Kopiervorgang

Werden die Plandaten des Geschäftsjahres 2008 mit der Planungsfunktion PLANDATEN LÖSCHEN wieder gelöscht, wird zu jedem vorhandenen Datensatz ein weiterer Datensatz mit derselben Merkmalsausprägung und dem Betrag mit umgekehrtem Vorzeichen erzeugt (siehe Abbildung 4.4).

"ZBCVPPLN1". List-Ausgabe

Verkaufsorganisation	Verkaufsbüro	Werttyp für Reporting	Geschäftsjahr	Währung	Betrag (EURO)
1000	1000	20	2008	EUR	833.333,33
1000		20	2008	EUR	833.333,33-
1000	1010	20	2008	EUR	16.666.666,60
1000		20	2008	EUR	16.666.666,60-
1000	1020	20	2008	EUR	22.299.999,99
1000		20	2008	EUR	22.299.999,99-
1000	1030	20	2008	EUR	0,00
1000	1040	20	2008	EUR	20.206.666,71
1000		20	2008	EUR	20.206.666,71-
1000	1050	20	2008	EUR	16.499.999,97
1000		20	2008	EUR	16.499.999,97-

Abbildung 4.4 Inhalt des InfoCubes ZBCVPPLN1 nach Löschen der Plandaten 2008

Die Daten in einem InfoCube von SAP BW können prinzipiell nur addiert werden. Die ursprüngliche Zielsetzung für den Einsatz eines Datenwürfels ist die Verdichtung von Daten, um bei einer Berichtsanfrage durch einen Anwender die angeforderten Daten sofort voraggregiert ausgeben zu können. Ein Datensatz kann also nicht gelöscht werden, sondern es muss bei einem Löschvorgang zu jedem Datensatz eine *Gegenbuchung* erfolgen. In unserem Beispiel wurden zu allen Datensätzen, die die Umsätze der Verkaufsorganisationen enthalten, die gleichen Datensätze ein zweites Mal erstellt, mit dem einzigen Unterschied, dass diese mit negativem Vorzeichen erzeugt wurden. Daraus folgert jeweils eine Summe pro Merkmalskombination gleich 0. Mit diesem Ergebnis ist aus Sicht des Anwenders der Löschvorgang abgeschlossen.

Auf diese Weise werden mit jeder Planungsfunktion weitere Datensätze erzeugt. Nach einer Umwertung um 10% beispielsweise werden Datensätze mit den Differenzbeträgen im realtime-fähigen InfoCube angelegt. Dieser Umstand muss natürlich bei der Erstellung von Querys, die nur Auswertungs- und Analysezwecken dienen, beachtet werden. Bei wiederholter Anwendung von Planungsfunktionen, insbesondere durch mehrere Anwender, erhöht sich auf diese Weise schnell das Datenvolumen im realtime-fähigen InfoCube.

Der Einsatz von Aggregaten in einem durch Planungsfunktionen genutzten realtime-fähigen InfoCube ist ebenfalls möglich. Sie können zwar Aggregate zu einem realtime-fähigen InfoCube anlegen, aufgrund des Status der Requests kann ein Aggregat aber nicht aufgebaut werden. Dazu muss der Status zuerst durch eine QM-Aktion auf »grün« geändert werden, dann ist der Aufbau eines Aggregates möglich. Mit dieser QM-Aktion und anschließendem Aggregieren eines Requests kann der Status des Requests dann nicht mehr geändert werden. Eine Planung ist aber weiterhin möglich, da mit dem nächsten Planungsschritt und dem Sichern der Eingabe ein neuer Request mit dem Status »gelb« erzeugt wird.

Alternativ kann ein weiterer InfoCube angelegt werden, der mittels Transformation und Datentransferprozess die Daten in regelmäßigen Abständen aus dem realtime-fähigen InfoCube ZBCVPPLN1 in einen anderen InfoCube lädt. Aber auch hier gilt, dass nur die Daten eines Requests mit dem Status »grün« verarbeitet werden können.

Neben dem Aufbau der Aggregate kann auch die Funktionalität des Komprimierens der Daten in einem realtime-fähigen InfoCube eingesetzt werden. Voraussetzung ist wiederum, dass der QM-Status des Requests »grün« ist.

Durch eine regelmäßige Reorganisation (Extraktion und/oder Komprimieren) kann das Datenvolumen in nicht unerheblichem Maße reduziert werden. Am Beispiel der Ausprägung auf die Verkaufsorganisation 1000, das Verkaufsbüro 1040 und das Geschäftsjahr 2008 werden wir diesen Umstand nachfolgend demonstrieren.

Abbildung 4.5 zeigt die Datensätze, die durch die sukzessive Anwendung der Planungsfunktionen KOPIEREN und UMWERTUNG sowie durch eine manuelle Eingabe erzeugt wurden. In diesem Beispiel hat der durch den Anwender eingegebene Umsatz eine Höhe von 30.340.080,06 – 9.123.080,01 + 4.000.000,00 = 25.217.000,05 EUR.

"ZBCVPPLN1", List-Ausgabe

0SALESORG	Verkaufsbüro	0FISCYEAR	Währung	Betrag (EURO)
1000	1040	2008	EUR	30.340.080,06
1000	1040	2008	EUR	9.123.080,01-
1000	1040	2008	EUR	4.000.000,00

Abbildung 4.5 Dateninhalt des Realtime-InfoCubes ZBCVPPLN1 vor Komprimieren

Auf der Registerkarte KOMPRIMIEREN in der Administration (Transaktion RSA1) des realtime-fähigen InfoCubes ZBCVPPLN1 haben Sie die Möglichkeit, einen Job für das Komprimieren der Daten einzuplanen bzw. sofort zu starten (siehe Abbildung 4.6).

Abbildung 4.6 Jobeinplanung für die Komprimierung der Daten im InfoCube ZBCVPPLN1

Nachdem die Verarbeitung dieses Jobs erfolgreich beendet worden ist, hat sich das Datenvolumen in unserem realtime-fähigen InfoCube ZBCVPPLN1 auf einen Datensatz je Ausprägung einer Merkmalskombination reduziert (siehe Abbildung 4.7).

Grundsätzlich können wir empfehlen, im realtime-fähigen InfoCube Prozessketten für die in diesem Abschnitt beschriebene Reorganisation der Daten anzulegen und damit die Reorganisation regelmäßig durchführen zu lassen.

Abbildung 4.7 Daten im InfoCube ZBCVPPLN1 nach der Komprimierung

4.2 Individuelle Planungsfunktionen

Die BI-integrierte Planung bietet ein großes Spektrum an vordefinierten Planungsfunktionen. Neben den im Standard vorhandenen Planungsfunktionen wie Kopieren, Umwertung, Verteilen etc. bietet die BI-integrierte Planung auch die Möglichkeit, kundeneigene Anforderungen an eine Planungsfunktion zu implementieren. In diesem Abschnitt stellen wir Ihnen nachfolgend beide Möglichkeiten vor.

4.2.1 Planungsfunktionen mit der FOX-Formel

In diesem Abschnitt wollen wir Ihnen detailliert die einfachste (und deswegen auch am häufigsten genutzte) Möglichkeit vorstellen, mit der Sie Ihr eigenes ABAP-Coding von der BI-integrierten Planung aus ansprechen können. Wir bedienen uns hierbei der Formelerweiterungen, abgekürzt *FOX* (Formula Extension). Mit dem Planning Modeler können Sie, wie in Abbildung 4.8 dargestellt, eine FOX-Formel zu einer Planungsfunktion anlegen ❶ und entsprechend ausprägen.

Mit dem im Planning Modeler zur Verfügung gestellten Editor können Sie Ihre Anweisungen eingeben (siehe Abbildung 4.9). In Kapitel 3, »Modellierung und Implementierung«, haben wir bereits die Nutzungsmöglichkeiten der FOX-Formel diskutiert. Standardmäßig wird beim Aufrufen des Editors ein auskommentiertes Beispiel für das Lesen des Dateninhalts von Merkmalen und für das Zuweisen von Dateninhalten an Merkmale generiert. Zusätzlich erhält man u. a. Zugriff auf eine Reihe mathematischer Operationen und Funktionen, Schleifenanweisungen und Programmiervariablen. Eine Auswahl der Funktionen sehen Sie in Abbildung 4.10.

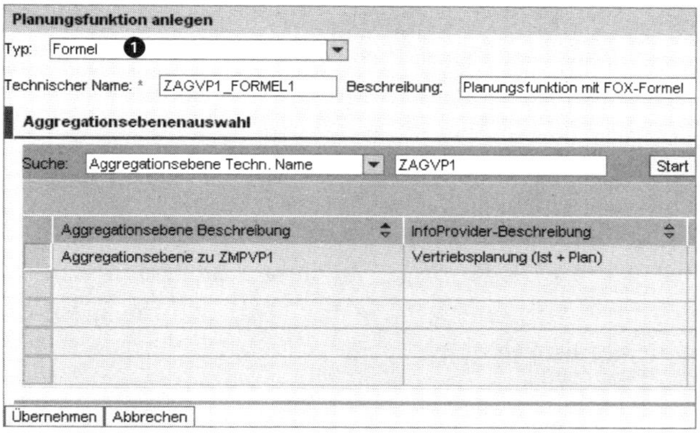

Abbildung 4.8 Anlegen einer Planungsfunktion mit FOX-Formel

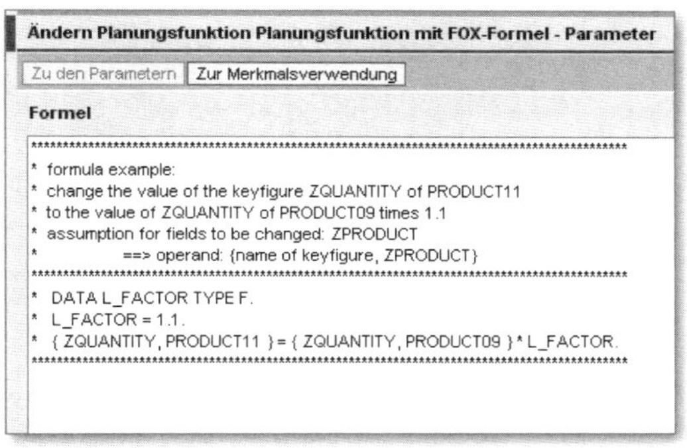

Abbildung 4.9 Editor für FOX-Formeln

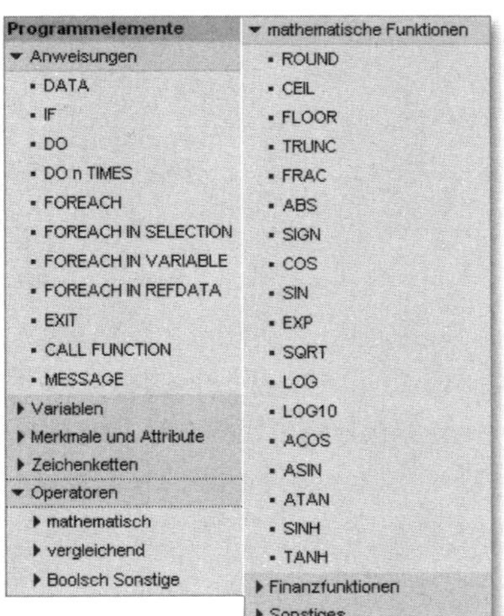

Abbildung 4.10 Programmelemente für FOX-Formeln

Die Formelsyntax ist identisch mit der in BW-BPS (Business Planning and Simulation, nicht weiterentwickeltes Planungsmodul in SAP BW, siehe Abschnitt 4.3, »BW-BPS und BI-integrierte Planung«). Die gesamten Funktionalitäten für die FOX-Formeln stehen sowohl in BW-BPS als auch in der BI-integrierten Planung zur Verfügung.

In einem einfachen Beispiel demonstrieren wir nachfolgend die Integration eines Funktionsbausteins in die FOX-Formel. Wir haben dazu den Funktionsbaustein Z_BIIP_FOX1 mit dem Object Navigator (Transaktion SE80) im BW-System angelegt (siehe Abbildung 4.11).

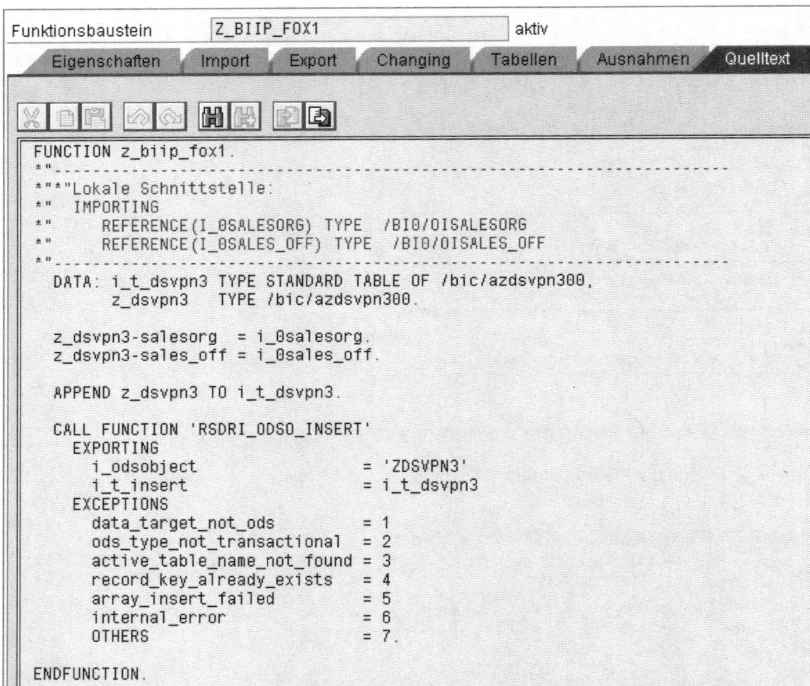


```
FUNCTION z_biip_fox1.
*"----------------------------------------------------------------------
*"*"Lokale Schnittstelle:
*"  IMPORTING
*"     REFERENCE(I_0SALESORG) TYPE  /BI0/OISALESORG
*"     REFERENCE(I_0SALES_OFF) TYPE  /BI0/OISALES_OFF
*"----------------------------------------------------------------------
  DATA: i_t_dsvpn3 TYPE STANDARD TABLE OF /bic/azdsvpn300,
        z_dsvpn3   TYPE /bic/azdsvpn300.

  z_dsvpn3-salesorg  = i_0salesorg.
  z_dsvpn3-sales_off = i_0sales_off.

  APPEND z_dsvpn3 TO i_t_dsvpn3.

  CALL FUNCTION 'RSDRI_ODSO_INSERT'
    EXPORTING
      i_odsobject                 = 'ZDSVPN3'
      i_t_insert                  = i_t_dsvpn3
    EXCEPTIONS
      data_target_not_ods         = 1
      ods_type_not_transactional  = 2
      active_table_name_not_found = 3
      record_key_already_exists   = 4
      array_insert_failed         = 5
      internal_error              = 6
      OTHERS                      = 7.

ENDFUNCTION.
```

Abbildung 4.11 Funktionsbaustein Z_BIIP_FOX1

Die Aufgabe dieses Funktionsbausteins ist es, die Daten, die er aus der Planungsfunktion geliefert bekommt, über den Funktionsbaustein RSDRI_ODSO_INSERT in ein transaktionales DSO-Objekt zu schreiben. Der Datenbestand in diesem DSO-Objekt steht dann für die Folgeverarbeitung zur Verfügung.

Damit Sie diesen Funktionsbaustein im Formeleditor der Planung aufrufen können, müssen Sie eine Einstellung im Customizing des BW-Systems vornehmen. Sie finden diese Einstellung über die Transaktion SPRO oder den Pfad ❶ SAP CUSTOMIZING EINFÜHRUNGSLEITFADEN • BUSINESS INTELLIGENCE • BI INTEGRIERTE PLANUNG • FREIGABE VON FUNKTIONSBAUSTEINEN FÜR FORMELN (siehe Abbildung 4.12).

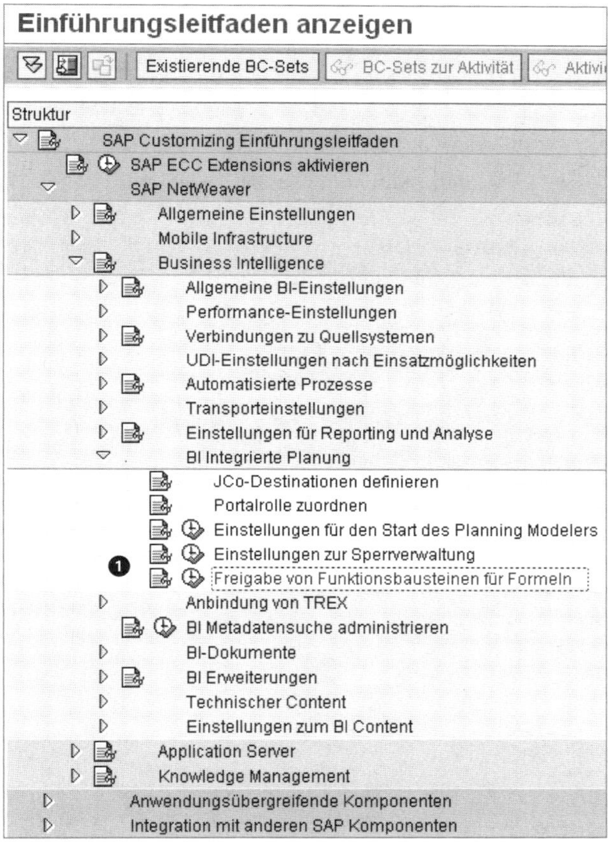

Abbildung 4.12 Freigabe von Funktionsbausteinen für Formeln

In Abbildung 4.13 sehen Sie eine Darstellung dieser Konfigurationsmöglichkeit. In der hier abgebildeten Customizing-Tabelle (Tabelle RSPLF_FDIR) erfassen Sie über den Button NEUE EINTRÄGE ❷ Ihren Funktionsbaustein ❸ und sichern anschließend Ihre Eingabe ❹.

Zurück im Planning Modeler markieren Sie dann für Ihre FOX-Formel zuerst die zu verändernden Merkmale »InfoProvider«, »Verkaufsorganisation« und »Verkaufsbüro« ❺ (siehe Abbildung 4.14).

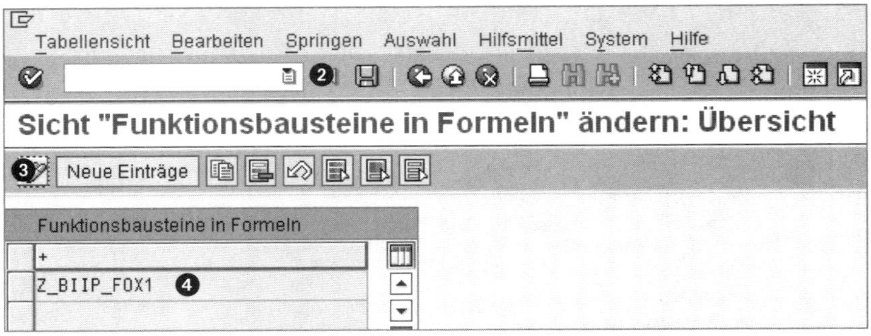

Abbildung 4.13 Eingabe des Funktionsbausteins zum Aufruf aus einer Formel

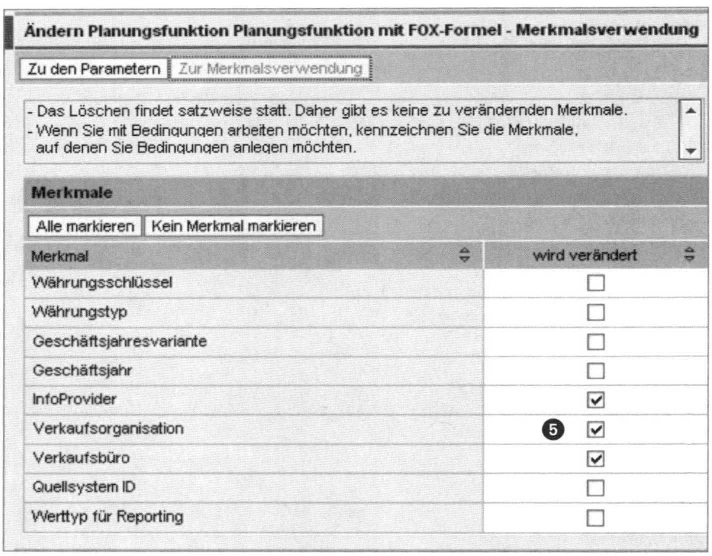

Abbildung 4.14 Merkmalsverwendung in FOX-Formel

Im Formeleditor in Abbildung 4.15 ist eine Bedingung ❻ mit den Merkmalswerten InfoProvider ZBCVPPLN1, Verkaufsorganisation 1000 und Verkaufsbüro 1030 vorgegeben. Sobald der Planwert unter 10.000 EUR liegt, soll mit der Anweisung CALL FUNCTION ❼ der Funktionsbaustein Z_BIIP_FOX1 aufgerufen werden.

Die Einbindung unserer neuen Planungsfunktion in unsere Planungsanwendung ist in Abbildung 4.16 dargestellt. Im Web Template unseres Anwendungsbeispiels aus Kapitel 2, »Praxisbeispiel einer Planung«, muss die neue Planungsfunktion in dem Web Item BUTTON_GROUP_ITEM_3 als zusätzliche Drucktaste aufgenommen werden.

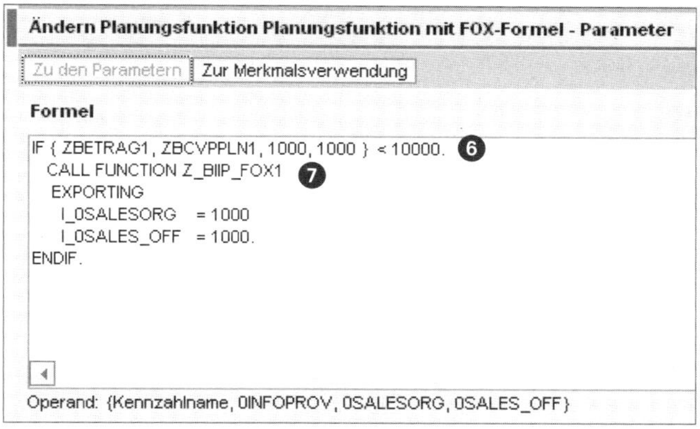

Abbildung 4.15 Code für die Planungsfunktion

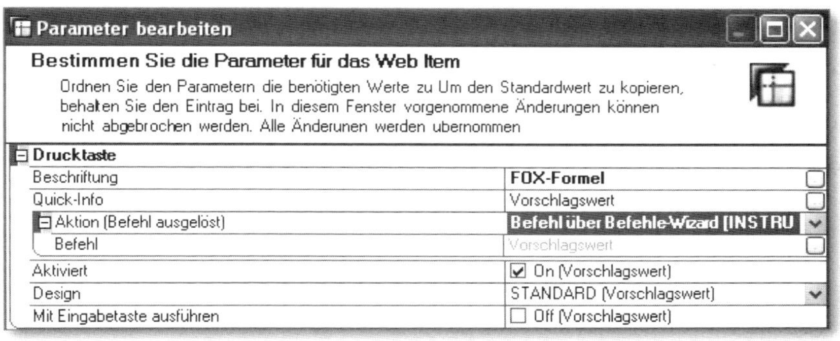

Abbildung 4.16 Neue Drucktaste für die FOX-Formel

In Abbildung 4.17 werden für den Befehl PLANUNGSFUNKTION AUSFÜHREN (EINFACH) ❶ der DataProvider ZAGVP1_01 ❷ und die Planungsfunktion ZAGVP1_FORMEL1 ❸ ausgewählt.

In Abbildung 4.18 ist unsere erweiterte Planungsanwendung abgebildet. Die neue Drucktaste ist in die Webapplikation eingebunden ❹ und kann durch den Anwender ausgeführt werden.

Im nachfolgenden Abschnitt werden wir Ihnen anschaulich erklären, wie Sie eine neue, vollständig in die BI-integrierte Planung eingepasste Planungsfunktion erstellen.

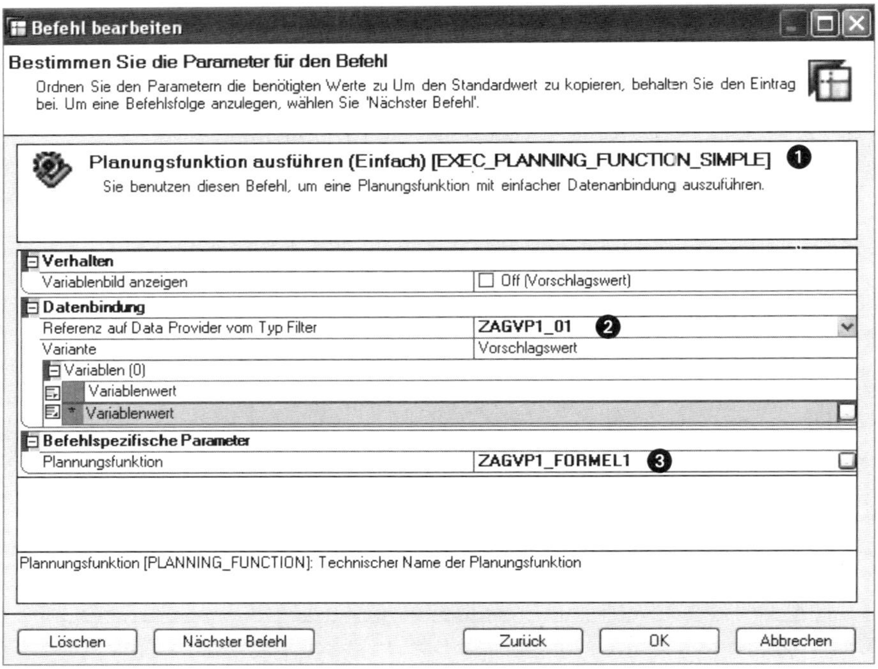

Abbildung 4.17 Befehl für eine FOX-Formel

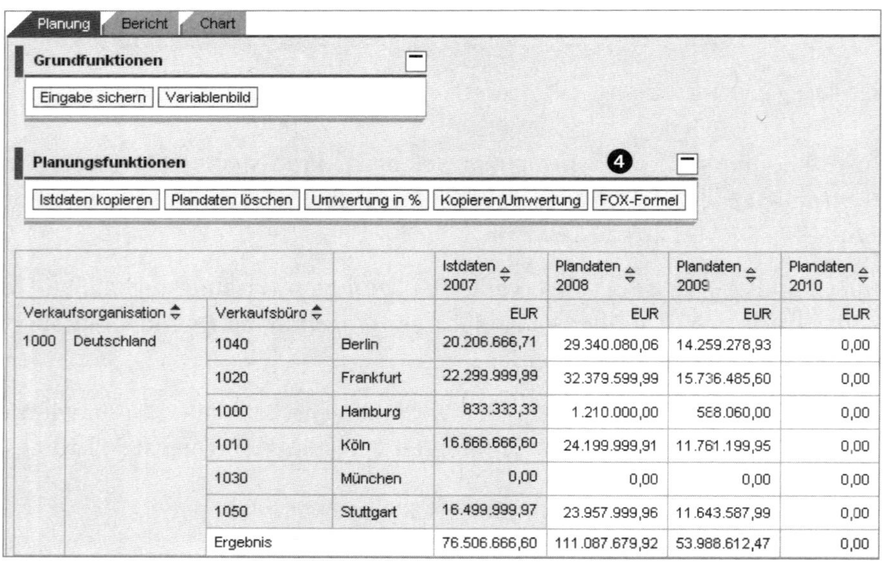

				Istdaten 2007	Plandaten 2008	Plandaten 2009	Plandaten 2010
Verkaufsorganisation		Verkaufsbüro		EUR	EUR	EUR	EUR
1000	Deutschland	1040	Berlin	20.206.666,71	29.340.080,06	14.259.278,93	0,00
		1020	Frankfurt	22.299.999,99	32.379.599,99	15.736.485,60	0,00
		1000	Hamburg	833.333,33	1.210.000,00	588.060,00	0,00
		1010	Köln	16.666.666,60	24.199.999,91	11.761.199,95	0,00
		1030	München	0,00	0,00	0,00	0,00
		1050	Stuttgart	16.499.999,97	23.957.999,96	11.643.587,99	0,00
		Ergebnis		76.506.666,60	111.087.679,92	53.988.612,47	0,00

Abbildung 4.18 Webapplikation mit FOX-Formel

4.2.2 Integrierte Planungsfunktionen

In diesem Abschnitt erläutern wir Ihnen, wie Sie eine vollständig in die BI-integrierte Planung eingepasste Planungsfunktion implementieren. Eine solche Planungsfunktion steht jedem Entwickler zur Verfügung, der im Planning Modeler eine Planungsfunktion für seine Planungsanwendung anlegen möchte. Eine solche Planungsfunktion unterscheidet sich dann nicht mehr durch die von der SAP definierten Planungsfunktionen wie Kopieren, Umwertung etc. Um eine solche Planungsfunktion anlegen zu können, benötigen Sie zumindest Basiswissen in der Programmierung mit ABAP Objects. Wir werden Ihnen im Folgenden detailliert den Weg beschreiben, der Sie zur erfolgreichen Implementierung Ihrer ersten eigenen Planungsfunktion führen wird. Aus Umfangsgründen werden wir aber auf die Implementierung von Parametern in unserem nachfolgenden Beispiel einer Planungsfunktion verzichten, zumal die Auswertung dieser Parameter eine fundierte Fertigkeit in der Verarbeitung generischer Datentypen verlangt.

In der nachfolgenden Abbildung 4.19 ist die Aggregationsebene unseres Beispiels dargestellt. Es handelt sich hier um einen Standard-InfoCube und um einen realtime-fähigen Infocube, die beide über einen MultiProvider miteinander verbunden sind. Eine detaillierte Beschreibung zu diesem Datenmodell finden Sie in Kapitel 5, »Konzeption und Betrieb einer Planungsanwendung«, im Abschnitt über die Top-down-Vertriebsplanung.

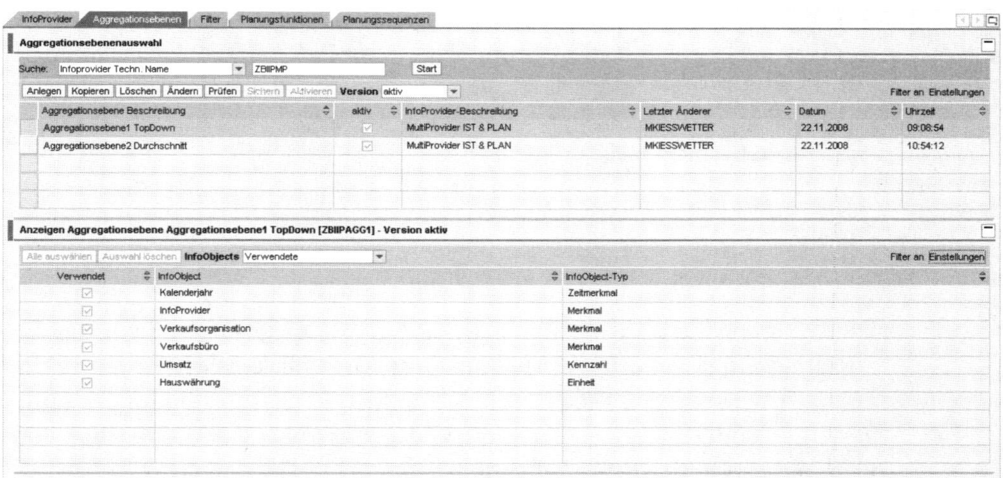

Abbildung 4.19 Aggregationsebene unseres Beispiels

Wir wollen durch unsere neue Planungsfunktion den Umsatz je Kalenderjahr, Verkaufsorganisation und Verkaufsbüro verdoppeln.

Eine neue Planungsfunktion können Sie über die Transaktion RSPLAN anlegen (siehe Abbildung 4.20). Durch Klick auf den Button FUNKTIONSTYPEN PFLEGEN ❶ gelangen Sie in den Dialog, um eine eigene neue Planungsfunktion anlegen zu können ❷. Sie werden anschließend in einen zweiten Dialog geleitet ❸, auf dem der Verweis für das Coding unserer Planungsfunktion enthalten ist. Darüber hinaus können Sie auf einer zweiten Registerkarte beliebig viele Parameter für Ihre Planungsfunktion definieren, die nach Aktivierung auch dem Entwickler im Planning Modeler zur Auswahl angeboten werden.

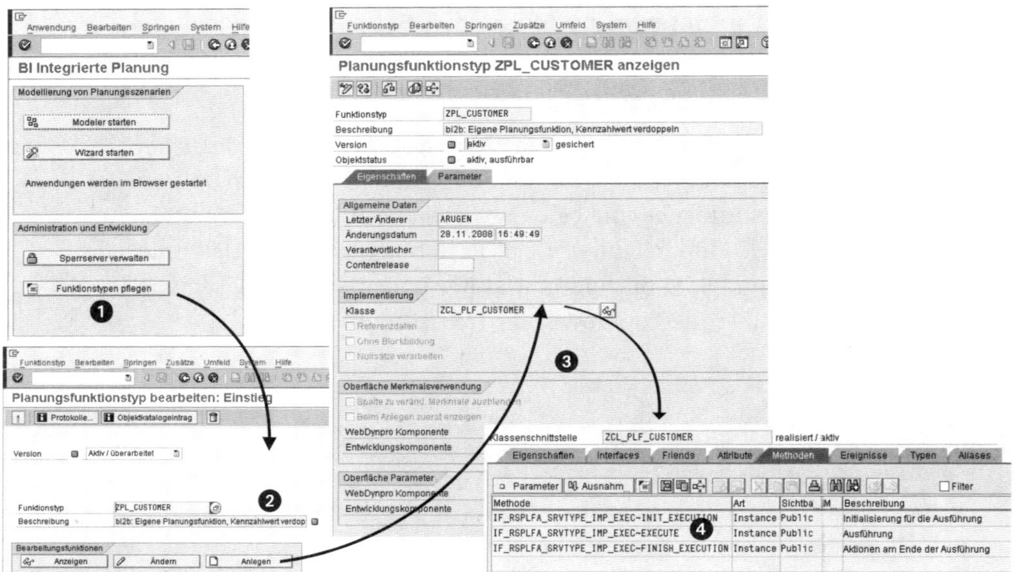

Abbildung 4.20 Anlegen einer integrierten Planungsfunktion

Durch Doppelklick auf die neu angelegte Klasse ❸ gelangen Sie in die Entwicklungsumgebung für ABAP-Klassen ❹. Dort klicken Sie wiederum doppelt auf die Methode EXECUTE, und Sie werden in das in Abbildung 4.21 dargestellte Codefenster weitergeleitet. Wichtig bei der Codierung Ihrer Planungsfunktion ist die Reihenfolge der Felder in der Struktur zur Aufnahme der Daten Ihrer Aggregationsebene ❺. Sie können die an die Planungsfunktion übergebenen Daten in C_TH_DATA zeilenweise in der Struktur Ihrer Aggregationsebene LS_DATA abarbeiten und dann Ihre eigenen Verarbeitungsvorgänge programmieren. In unserem Beispiel haben wir einfach den Wert der Kennzahl »Umsatz« (InfoObject CMRETSAL) verdoppelt.

Zu guter Letzt sollten Sie im Fehlerfall den Fehler abfangen und an die Ausgabe der BI-integrierten Planung weiterreichen ❹.

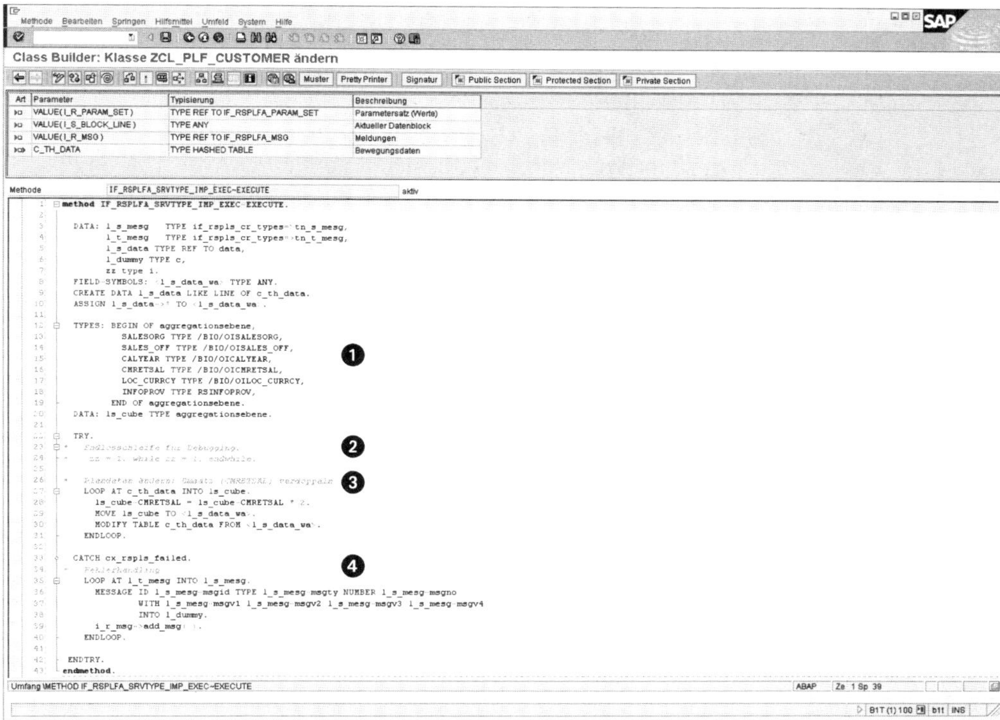

Abbildung 4.21 Code der integrierten Planungsfunktion

Im Planning Modeler in Abbildung 4.22 können Sie jetzt die neue Planungsfunktion auswählen. In unserem Beispiel erscheint sie als BI2B: EIGENE PLANUNGSFUNKTION, KENNZAHLENWERT VERDOPPELN ❶.

Wenn Sie ein ähnlich einfaches Beispiel wie dieses implementieren möchten, dann achten Sie bitte auf die korrekte Angabe der zu verändernden Merkmale sowie der Merkmale, die in Bedingungen verwendet werden (siehe Abbildung 4.23). Wenn Sie z. B. nicht alle Merkmale auswählen, dann wird auch nur die von Ihnen ausgewählte Teilmenge an Daten an die Planungsfunktion übergeben.

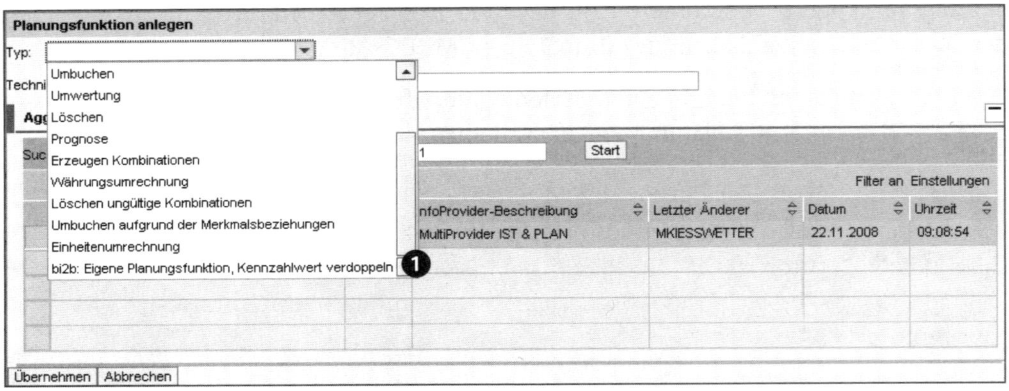

Abbildung 4.22 Nutzung der neuen Planungsfunktion im Planning Modeler

In der Planungsfunktion müssen Sie aber zu allen Merkmalen der Aggregationsebene einen validen Wert übergeben, sonst bricht der Speichervorgang ab. Für eine erste Testfunktion empfiehlt es sich deshalb, pauschal alle Merkmale als WIRD VERÄNDERT ❷ oder WIRD IN BEDINGUNGEN VERWENDET ❸ zu markieren.

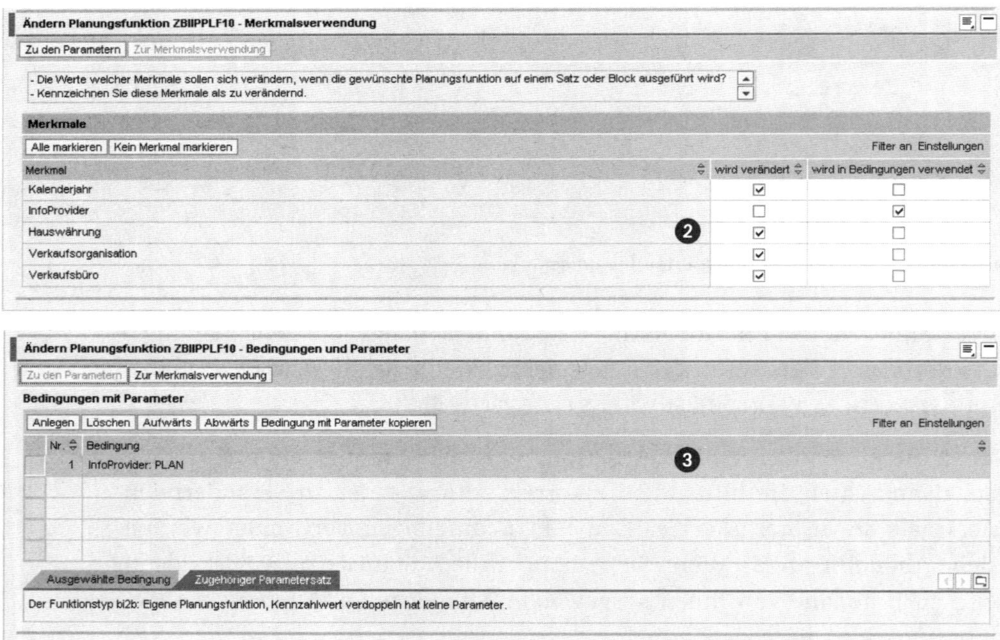

Abbildung 4.23 Einstellungen der neuen Planungsfunktion

Das Debuggen Ihrer Planungsfunktion wird Ihnen sicher ähnlich wie uns Probleme bereiten. Daher möchten wir Sie an dieser Stelle auf einen kleinen Trick aufmerksam machen, mit dem Sie jedes ABAP-Coding debuggen können.

Fügen Sie am Anfang Ihrer Planungsfunktion eine Endlosschleife ein, wie in Abbildung 4.21 gezeigt ❷. Anschließend laden Sie Ihr Web Template, auf dem Sie den Aufruf Ihrer neuen Planungsfunktion platziert haben. Für unser Beispiel können Sie diesen Vorgang in Abbildung 4.24 nachvollziehen. Durch Klick auf den Button ❶ ist die Planungsfunktion in einer Endlosschleife gefangen, d. h., Sie sehen daraufhin dauerhaft die runde Verarbeitungsanzeige von SAP ❷.

Wechseln Sie jetzt in SAP-GUI in die Transaktion SM50, markieren Sie Ihren Prozess ❸, und wählen Sie anschließend im Menü Programm/Modus • Programm • Debugging aus. Sie werden dann automatisch in diese Codezeile Ihrer Planungsfunktion verzweigen. Verändern Sie den Wert Ihrer Schleifenvariablen, und debuggen Sie Schritt für Schritt Ihre Planungsfunktion.

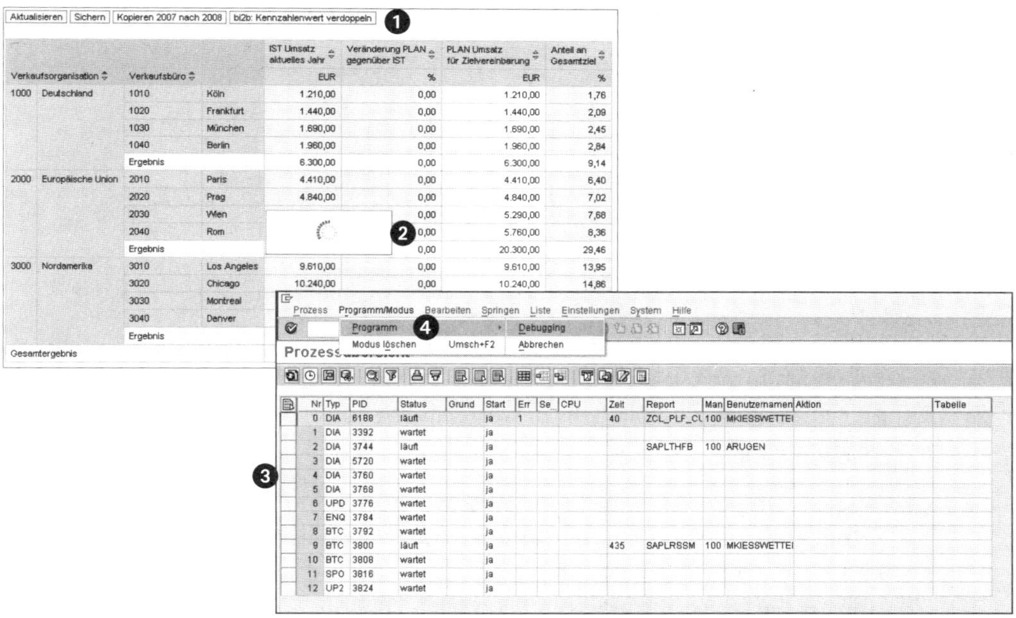

Abbildung 4.24 Debugging der neuen Planungsfunktion

In Abbildung 4.25 sehen Sie den Inhalt der in unserem Beispiel von der Planungsanwendung an die Planungsfunktion übergebenen Daten ❹ in der internen Tabelle C_TH_DATA sowie das Ergebnis der zeilenweisen Verarbeitung in der Struktur LS_CUBE nach der Verdopplung der Kennzahl »Umsatz« ❺ auf den Wert 2420.

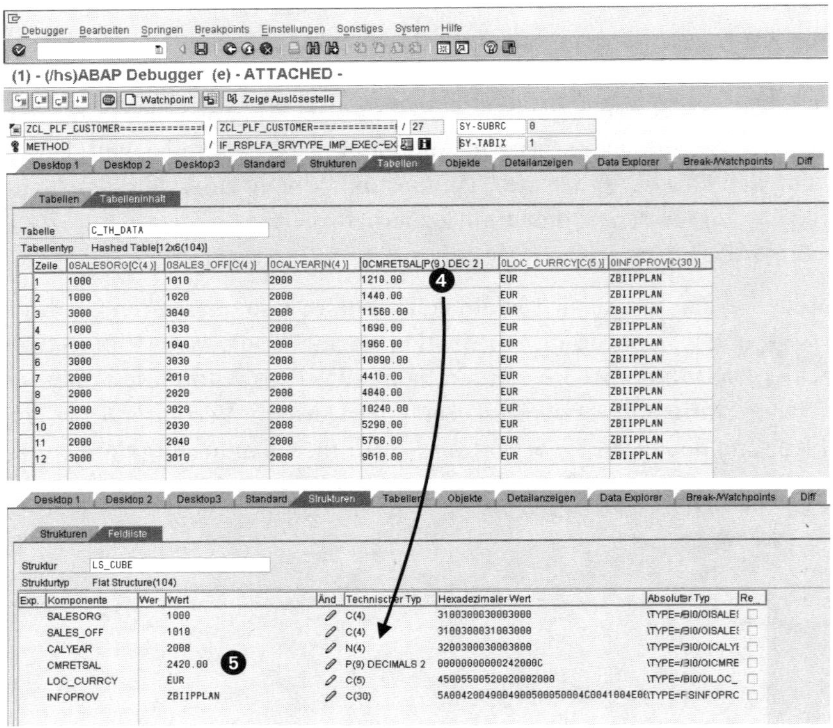

Abbildung 4.25 Arbeitsweise der neuen Planungsfunktion

Die Anwendung der neuen Planungsfunktion in unserem einfachen Beispiel sehen Sie in Abbildung 4.26. Ausgehend von den gegebenen Umsatzwerten ❶, wurden alle zwölf Umsatzwerte durch unsere neue Planungsfunktion verdoppelt ❷.

Wie bereits am Anfang dieses Abschnitts erwähnt, werden wir aus Platzgründen nicht näher auf die Parametrisierung einer Planungsfunktion eingehen. So viel nur dazu: Die Definition von Parametern für eine Planungsfunktion ist nahezu selbsterklärend. Mit dem bereits erwähnten Ansatz für das Debugging ermitteln Sie auf einfachem Weg, in welchen Datenobjekten die Parameterwerte an die Planungsfunktion übergeben werden. Bei diesen Datenobjekten handelt es sich um generische Datentypen, die eine nicht allzu komplizierte, aber ziemlich aufwendige Verarbeitung erfordern.

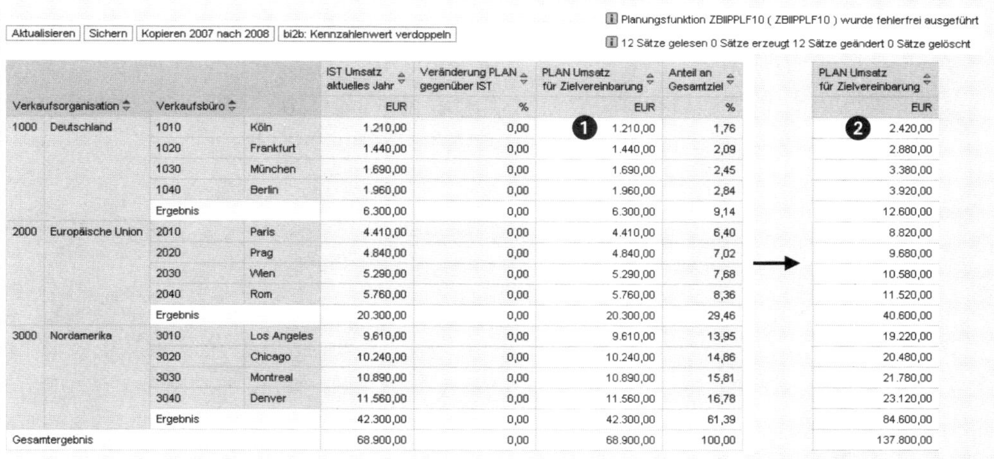

Verkaufsorganisation		Verkaufsbüro		IST Umsatz aktuelles Jahr EUR	Veränderung PLAN gegenüber IST %	PLAN Umsatz für Zielvereinbarung EUR	Anteil an Gesamtziel %	PLAN Umsatz für Zielvereinbarung EUR
1000	Deutschland	1010	Köln	1.210,00	0,00	❶ 1.210,00	1,76	❷ 2.420,00
		1020	Frankfurt	1.440,00	0,00	1.440,00	2,09	2.880,00
		1030	München	1.690,00	0,00	1.690,00	2,45	3.380,00
		1040	Berlin	1.960,00	0,00	1.960,00	2,84	3.920,00
		Ergebnis		6.300,00	0,00	6.300,00	9,14	12.600,00
2000	Europäische Union	2010	Paris	4.410,00	0,00	4.410,00	6,40	8.820,00
		2020	Prag	4.840,00	0,00	4.840,00	7,02	9.680,00
		2030	Wien	5.290,00	0,00	5.290,00	7,68	10.580,00
		2040	Rom	5.760,00	0,00	5.760,00	8,36	11.520,00
		Ergebnis		20.300,00	0,00	20.300,00	29,46	40.600,00
3000	Nordamerika	3010	Los Angeles	9.610,00	0,00	9.610,00	13,95	19.220,00
		3020	Chicago	10.240,00	0,00	10.240,00	14,86	20.480,00
		3030	Montreal	10.890,00	0,00	10.890,00	15,81	21.780,00
		3040	Denver	11.560,00	0,00	11.560,00	16,78	23.120,00
		Ergebnis		42.300,00	0,00	42.300,00	61,39	84.600,00
Gesamtergebnis				68.900,00	0,00	68.900,00	100,00	137.800,00

Abbildung 4.26 Ergebnis der integrierten Planungsfunktion

4.3 BW-BPS und BI-integrierte Planung

Für die Implementierung von Planungsanwendungen stellt Ihnen SAP NetWeaver BI zwei Planungswerkzeuge zur Verfügung:

- BW-BPS (Business Planning and Simulation)
- BI-integrierte Planung

BW-BPS, aus SEM-BPS hervorgegangen, ist seit SAP BW 3.5 fester Bestandteil des BW-Systems. BW-BPS war vor SAP NetWeaver 2004 das einzige Planungsinstrument für eine unternehmensweite Planung in SAP BI.

Mit SAP NetWeaver 7.0 wird die BI-integrierte Planung für den Bereich der Unternehmensplanung neu angeboten. Für die Umstellung von BPS auf die BI-integrierte Planung in SAP NetWeaver BI können Sie die Migrationsunterstützung von SAP nutzen. Sie können aber auch weiterhin Ihre bisher mit BW-BPS entwickelten Planungslösungen einsetzen, da beide Planungswerkzeuge in SAP NetWeaver BI parallel angewendet werden können.

Grundsätzlich ist zu empfehlen, neue Planungsanwendungen mit der BI-integrierten Planung zu verwirklichen. Wichtig im Rahmen einer IT-Strategie ist nämlich die Tatsache, dass die BI-integrierte Planung im Gegensatz zu BW-BPS eine stetige Weiterentwicklung erfährt.

BW-BPS bietet allerdings mit dem Releasestand SAP NetWeaver 2004 ein breites Spektrum von stabilen Funktionalitäten, angefangen bei der einfachen Datenerfassung bis hin zu komplexen Szenarien mit Datenextraktion, automatischer Planungsvorbereitung, der Überwachung des Planungsprozesses und der Retraktion, an (siehe Abbildung 4.27).

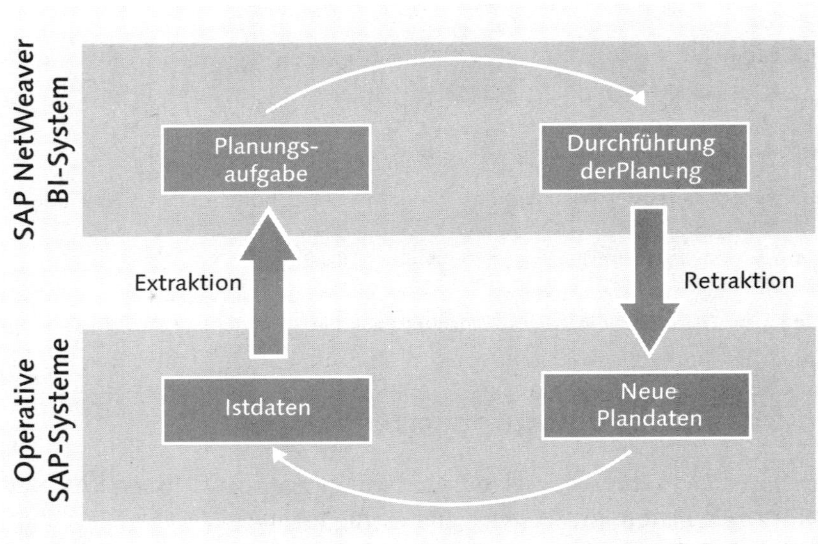

Abbildung 4.27 Integration von Planungsanwendungen in die operativen Systeme

Die Retraktoren und Extraktoren zum Austausch von Plandaten mit dem ERP-System sind in BW-BPS wesentliche Komponenten. Diese werden mit dem Business Content ausgeliefert.

Sollten Sie sich für die Migration einer Planungsanwendung entscheiden, müssen Sie die Objekte, die Sie für BW-BPS in der Planungsworkbench (Transaktion BPS0) angelegt haben, auf die neuen Objekte im Planning Modeler migrieren. Gegebenenfalls kann sogar eine komplette Neumodellierung Ihrer Planungsanwendung erforderlich werden.

In Tabelle 4.1 ist der Objektvergleich zwischen BW-BPS und der BI-integrierten Planung dargestellt.

Die Planungslayouts werden in der BI-integrierten Planung durch eingabebereite Querys ersetzt.

BW-BPS	BI-integrierte Planung
Planungsgebiet	MultiProvider, Realtime-InfoCubes
Planungsebenen	Aggregationsebenen
Planungspakete	Filter
Planungslayouts	BEx Query
Planungsmappen	Arbeitsmappen
Web Interface Builder	BEx Web Application Designer
BPS-Variablen	BI-Variablen
Merkmalsbeziehungen, Datenscheiben	Merkmalsbeziehungen, Datenscheiben

Tabelle 4.1 Objektvergleich BW-BPS und BI-integrierte Planung

Bei der Migration von BW-BPS-Objekten sind einige Einschränkungen zu beachten. So ist aufgrund der nicht unerheblichen Änderungen der zugrunde liegenden Konzepte insbesondere der Bereich der Oberflächen betroffen.

Das bedeutet im Einzelnen, dass Planungslayouts, Planungsmappen und Web Interfaces nicht migriert werden können. Daraus folgert zwangsläufig, dass mithilfe der Business-Explorer-Komponenten BEx Query Designer, BEx Web Application Designer und BEx Analyzer neue Planungsmasken geschaffen werden müssen.

Eine Migration der Objekte des Data Warehouse ist für die Migration von BW-BPS zur BI-integrierten Planung nicht notwendig. In Abbildung 4.28 sind die notwendigen Anpassungsarbeiten auf drei unterschiedlichen Ebenen der Anpassungsintensität angeordnet: der Ebene der unveränderten Nutzung ❶, der Ebene der kleinen Änderungen ❷ und der Ebene der vollständig neuen Definition ❸.

BW-BPS und die BI-integrierte Planung können im Parallelbetrieb dieselben Objekte und dieselbe Datenbasis nutzen. Eine Migration von BW-BPS zur BI-integrierten Planung sollte vor diesem Hintergrund wohlüberlegt werden.

Es gibt weitere Funktionalitäten, die sowohl von BW-BPS als auch von der BI-integrierten Planung verwendet werden. Dazu zählen das Sperrverfahren und der Einsatz von FOX-Formeln.

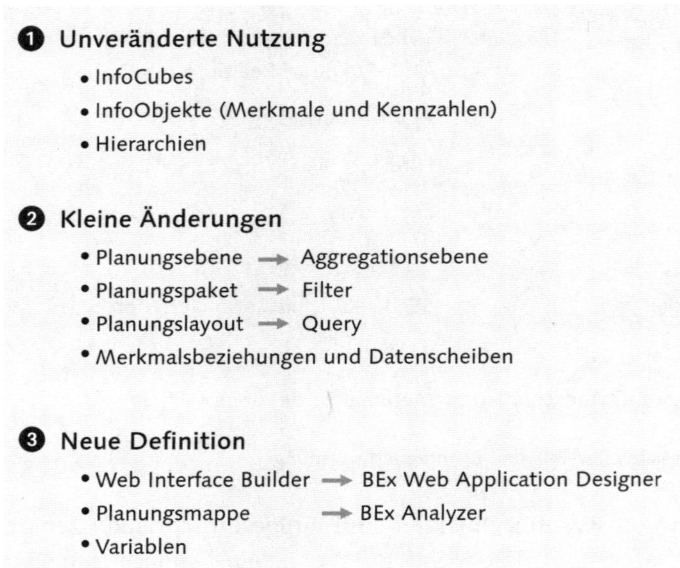

Abbildung 4.28 Aufwand der Migration von BPS zu BI-integrierter Planung

Ein Vorteil der BI-integrierten Planung gegenüber BW-BPS ist die Tatsache, dass bis zu einer funktionierenden Planungsanwendung weniger Objekte definiert und modelliert werden müssen. Das erklärt sich z. B. durch die Verwendung der gleichen Variablen bei Analyse und Planung. Ein weiterer Vorteil des Einsatzes der BI-integrierten Planung ist die Verwendung der bekannten Frontend-Tools BEx Query Designer und BEx Web Application Designer. Sie als Ersteller und eventuell auch Anwender einer Planungsanwendung sind bereits im Umgang mit diesen Werkzeugen geübt und an das daraus resultierende Aussehen der Oberflächen gewöhnt.

Für weitere Informationen zum Thema Migration von BW-BPS zur BI-integrierten Planung verweisen wir hier auf die Informationen von SAP unter *help.sap.com*.

BW-BPS und die BI-integrierte Planung können Sie bei Nutzung einer gemeinsamen Datenbasis in einem BW-System parallel betreiben. Zusätzlich ist BW-BPS um einige Funktionalitäten erweitert worden. So können in BW-BPS z. B. die Formelerweiterungen der BI-integrierten Planung verwendet werden. Außerdem ist für BW-BPS die Funktionalität des STS (Status- und Trackingsystem) erweitert worden, um die über die BI-integrierte Planung zugänglichen Daten zu schützen.

Das Status- und Trackingsystem (STS) bietet Ihnen Unterstützung bei der Kontrolle Ihrer Planungsaufgaben und steht Ihnen als webbasierte Anwendung zur Verfügung. Das STS müssen Sie vorher über die Customizing-Transaktion BPS_TC im BW-System einrichten (siehe Abbildung 4.29).

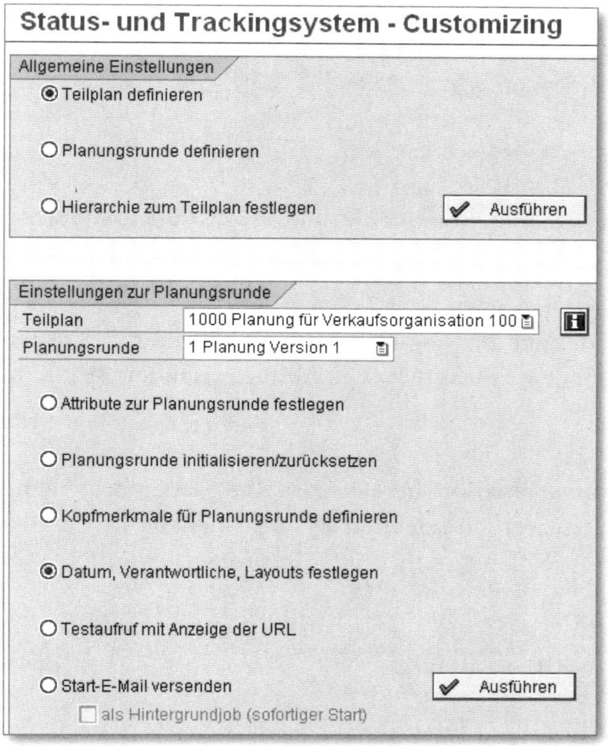

Abbildung 4.29 Transaktion BPS_TC

Sie haben nun grundsätzlich die Möglichkeit, Planungssequenzen aus BW-BPS und aus der BI-integrierten Planung hinzuzufügen.

4.4 Retraktion

Mit dem Verfahren der Retraktion können Plandaten, die in BW-BPS erfasst wurden, zurück zum SAP ERP-System übertragen und in der jeweiligen Anwendung verbucht werden. SAP liefert für BW-BPS im Business Content Retraktoren für die einzelnen SAP ERP-Anwendungsgebiete aus (siehe Tabelle 4.2).

Planungsanwendung	SAP ERP-Komponente
Ergebnisplanung	CO-PA (Ergebnisrechnung)
Haushaltsmanagement	IS-PS (Public Sector)
Kostenstellenplanung	CO-OM-CCA (Gemeinkostencontrolling)
Investitionsplanung	IM (Investitionsmanagement)
Projektplanung	PS (Projektsystem)

Tabelle 4.2 Retraktoren für Planungsanwendungen

Grundsätzlich lassen sich die Retraktoren aufgrund der Art der Datenübertragung in zwei verschiedene Methoden einteilen (siehe Abbildung 4.30):

- **Pull-Methode**
  Die Initiierung der Datenübertragung ❶ erfolgt in SAP ERP, die Daten werden aus BW-BPS über eine entsprechende Abfrage selektiert ❷ und in SAP ERP gebucht ❸.
- **Push-Methode**
  Aus der BW-BPS-Planungsfunktion heraus wird die Datenübertragung angestoßen ❹; die Daten werden selektiert ❺, anschließend in BW-BPS verarbeitet ❻ und unter Nutzung von BAPIs (Business Application Programming Interface) in SAP ERP gebucht ❼.

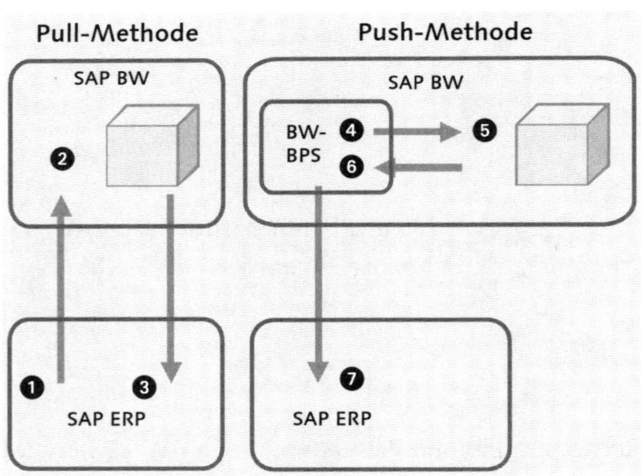

Abbildung 4.30 Übersicht über die Retraktionsmethoden

Mit der Retraktion schließt sich unser Planungszyklus, angefangen bei der Extraktion von Daten aus den Quellsystemen über die Verarbeitung dieser

Daten in Planungsanwendungen bis zur Retraktion der geplanten Daten in die Quellsysteme. Am Beispiel der Retraktion von Daten in die SAP ERP-Ergebnisrechnung (CO-PA) wird die Anwendung der Retraktion nachfolgend dargestellt:

- In SAP BW wird mit dem BEx Query Designer eine Query angelegt. In den Eigenschaften der Query muss das Kennzeichen OLE DB FOR OLAP gesetzt sein.
- In SAP ERP sind mit der Transaktion KELC die Feldzuordnungen zu pflegen. Den SAP BW-InfoObjects werden in dieser Transaktion die CO-PA-Felder für die Retraktion zugeordnet (siehe Abbildung 4.31).

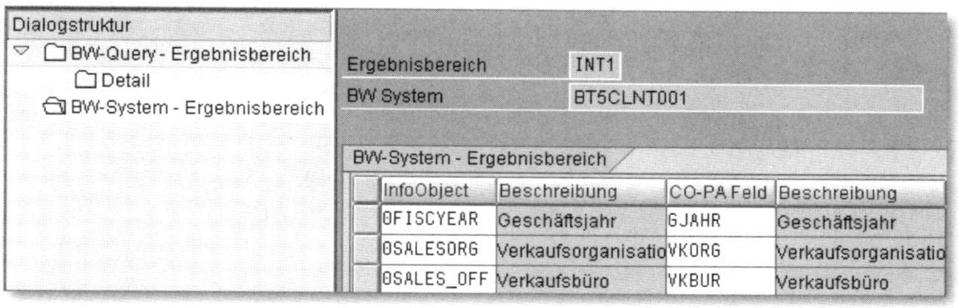

Abbildung 4.31 Transaktion KELC

- Die Datenübertragung von SAP NetWeaver BI zu SAP ERP wird mit der Transaktion KELR verwaltet (siehe Abbildung 4.32). Dazu werden das BW-System und die BW-Query ausgewählt ❶.

Für die BI-integrierte Planung werden nach derzeitigem Stand keine neuen Retraktoren im Business Content ausgeliefert. Weiterhin einsetzbar sind die in BW-BPS verwendeten Retraktoren. Allerdings sind von diesen Retraktoren nur diejenigen in der BI-integrierten Planung verwendbar, die mit der Pull-Methode arbeiten. Der Einsatz der anderen zur Verfügung stehenden Retraktoren ist an den Einsatz von BW-BPS gekoppelt.

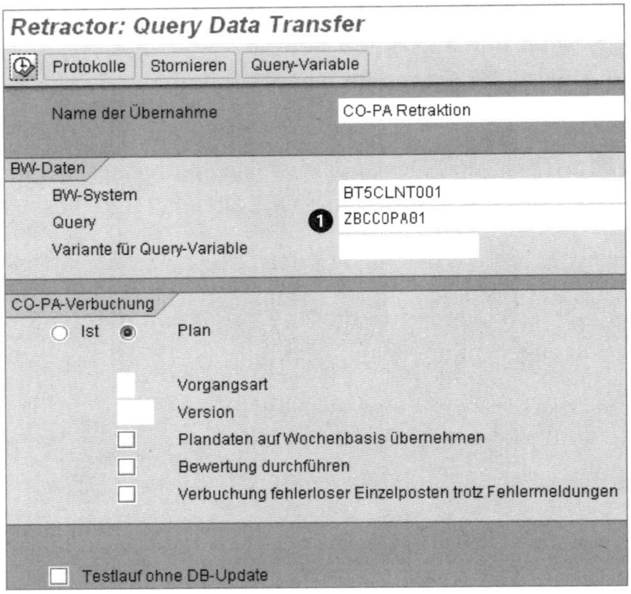

Abbildung 4.32 Transaktion KELR

4.5 Neue Möglichkeiten für Planungsanwendungen

In diesem Abschnitt wollen wir Ihnen eine alternative Möglichkeit vorstellen, eine Planungsanwendung auf Basis von SAP NetWeaver BI zu erstellen. Wir wollen Ihnen die Ideen, die benötigten Werkzeuge und die Ansätze für diese Umsetzung vermitteln. Dabei benutzen wir nicht die Ihnen bekannten Planungsinstrumente BW-BPS und BI-integrierte Planung. Wie Sie im Verlauf dieses Abschnitts noch sehen werden, nutzen wir für die Erstellung einer BI-integrierten Planung fast ausschließlich Standardfunktionalitäten von SAP NetWeaver BI und erreichen damit ein für uns wesentliches Ziel: eine stabile und releasesichere Planungsanwendung.

Bevor wir detailliert auf diese alternative Möglichkeit eingehen, wollen wir vorab die Frage untersuchen, mit welchen Technologien und Planungsinstrumenten Unternehmen heutzutage eine integrierte Unternehmensplanung durchführen.

Das Institut für Business Intelligence der Steinbeis-Hochschule in Berlin hat in einer empirischen Studie Ende 2004 zum Themenkomplex *Integrierte Unternehmensplanung* u. a. Folgendes festgestellt:

- Circa 60 % aller Planungsanwendungen für eine integrierte Unternehmensplanung laufen auf Microsoft Excel.
- Circa 20 % der eingesetzten Planungsanwendungen wurden individuell erstellt.
- Circa 20 % der eingesetzten Planungsanwendungen wurden mit Softwareprodukten namhafter Hersteller (u. a. SAP) implementiert.

Sie werden sich fragen, warum nur ein kleiner Teil der Unternehmen existierende Produkte einsetzt und ein großer Teil die Planung nach wie vor mit Microsoft Excel durchführt. Die Antwort darauf begründet sich aus den höchst unterschiedlichen Anforderungen an eine Unternehmensplanung. Mit Microsoft Excel oder einer vollkommen individuell entwickelten Planungsanwendung sind Sie in der Lage, einen Großteil Ihrer spezifischen Anforderungen umzusetzen.

Bei bestehenden Softwareprodukten waren in der Vergangenheit genau diese Anforderungen einer Planungsaufgabe nicht immer zufriedenstellend umsetzbar. Bereits die Bereitstellung von Instrumenten für eine verallgemeinerte Umsetzung von Berichtsanforderungen benötigte viele Jahre, um den heutigen Reifegrad in Form eines OLAP-Processings mit Berichtswerkzeugen wie den BEx Reporting-Werkzeugen zu erreichen. Mit der BI-integrierten Planung hat SAP zwar einen großen Schritt in Richtung *allgemeines Planungswerkzeug* getan, jedoch sind Sie als Anwender z. B. an das Layout und die Gestaltung der Oberflächen mit den BEx Tools gebunden (Web- oder Excel-Darstellung).

4.5.1 Konzeption einer alternativen Modellierung

Nachfolgend werden wir Ihnen eine Konzeption für Planungsanwendungen und deren Umsetzung auf Basis von SAP NetWeaver BI vorstellen. Mit dieser Konzeption können Sie beliebige Oberflächen wie Microsoft Excel, Java, Microsoft .Net, Adobe Flex etc. zur vollständig freien Gestaltung Ihrer Planungsanwendung nutzen.

In Abbildung 4.33 ist diese Konzeption schematisch dargestellt. Unsere Datenbasis besteht aus einem InfoCube ❶ mit den Istdaten und einem DSO ❷ mit den Plandaten. Diese beiden InfoProvider sind über einen MultiProvider ❸ verbunden. Mit den BEx Reporting-Tools können Sie wie gewohnt für Ihr Reporting Querys ❹ erstellen und diese den Anwendern bereitstellen.

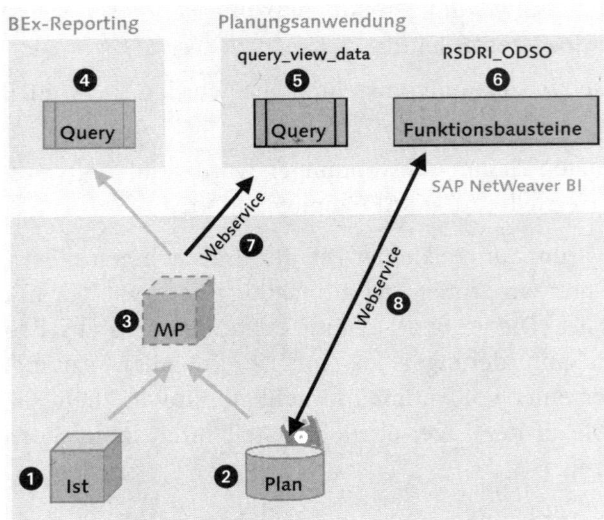

Abbildung 4.33 Konzeption einer alternativen Modellierung für eine Planungsanwendung

Wie kann aber jetzt eine Planungsanwendung die Ist- und Plandaten lesen, und wie können Eingaben von Anwendern wieder zurückgeschrieben werden?

Der Einsatz eines DSO anstatt eines realtime-fähigen InfoCubes ermöglicht uns die Anwendung bereits im Standard verfügbaren Funktionsbausteine von SAP zum Lesen, Einfügen, Ändern und Löschen ❻ von Datensätzen in DSO-Objekten. Zusätzlich können wir für die Anzeige von Daten in unserer Planungsanwendung den ebenfalls im Standard existierenden Funktionsbaustein QUERY_VIEW_DATA ❺ zur Anzeige von Daten einer Query nutzen. Mit dem Einsatz dieses Funktionsbausteins erzielen wir einen sehr angenehmen Nebeneffekt: Der an unserer Planungsanwendung angemeldete Anwender bekommt über die Berechtigungsprüfung der Query nur die Daten zurück, für die er auch autorisiert ist.

Bis jetzt haben wir nur Standardfunktionalitäten von SAP NetWeaver BI für unsere Planungsanwendung genutzt. Es gibt jedoch auch einen Nachteil des Einsatzes der hier beschriebenen Konzeption. Sie müssen einen Sperrmechanismus, der das gleichzeitige Verändern von Datensätzen unterbindet, eigenständig implementieren. Ein effizienter Sperrmechanismus kann jedoch einfach mit der folgenden Logik implementiert werden: In dem DSO mit den Plandaten wird ein zusätzliches InfoObject integriert, das die Kennzeichnung eines Anwenders aufnehmen kann. Dieses Feld hat im nicht gesperrten

Zustand eines Datensatzes den Wert 0. Wenn ein Anwender Daten in seiner Planungsanwendung für eine Änderung markiert, dann wird vor der Möglichkeit, diese Daten ändern zu können, mit einem einfachen SELECT MAX (markierte Datensätze für Sperre) geprüft, ob diese Datensätze bereits gesperrt sind oder durch den aktuellen Anwender gesperrt werden können.

4.5.2 Kommunikation mit Webservices

Die Kommunikation zwischen der Planungsanwendung und SAP NetWeaver BI in Abbildung 4.33 erfolgt über die Technologie Webservice zum Auslesen einer Query ❼ und zum Lesen/Schreiben von Plandaten bzw. von Sperren ❽ zurück in das DSO.

In Abbildung 4.34 ist noch einmal die grundlegende Funktionsweise eines Webservice erläutert. Ein Serviceanbieter stellt eine Funktionalität wie z. B. das Löschen von Datensätzen aus einem DSO als Webservice für den externen Zugriff bereit. Damit Sie als Anwender diesen Service suchen und finden können ❷, werden zunehmend Serviceverzeichnisse ❶ angelegt, in denen Sie alle Informationen zu einem Webservice finden können. Die Aufruf- und Ergebnisparameter eines Webservice werden Ihnen über eine in XML abgelegte Information – die sogenannte WSDL (Web Service Definition Language) – übermittelt. In Ihrer Rolle als Servicekonsument können Sie jetzt einen Webservice in Ihre Planungsanwendung integrieren.

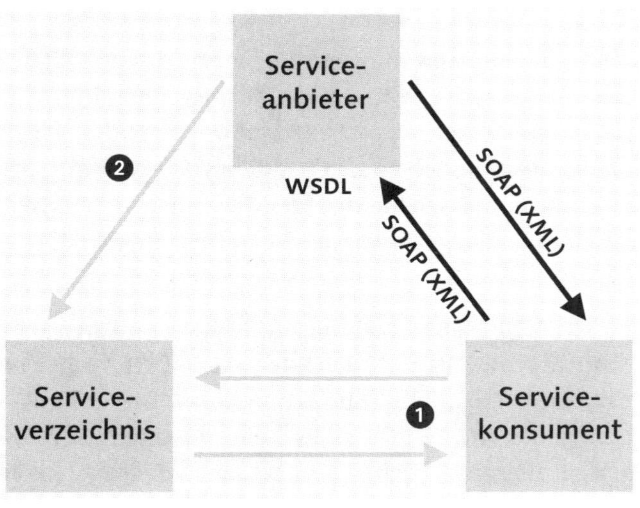

Abbildung 4.34 Nutzung von Webservices in einer SOA-Architektur

4.5.3 SAP-Standard-Funktionsbausteine

Die für unsere Planungsanwendung wichtigen Funktionsbausteine zum Lesen, Ändern, Schreiben und Löschen von Datensätzen in einem DSO werden Ihnen von SAP in der Funktionsgruppe RSDRI_ODSO bereitgestellt (Transaktion SE80). In Abbildung 4.35 sind die Funktionsbausteine ❷ der Funktionsgruppe RSDRI_ODSO ❶ abgebildet.

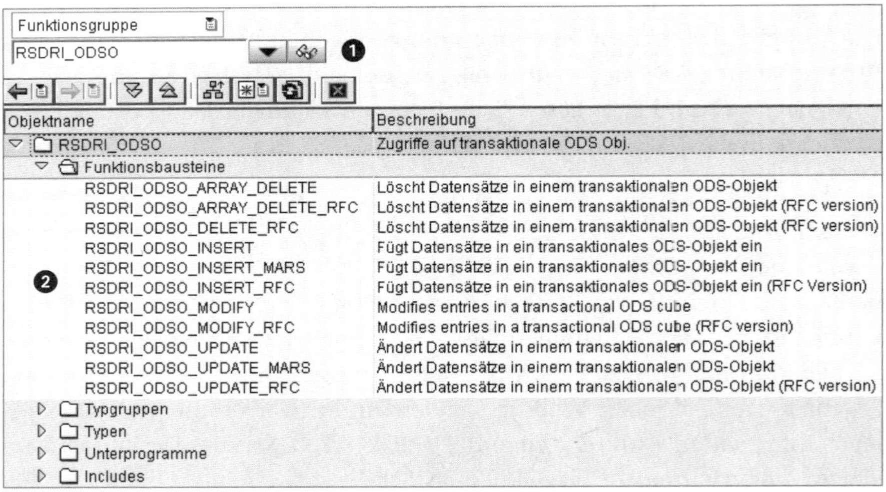

Abbildung 4.35 Funktionsbausteine der Funktionsgruppe RSDRI_ODSO

Wie Sie in Abbildung 4.35 sehen, sind die verschiedenen Funktionalitäten mehrfach implementiert. Der Zusatz xxx_RFC kennzeichnet einen RFC-fähigen Funktionsbaustein, und der Zusatz xxx_MARS kennzeichnet die gleiche Funktionalität nur ohne die Prüfung, ob es sich bei dem DSO um ein transaktionales DSO handelt, also ein DSO für direktes Schreiben. Für unsere Zwecke – die Erstellung einer Planungsanwendung – können Sie jede Implementierung nutzen.

In der Funktionsgruppe RRW3 ❸ (siehe Abbildung 4.36) gibt es im SAP-Standard den Funktionsbaustein RRW3_GET_QUERY_VIEW_DATA ❹ zur Anzeige der Daten einer Query (ebenfalls Transaktion SE80). Dieser Funktionsbaustein liefert Ihnen die Daten einer Query in mehreren internen Tabellen. Die beiden wichtigsten internen Tabellen beinhalten einerseits die konkreten Merkmalsausprägungen (AxisData) und andererseits die Werte der Kennzahlen (CellData) zu genau diesen Merkmalsausprägungen.

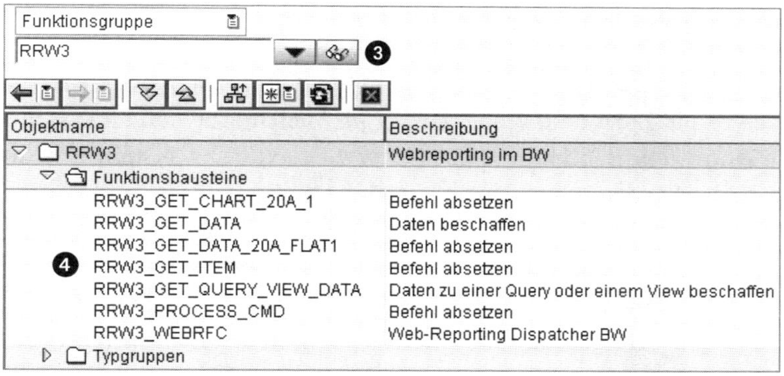

Abbildung 4.36 Funktionsbausteine der Funktionsgruppe RRW3

In Tabelle 4.3 finden Sie eine übersichtliche Auflistung aller für eine Planungsanwendung benötigten Funktionsbausteine. Die mit einem (X) gekennzeichneten Funktionsbausteine decken dabei alle für unsere Planungsanwendung benötigten Funktionalitäten ab.

Kategorie	Funktionsbausteine
Insert	RSDRI_ODSO_INSERT RSDRI_ODSO_INSERT_RFC Einfügen von neuen Datensätzen (neuer Key in DSO)
Modify (X)	RSDRI_ODSO_MODIFY RSDRI_ODSO_MODIFY_RFC Einfügen von neuen Datensätzen (neuer Key in DSO) und Ändern bestehender Datensätze (Key existiert bereits in DSO)
Update	RSDRI_ODSO_UPDATE RSDRI_ODSO_UPDATE_RFC Ändern bestehender Datensätze (Key existiert bereits in DSO)
Delete (X)	RSDRI_ODSO_DELETE_RFC Löschen bestehender Datensätze (alle Datensätze oder Angabe von Selektionen bezüglich der Keys)
Read	BAPI_ODSO_READ_DATA_UC Lesen von Daten aus einem DSO (für alle Arten eines DSO)
Query (X)	QUERY_VIEW_DATA Lesen von Daten aus einer Query (ausführliche Beschreibung in der SAP-Hilfe unter *help.sap.com*, nach *Web Service for Accessing Query Data* suchen)

Tabelle 4.3 Funktionsbausteine für eine alternative Planungsanwendung

Wenn Sie einen dieser Funktionsbausteine als Webservice freigeben möchten, dann achten Sie bitte darauf, dass ein Webservice nur Werte *byValue* und nicht *byReference* übergeben kann. Eine Wertübergabe *byReference* ist nichts anderes als ein Zeiger auf eine Struktur im Speicher desselben Systems A. Auf diese Informationen kann aber ein zweites externes System B nicht zugreifen, d. h., ein Webservice wäre nicht vollständig definiert und könnte nicht korrekt parametrisiert und ausgeführt werden. Deswegen müssen wir darauf achten, dass ein Funktionsbaustein nur dann direkt als Webservice freigegeben wird, wenn die Parametrisierung durch Import-, Export- oder Changing-Parameter erfolgt. Eine Parametrisierung über einen Verweis auf Tabellen kann nicht funktionieren.

Der Funktionsbaustein RRW3_GET_QUERY_VIEW_DATA zum Auslesen von Querys ist RFC-fähig und kann z. B. direkt als Webservice freigegeben werden. Dagegen kann der Funktionsbaustein RSDRI_ODSO_DELETE_RFC nicht direkt als Webservice freigegeben werden, da er einen Tabellenverweis in der Parameterübergabe enthält. In diesem Fall müssen wir um diesen Funktionsbaustein eine Hülle in Form eines neuen Funktionsbausteins legen, der die für einen Webservice korrekte Form der Parameterübergabe unterstützt.

Dieser Vorgang ist in Abbildung 4.37 dargestellt. Wir haben nur eine andere Form der Parameterübergabe bei den Import- ❶ und Export-Parametern ❷ gewählt und rufen damit den Standard-Funktionsbaustein RSDRI_ODSO_DELETE_RFC auf ❸.

Anschließend können wir diesen neuen Funktionsbaustein in der Transaktion SE80 im Kontextmenü mit der rechten Maustaste (siehe Abbildung 4.38) als Webservice ❹ anlegen.

Nachdem der Webservice erzeugt worden ist, können wir ihn testen. Dazu wechseln wir in die Transaktion WSADMIN (siehe Abbildung 4.39), wählen den von uns erzeugten Webservice aus und können per Klick auf das Icon ❺ die WSDL-Definition unseres Webservice kontrollieren oder diesen Webservice mit einem Klick auf das Icon ❻ testen.

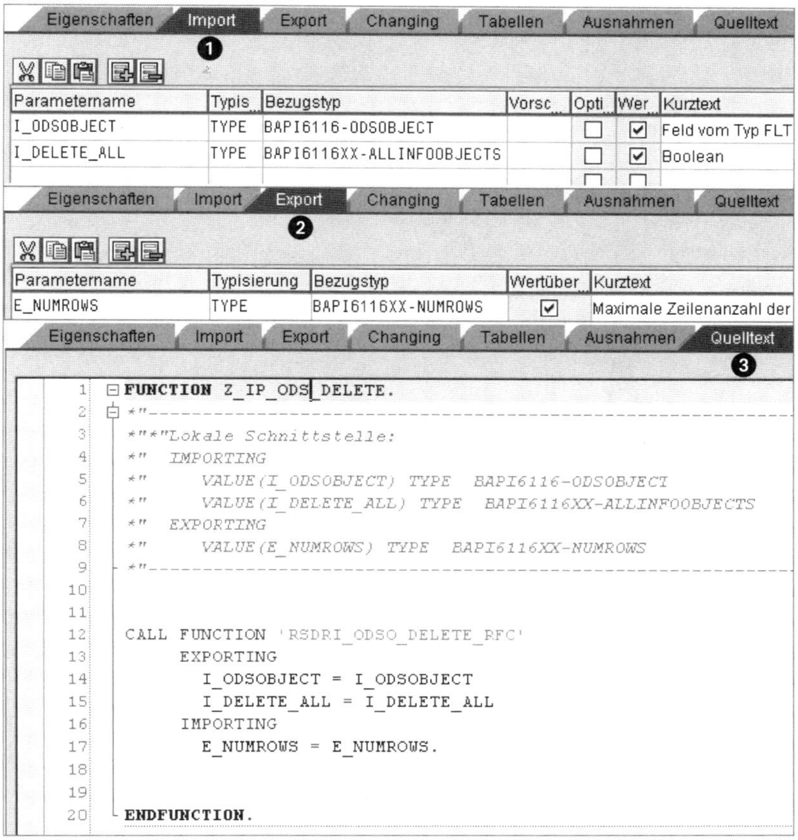

Abbildung 4.37 Kapselung der Funktionsbausteine

Abbildung 4.38 Freigeben eines Funktionsbausteins als Webservice

Abbildung 4.39 Verwaltung von Webservices

Zum Test unseres Webservice wird von SAP NetWeaver BI eine Testseite aufgebaut. In Abbildung 4.40 sehen Sie das Ergebnis der Ausführung unseres Webservice zum Löschen von Daten in einem DSO.

Nach der Eingabe des DSO-Namens und des Flags ❼, dass alle Datensätze gelöscht werden sollen, sehen Sie im rechten Bereich von Abbildung 4.40 das Ergebnis des Aufrufs unseres Webservice ❽. Die Null kennzeichnet die erfolgreiche Ausführung.

Abbildung 4.40 Testen eines Webservice

In Abbildung 4.41 haben wir unseren neuen Webservice zum Löschen von Plandaten im DSO auf unser Anschauungsbeispiel aus Kapitel 2, »Praxisbeispiel einer Planung«, angewendet. Dieses Beispiel haben wir analog mit einem DSO-Objekt anstatt mit einem realtime-fähigen Infocube modelliert. In Abbildung 4.41 können Sie sehen, wie die Ist- und Plandaten ❶ in einer Query angezeigt werden. Nach der Ausführung unseres Webservice zum Löschen der Plandaten zeigt die gleiche Query natürlich keine Plandaten ❷ mehr an.

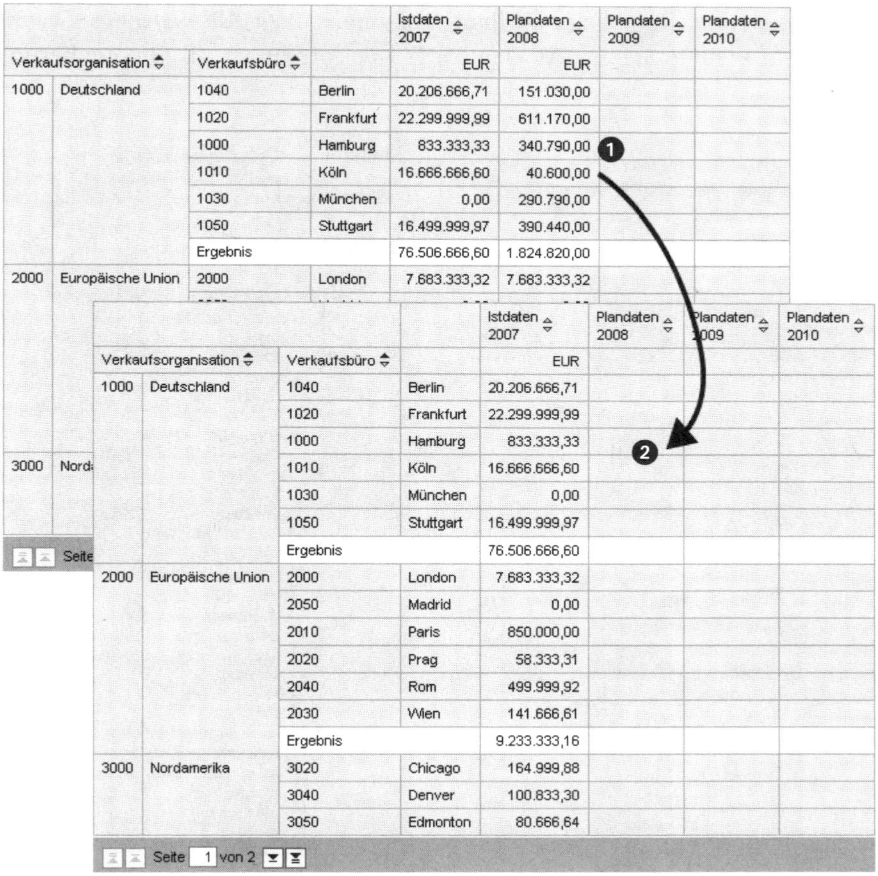

				Istdaten 2007	Plandaten 2008	Plandaten 2009	Plandaten 2010
Verkaufsorganisation		Verkaufsbüro		EUR	EUR		
1000	Deutschland	1040	Berlin	20.206.666,71	151.030,00		
		1020	Frankfurt	22.299.999,99	611.170,00		
		1000	Hamburg	833.333,33	340.790,00 ❶		
		1010	Köln	16.666.666,60	40.600,00		
		1030	München	0,00	290.790,00		
		1050	Stuttgart	16.499.999,97	390.440,00		
		Ergebnis		76.506.666,60	1.824.820,00		
2000	Europäische Union	2000	London	7.683.333,32	7.683.333,32		
3000	Nord						

				Istdaten 2007	Plandaten 2008	Plandaten 2009	Plandaten 2010
Verkaufsorganisation		Verkaufsbüro		EUR			
1000	Deutschland	1040	Berlin	20.206.666,71			
		1020	Frankfurt	22.299.999,99			
		1000	Hamburg	833.333,33	❷		
		1010	Köln	16.666.666,60			
		1030	München	0,00			
		1050	Stuttgart	16.499.999,97			
		Ergebnis		76.506.666,60			
2000	Europäische Union	2000	London	7.683.333,32			
		2050	Madrid	0,00			
		2010	Paris	850.000,00			
		2020	Prag	58.333,31			
		2040	Rom	499.999,92			
		2030	Wien	141.666,61			
		Ergebnis		9.233.333,16			
3000	Nordamerika	3020	Chicago	164.999,88			
		3040	Denver	100.833,30			
		3050	Edmonton	80.666,64			

Abbildung 4.41 Ergebnis unseres Webservice zum Löschen von Plandaten

Um unsere Planungsanwendung vollständig betreiben zu können, fehlt uns noch die Einbindung des Webservice QUERY_VIEW_DATA, mit dem die Daten einer Query ausgelesen und in einem beliebigen Oberflächen-Frontend dargestellt werden können. Die Nutzung dieses Funktionsbausteins gestaltet sich oft schwierig in der Anwendung, da die Dokumentation zu den

Parametern und der Art und Weise, wie Variablenwerte übergeben werden müssen, nicht einfach zu finden ist.

In Abbildung 4.42 sind diese beiden Stellen in der SAP-Hilfe abgebildet. Im linken Bereich der Abbildung finden Sie die Definition der Ergebnistabellen ❶, im rechten Bereich der Abbildung ist die Stelle markiert, an der die Übergabe von Variablenwerten ❷ beschrieben ist.

Die umfangreichste Hilfe mit der Beschreibung der Übergabe von Filter- und Variablenwerten finden Sie in dem Dokument *Web API Referenz*. Dieses Dokument können Sie im SAP Developer Network unter *sdn.sap.com* herunterladen.

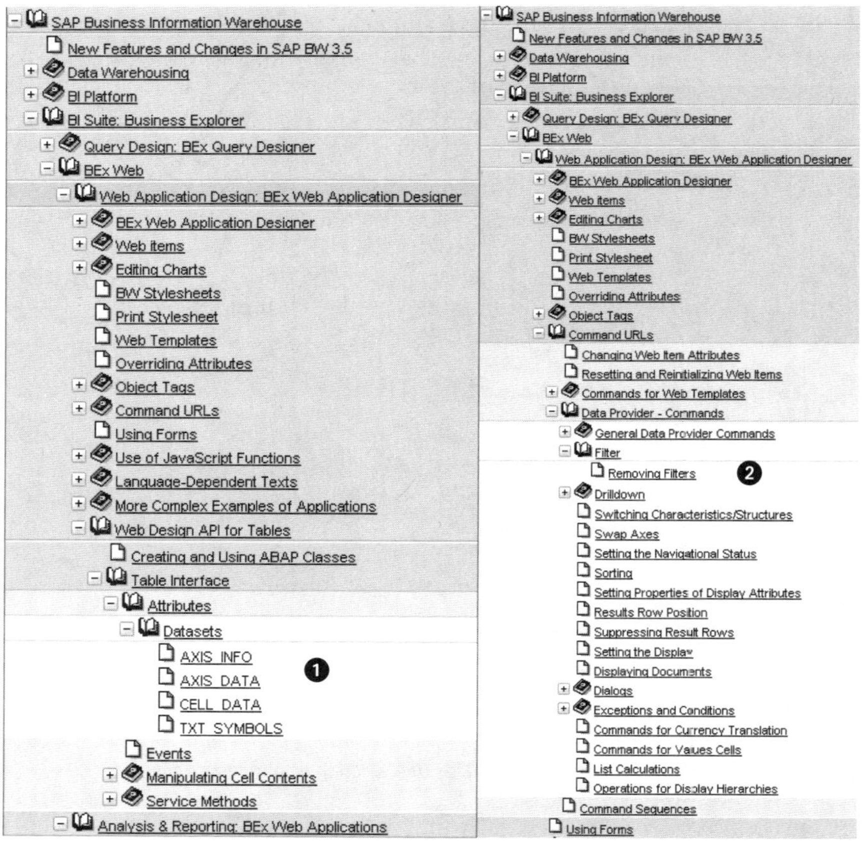

Abbildung 4.42 SAP-Hilfe zu den Ergebnistabellen und zur Variablenübergabe

Die Variablen- und Filterwerte werden immer in dem Schema *Name/Value* an eine Query übergeben. Zuerst übergeben Sie den Namen der Variablen bzw. des Filters, dann übergeben Sie die Einschränkungen für diese Variable bzw. den Filter.

Nachfolgend übergeben wir die Variable »Jahr« mit dem Wert »2007«. Die Textbausteine VAR_NAME_1 und VAR_VALUE_EXT_1 sind bei der Übergabe der ersten Variablen fest vorgegeben. Bei der zweiten Variablen ändern sich diese Textbausteine in VAR_NAME_2 und VAR_VALUE_EXT_2 etc.

```
Name = VAR_NAME_1
Value = JAHR
Name = VAR_VALUE_EXT_1
Value = 2007
```

Der Textbaustein VAR_VALUE_EXT_x kennzeichnet, dass die Angabe des jeweiligen Wertes im externen Ausgabeformat zu erfolgen hat. Der kombinierte Wert aus Jahr und Monat wird z. B. nicht mit der Angabe 200710, sondern als Wert 10.2007 übergeben.

In Abbildung 4.43 ist der Aufruf des Webservice QUERY_VIEW_DATA aus VB.Net dargestellt. Die verschiedenen Programmblöcke mit der Übergabe eines Wertes für drei verschiedene Variablen sind gut zu erkennen.

Mit den hier gelieferten Hinweisen sollten Sie in der Lage sein, mit dem Webservice QUERY_VIEW_DATA Daten auszulesen und zu verarbeiten.

```
ReDim W3(5)
W3(0) = New org.dyndns.nw2004s32.W3query
W3(1) = New org.dyndns.nw2004s32.W3query
W3(2) = New org.dyndns.nw2004s32.W3query
W3(3) = New org.dyndns.nw2004s32.W3query
W3(4) = New org.dyndns.nw2004s32.W3query
W3(5) = New org.dyndns.nw2004s32.W3query

W3(0).Name = "VAR_NAME_1"
W3(0).Value = "NKF_FY"
W3(1).Name = "VAR_VALUE_EXT_1"
W3(1).Value = Trim(sHaushaltsjahr)

W3(2).Name = "VAR_NAME_2"
W3(2).Value = "NKF_VERS_7"
W3(3).Name = "VAR_VALUE_EXT_2"
W3(3).Value = Trim(sPlanversion)

W3(4).Name = "VAR_NAME_3"
W3(4).Value = "NKF_PCHK_7"
W3(5).Name = "VAR_VALUE_EXT_3"
W3(5).Value = "K100/" & Trim(drZeile("PROFIT_CTR"))

AxisData = oWebService.GetQueryViewData(Trim(drZeile("INFO_PROVIDER")),
    W3, Trim(drZeile("BW_QUERY")), "", AxisInfo, CellData, TextSymbols)
```

Abbildung 4.43 Aufruf QUERY_VIEW_DATA mit VB.NET

4.5.4 Freie Wahl der Oberfläche

Wir werden Ihnen nachfolgend anhand zweier Frontend-Oberflächen, Microsoft Excel und Adobe Flex, die Integration einer Planungsanwendung mit SAP NetWeaver BI vorstellen.

Wir beginnen mit Microsoft Excel als Oberfläche für unsere Planungsanwendung. In unserem Beispiel haben wir mit dem BEx Analyzer eine Arbeitsmappe erstellt, in der eine Query die Ist- und Plandaten anzeigt. Diese Arbeitsmappe ist in Abbildung 4.44 dargestellt. Im oberen Bereich ❶ sehen Sie die vom BEx Analyzer erzeugten Buttons. Im unteren Bereich, unterhalb der Query, haben wir drei neue Buttons ❷ platziert. Diese Buttons haben wir mit der in Excel verfügbaren Programmiersprache Visual Basic für Applikationen (kurz VBA) programmiert.

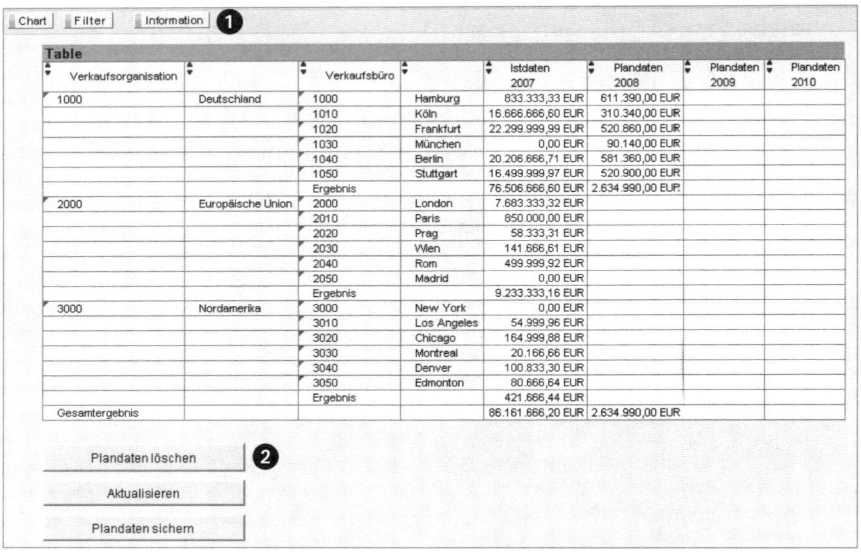

Verkaufsorganisation		Verkaufsbüro		Istdaten 2007	Plandaten 2008	Plandaten 2009	Plandaten 2010
1000	Deutschland	1000	Hamburg	833.333,33 EUR	611.390,00 EUR		
		1010	Köln	16.666.666,60 EUR	310.340,00 EUR		
		1020	Frankfurt	22.299.999,99 EUR	520.860,00 EUR		
		1030	München	0,00 EUR	90.140,00 EUR		
		1040	Berlin	20.206.666,71 EUR	581.360,00 EUR		
		1050	Stuttgart	16.499.999,97 EUR	520.900,00 EUR		
		Ergebnis		76.506.666,60 EUR	2.634.990,00 EUR		
2000	Europäische Union	2000	London	7.683.333,32 EUR			
		2010	Paris	850.000,00 EUR			
		2020	Prag	58.333,31 EUR			
		2030	Wien	141.666,61 EUR			
		2040	Rom	499.999,92 EUR			
		2050	Madrid	0,00 EUR			
		Ergebnis		9.233.333,16 EUR			
3000	Nordamerika	3000	New York	0,00 EUR			
		3010	Los Angeles	54.999,96 EUR			
		3020	Chicago	164.999,88 EUR			
		3030	Montreal	20.166,66 EUR			
		3040	Denver	100.833,30 EUR			
		3050	Edmonton	80.666,64 EUR			
		Ergebnis		421.666,44 EUR			
Gesamtergebnis				86.161.666,20 EUR	2.634.990,00 EUR		

Abbildung 4.44 Planungsanwendung in einem BEx Workbook

Was müssen Sie tun, um unseren Webservice in Microsoft Excel zum Löschen von Daten in einem DSO ansprechen zu können? Sie müssen das *Microsoft Office XP Web Services Toolkit* installieren, das Sie kostenfrei bei Microsoft (*www.microsoft.de*) herunterladen können.

Um einen Webservice in Ihrer Excel-Arbeitsmappe ansprechen zu können, wechseln Sie bitte in den Visual Basic-Editor von Excel. Sie müssen dazu die Iconleiste Visual Basic aktivieren und dort das Icon Visual Basic-Editor anklicken.

Nur wenn Sie sich im Visual Basic-Editor befinden, können Sie im Menü unter Extras den Menüeintrag Webdienstverweise auswählen. Diesen Menüeintrag ❶ sehen Sie in Abbildung 4.45 dargestellt. Anschließend öffnet sich ein Dialogfenster, in das Sie unter ❷ die URL zu Ihrer WSDL-Information hineinkopieren. Jetzt erscheint im rechten Bereich unter ❸ Ihr Webservice mit den im Webservice enthaltenen Methoden. Markieren Sie mit einem Häkchen den Webservice, den Sie in Excel integrieren möchten, und klicken Sie abschließend auf den Button Hinzufügen ❹.

Das Fenster zur Spezifikation des einzubindenden Webservice wird geschlossen, und Microsoft Excel hat somit ein neues Klassenmodul ❺ mit allen Angaben zu Ihrem Webservice erzeugt.

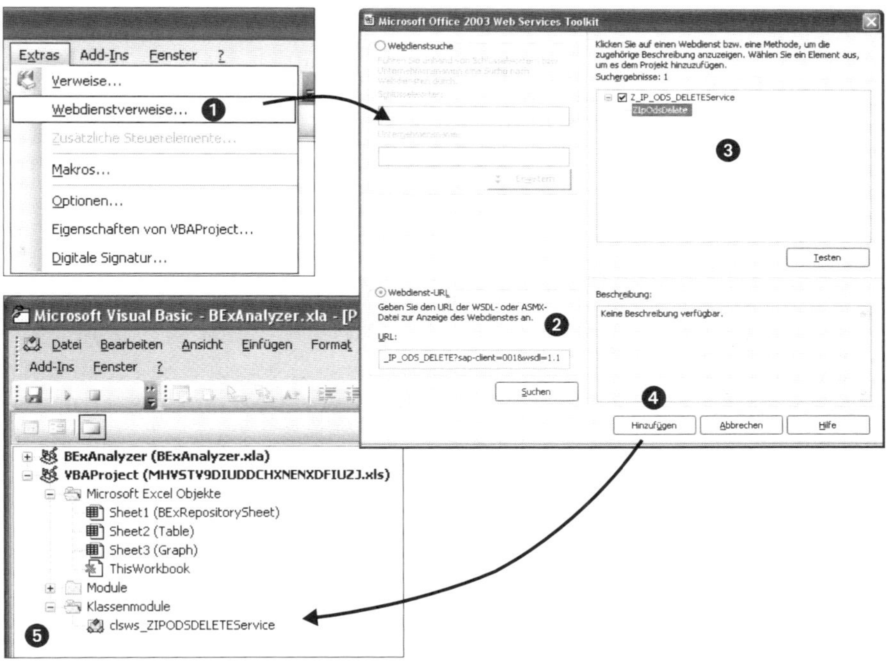

Abbildung 4.45 Integration eines Webservice in Microsoft Excel

Wie können Sie jetzt diesen Webservice in Ihrer Programmierung ansprechen?

Die Integration unseres bereits mehrfach diskutierten Webservice zum Löschen von Daten in einem DSO ist in Abbildung 4.46 dargestellt. Es wird eine Instanz `xx` der generierten Klasse `clsws_ZIPODSDELETEService` des Webservice erzeugt. Jetzt können Sie mit den vom Webservice zur Verfügung gestellten Methoden wie mit einer lokalen Methode der Laufzeitbibliothek arbeiten. Es ist für Sie nicht mehr transparent (und auch nicht mehr wichtig), ob Sie eine lokale Methode aufrufen – z. B. die Berechnung der Wurzel aus einer Zahl – oder eine Methode auf einem entfernten SAP NetWeaver BI-System. Excel bietet Ihnen als Entwickler alle zur Verfügung stehenden Informationen an, d. h., Sie werden durch Tooltipps informiert, z. B. dass zwei Parameter übergeben werden müssen.

```
Private Sub CommandButton1_Click()

Dim xx As New clsws_ZIPODSDELETEService

erg = xx.wsm_ZIpOdsDelete("X", "ZDSVPN2")

If erg = 0 Then
   MsgBox "Löschen erfolgreich durchgeführt!", vbInformation
Else
   MsgBox "Löschen fehlgeschlagen!", vbCritical
End If

Me.Application.Run "BExAnalyzer.xla!BExAnalyzer.xBEXapi.SAPBEXRefresh", True

End Sub
```

Abbildung 4.46 Aufruf eines Webservice in Microsoft Excel

Als zweite Frontend-Technologie für eine Planungsanwendung wollen wir Ihnen eine mit Adobe Flex gestaltete Oberfläche vorstellen.

Hierbei handelt es sich um ein Dashboard für den Personalbereich inklusive einer rollierenden Planung der wichtigsten Kennzahlen für eine Personalplanung. In Abbildung 4.47 ist dieses Dashboard für den Personalbereich dargestellt.

Alle Daten wurden beim Start des Dashboards aus einer Query durch Aufruf des Webservice QUERY_VIEW_DATA geladen. Auf der Registerkarte ROLLIERENDE PLANUNG ❶ kann eine Planung der wichtigsten Kennzahlen für den Personalbereich erfolgen.

Die rollierende Planung können Sie in Abbildung 4.48 nachvollziehen. Der Anwender kann die Plandaten manuell erfassen ❷ und anschließend durch einen Klick auf den Button PLANUNG SICHERN ❸ an den Webservice übergeben, der die Daten anschließend im DSO ablegt. Zusätzlich werden in der hier vorgestellten Implementierung das Datum, die Planversion und das Quartal der rollierenden Planung angezeigt ❹.

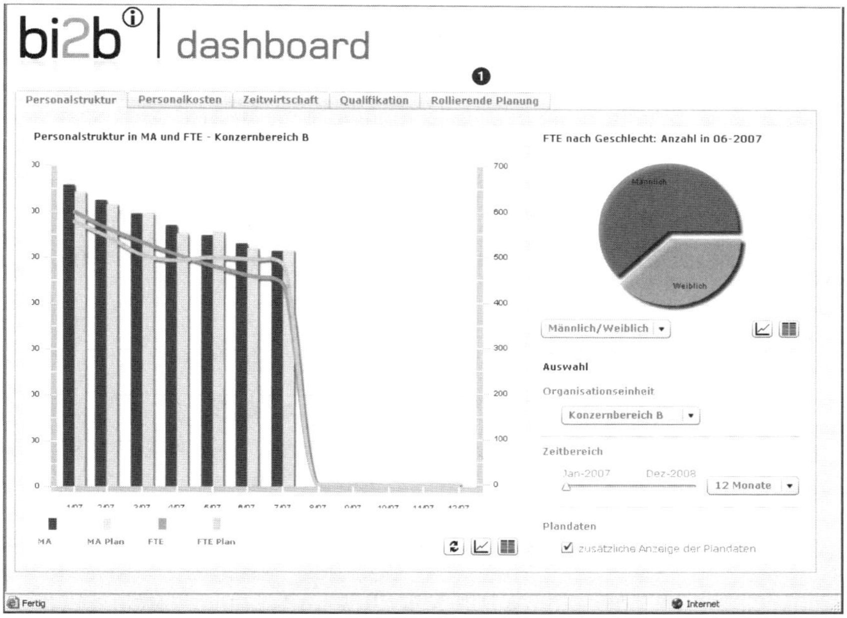

Abbildung 4.47 Dashboard mit Adobe Flex für die Personalplanung auf Basis von SAP NetWeaver BI

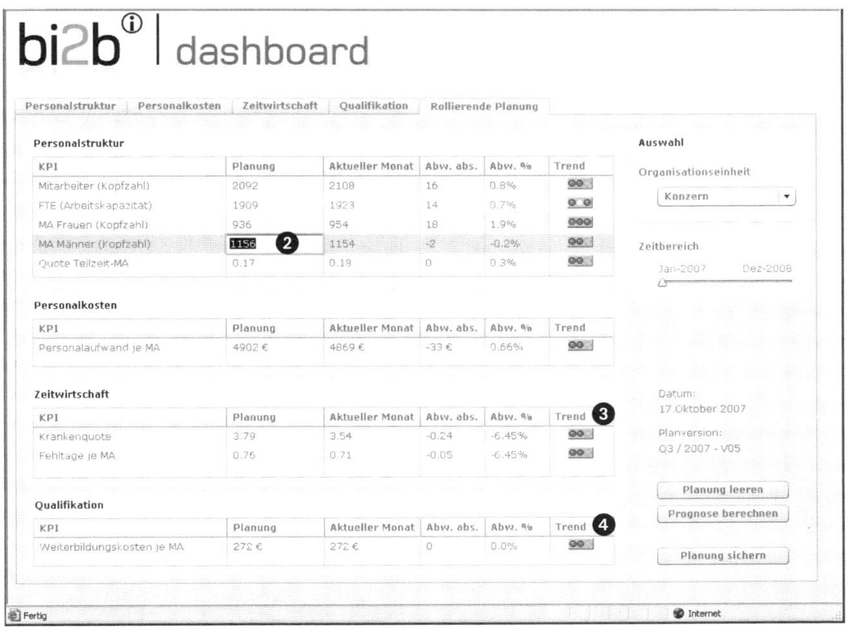

Abbildung 4.48 Rollierende Personalplanung in Adobe Flex auf Basis von SAP NetWeaver BI

Mit diesem Ausblick auf die Implementierung einer Planungsanwendung mit verschiedenen Oberflächentechnologien wollen wir diesen Abschnitt schließen und hoffen, dass wir Ihnen interessante Anregungen für die Entwicklung eigener Planungsanwendungen auf Basis von SAP NetWeaver BI liefern konnten.

4.6 Manuelles Erfassen und Korrigieren der Plandaten

Zur Erfassung und Korrektur der Plandaten in Ihrem realtime-fähigen InfoCube steht Ihnen auch die Transaktion RSINPUT zur Verfügung.

Mit dieser Transaktion, die es auch schon vor Release 7.0 gab, können Sie neue Datensätze anlegen, abhängig von der vorgegebenen Schlüsselkombination. Bestehende Datensätze können Sie nur hinsichtlich der Kennzahlen ändern. Im Folgenden stellen wir diese Möglichkeit der Erfassung und Änderung der Plandaten an unserem realtime-fähigen InfoCube ZBCVPPLN1 dar.

Der Einstieg erfolgt über den Aufruf RSINPUT im Kommandofeld ❶ (siehe Abbildung 4.49).

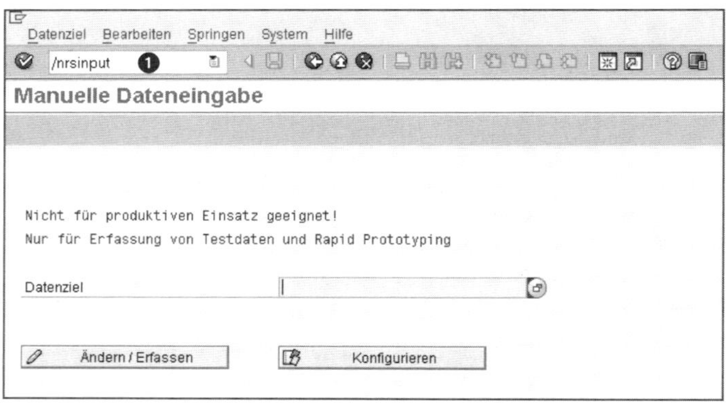

Abbildung 4.49 Transaktion RSINPUT

Im Einstiegsbild der Transaktion RSINPUT geben Sie den technischen Namen des InfoCubes, hier ZBCVPPLN1, ❷ ein und wählen die Funktion Ändern/Erfassen ❸ (siehe Abbildung 4.50).

Was nun folgt, ist das Selektionsbild, das Ihnen das Erfassen der Daten abhängig von der von Ihnen gewählten Schlüsselkombination ermöglicht. Geben Sie die Selektionen an, wie in diesem Beispiel gezeigt ❹, und führen Sie die Transaktion aus ❺ (siehe Abbildung 4.51).

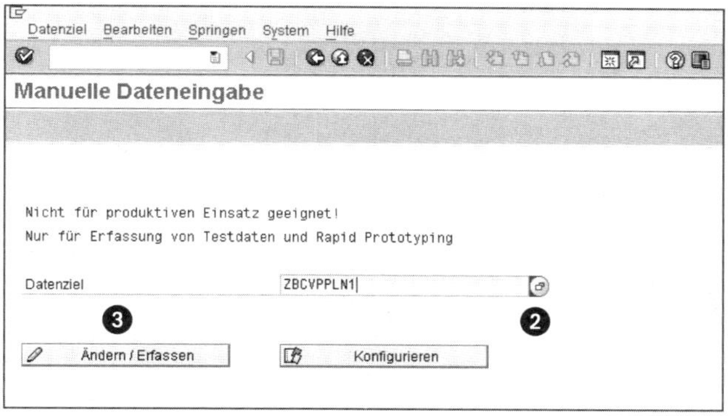

Abbildung 4.50 Eingabe und Ausführen Transaktion RSINPUT

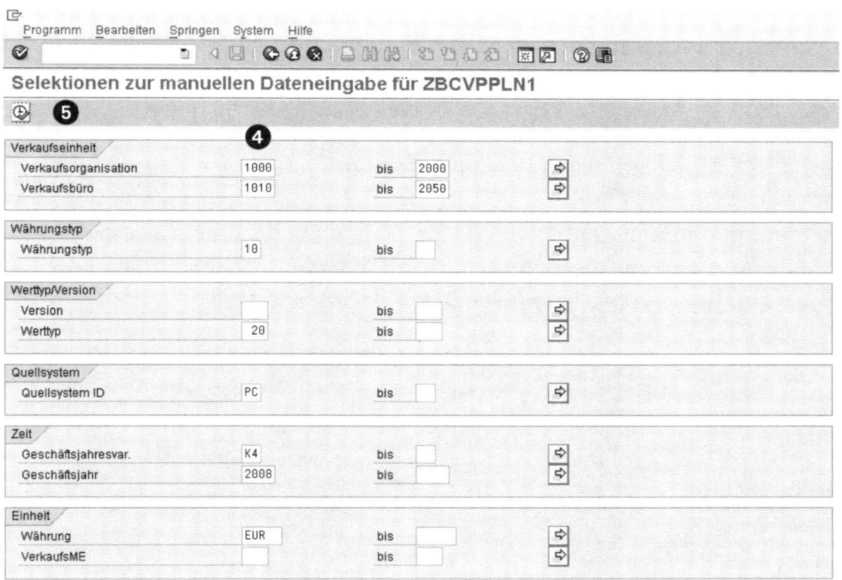

Abbildung 4.51 Selektionen zur manuellen Dateneingabe

Im Folgebild sehen Sie eine zweigeteilte Sicht. Im oberen Bereich ❻ werden die bestehenden Datensätze entsprechend Ihren Selektionskriterien angezeigt, sofern Datensätze zu dieser Kombination vorhanden sind. In unserem Beispiel sind bereits einige Datensätze über die Planungsmaske erfasst worden. Ändern können Sie hier nur die Kennzahlen, z. B. den Betrag ❼. Daten löschen ist nicht möglich.

Im unteren Bereich ❽ haben Sie die Möglichkeit, neue Datensätze anzulegen. Wählen Sie dazu den Button ANLEGEN ❾ (siehe Abbildung 4.52).

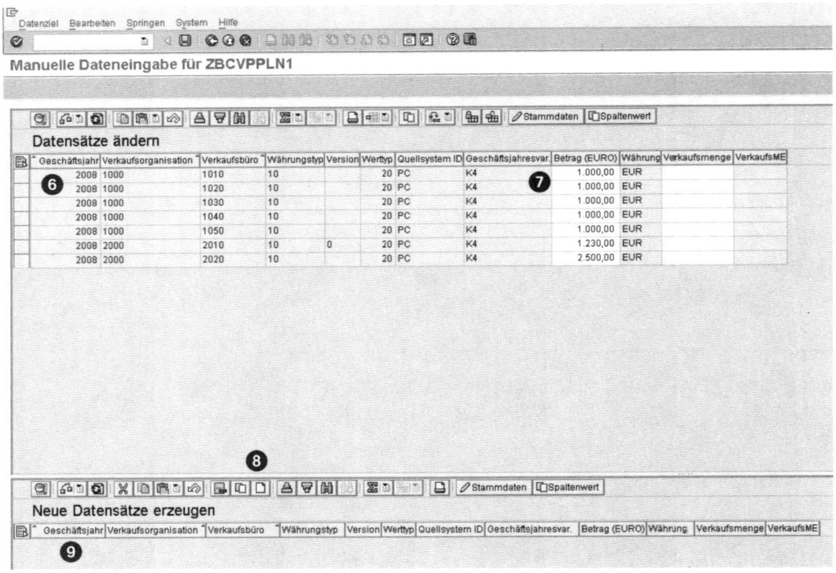

Abbildung 4.52 Ändern und Hinzufügen von Datensätzen

Legen Sie nun einen neuen Datensatz an. Geben Sie dazu bei GESCHÄFTSJAHR 2008, bei VERKAUFSORGANISATION 2000, bei VERKAUFSBÜRO 2030 und bei BETRAG (EURO) 3.000,00 ein ❶ (siehe Abbildung 4.53).

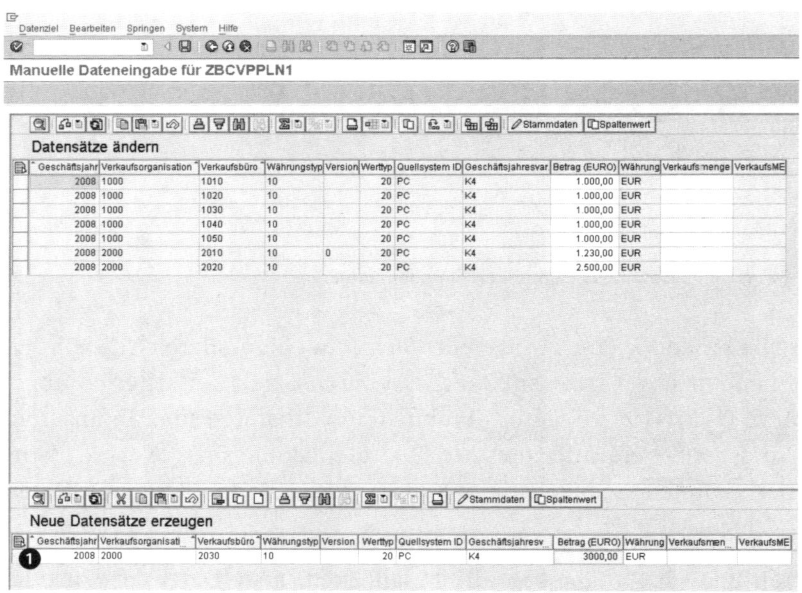

Abbildung 4.53 Hinzufügen eines Datensatzes

Führen Sie nun eine Prüfung Ihrer Eingaben durch. Wählen Sie dazu FEHLER UND WARNUNGEN aus ❶, damit auch Detailinformationen zu den Feldern angezeigt werden ❷. Anschließend speichern Sie die Eingabe ❸ (siehe Abbildung 4.54).

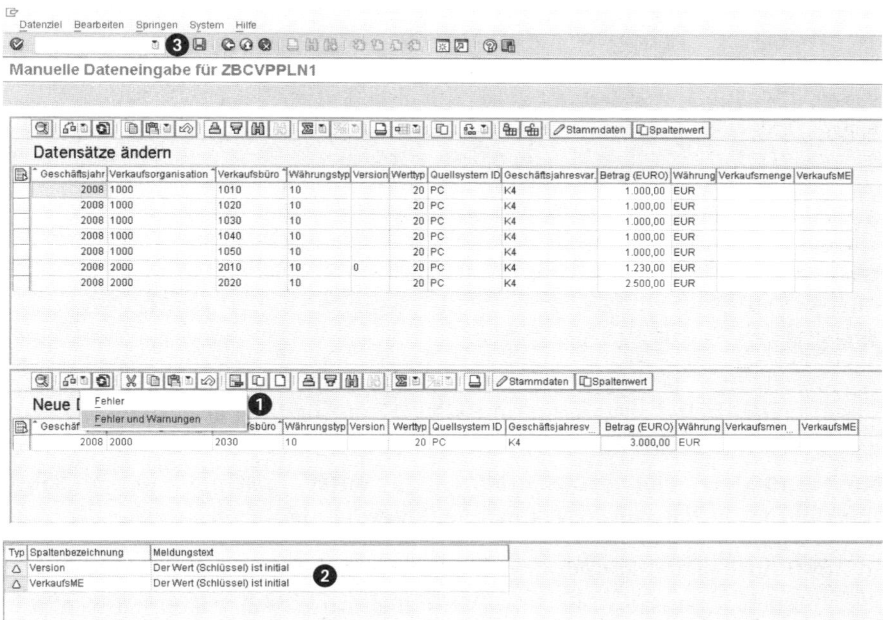

Abbildung 4.54 Prüfen und Speichern eines neuen Datensatzes

Nachdem Sie die Daten gespeichert haben, erscheint der neue Datensatz im oberen Bereich unter DATENSÄTZE ÄNDERN ❹ (siehe Abbildung 4.55).

Die geänderten Plandaten können Sie sich natürlich auch in der Planungsmaske ansehen und sie dort nach Bedarf bearbeiten.

Die Frage nach der Einsatzmöglichkeit der Transaktion RSINPUT lässt sich in wenigen Sätzen beantworten. Die Transaktion RSINPUT dient dazu, Datensätze neu anzulegen bzw. bei bestehenden Datensätzen die Kennzahlenwerte zu ändern. Sie hat natürlich nicht die Funktionalität, die Sie auf der Planungsmaske zur Verfügung haben.

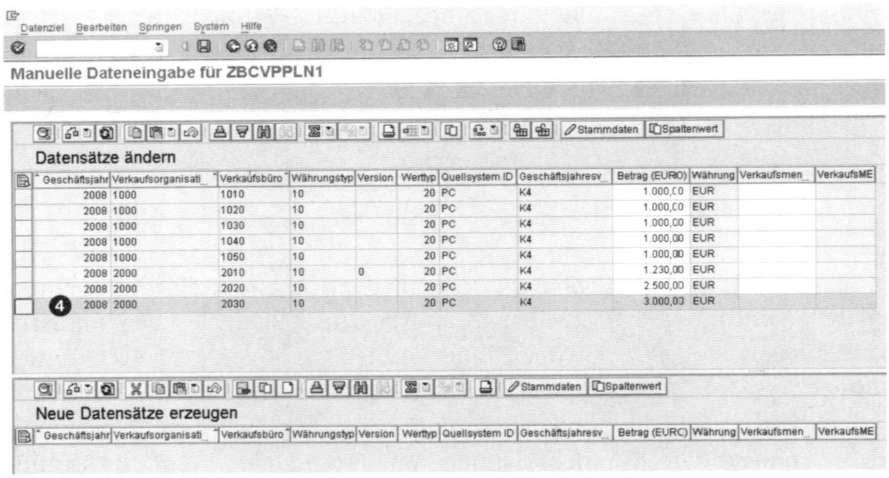

Abbildung 4.55 Anzeige der Datensätze

Daher eignet sich die Transaktion RSINPUT nur bedingt zur Pflege der Plandaten. Ein möglicher Einsatz ist die Bearbeitung der Datensätze unter Nutzung sämtlicher Selektionskriterien, die Sie unter Umständen in dem Selektionsbild Ihrer Planungsmaske nicht zur Verfügung haben.

In unserem Beispiel können Sie für die Planung nur auf das Geschäftsjahr, die Verkaufsorganisation und das Verkaufsbüro einschränken. Sie ersparen sich also die Anpassung des Selektionsbildes für Ihre Planungsanwendung. Ein weiterer Vorteil der Transaktion RSINPUT ist zudem, dass Ihnen unabhängig von der eingabebereiten Query bzw. einer Query, die ausschließlich zur Auswertung der Daten dient, alle Felder des transaktionalen InfoCubes mit Ihren Merkmalsausprägungen angezeigt werden. Somit eignet sich die Transaktion RSINPUT zur Analyse der Daten, um etwaige Fehleinträge zu identifizieren, die in Ihrer Planungsmaske gar nicht erscheinen oder zu Fehlern führen. Sie müssen dazu nicht extra in die Administrationssicht des transaktionalen InfoCubes verzweigen.

Unser Fazit ist: Die Transaktion RSINPUT sollten Sie vor allem zur Kontrolle Ihres Datenbestandes nutzen und weniger zur Erfassung von Plandaten. Für diesen Zweck steht Ihnen die Planungsmaske in umfassendem Maße zur Verfügung.

5 Konzeption und Betrieb einer Planungsanwendung

In diesem Kapitel stellen wir Ihnen verschiedene organisatorische Planungsmodelle vor, um diese anschließend in drei unterschiedlichen Planungsszenarien anzuwenden. Wir wollen Ihnen in den nachfolgenden Abschnitten Anregungen für die Konzeption Ihrer Planungsanwendungen geben. Dazu stellen wir Ihnen die Implementierung einer Top-down-Umsatzplanung, einer rollierenden Vertriebsplanung mit Top-down- und Bottom-up-Abgleichmechanismus sowie die Umsetzung einer hierarchischen Planung von Durchschnittspreisen vor. Zusätzlich diskutieren wir den Zusammenhang zwischen Planung und Prognose und stellen Ihnen in einem Beispiel die Implementierung einer Zeitreihenzerlegung zur Umsatzprognose vor. Abschließend haben wir in einer Checkliste die wichtigsten Empfehlungen für die Modellierung, Implementierung und den Betrieb einer Planungsanwendung zusammengefasst.

5.1 Organisation einer Planung

In diesem Abschnitt erläutern wir die beiden elementaren Organisationsformen einer Unternehmensplanung: die rollierende Planung mit in regelmäßigen Abständen erneuerten Planungen sowie die Top-down- und Bottom-up-Planung, die die Abstimmung von Plänen zwischen verschiedenen Hierarchien beschreibt.

5.1.1 Rollierende Planung

In der heutigen Zeit stellt sich für viele Unternehmen die Notwendigkeit, auf eine steigende Umfeld- und Marktdynamik zu reagieren. Vor allem diese sich immer schneller ändernden Rahmenbedingungen und Marktgegebenheiten beeinflussen die Unternehmensplanung. Eine Planung darf daher nicht allein als statischer Prozess angesehen werden. Unterjährig auftretende Faktoren, die eine einmal für ein Geschäftsjahr aufgestellte Planung beeinflussen, müssen in angemessener Weise berücksichtigt werden.

Darüber hinaus muss ein Unternehmen in der Lage sein, seine Jahresplanung im Laufe des Geschäftsjahres zu überprüfen und gegebenenfalls zu korrigieren. Das trifft insbesondere auf die Unternehmen zu, die in einem sehr dynamischen Umfeld tätig sind.

In diesem Zusammenhang sprechen wir von einer *rollierenden Planung*, die dem Aspekt eines kontinuierlichen Planungsprozesses gerecht wird. Eine rollierende Planung ist in diesem Sinne eine in zeitlichen Intervallen überarbeitete und ergänzte Planung (siehe Abbildung 5.1).

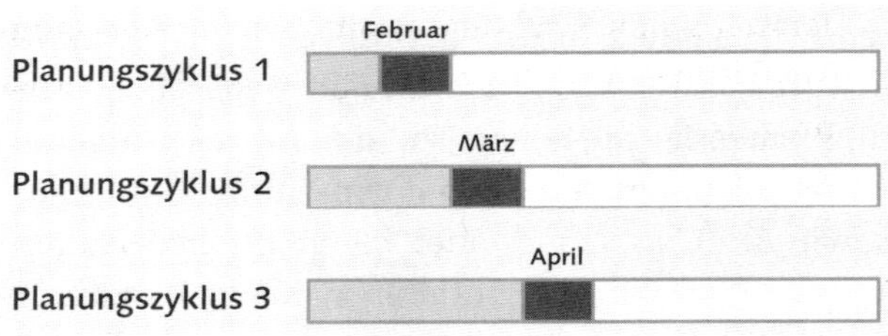

Abbildung 5.1 Rollierende Planung

Der Planungshorizont wird nach Ablauf eines Planungsabschnittes in der Zukunft erweitert. Die Planung wird somit zu einem permanenten Prozess im Unternehmen, die Änderungen der Rahmenbedingungen können schneller in das Zielsystem integriert werden.

Ein Unternehmen kann vom Ablauf her seine Planung quartalsweise oder auch monatlich durchführen. Es geht dabei nicht darum, die Jahresplanung komplett neu zu gestalten, sondern diese Planwerte mit den Istwerten, die pro Periode oder Quartal eines Geschäftsjahres anfallen, zu vergleichen. Eine Planung muss aber nicht allein deshalb zwangsläufig geändert werden. Vielmehr geht es zunächst darum, die Abweichungen zwischen Plan- und Istwerten darzustellen. Genauer gesagt, das wesentliche Ziel ist es, rechtzeitig zu erkennen, ob die Abweichungen zwischen den Plan- und Istwerten über eine vorher definierte Toleranzgrenze hinausgehen.

5.1.2 Top-down- und Bottom-up-Planung

Je komplexer sich die Strukturen einer Unternehmensorganisation darstellen, desto schwieriger lassen sich unter Umständen sämtliche Aufgaben z. B. einer Absatzplanung gleichzeitig durchführen. In der unternehmerischen Praxis werden daher zeitliche, inhaltliche und personelle Aspekte der Planung unterschieden.

Für die dadurch bedingte notwendig gewordene Koordination der Teilpläne einer Planung sind verschiedene Planungsverfahren entwickelt worden. Aufgabe der Koordination ist die Abstimmung zwischen den Hierarchieebenen im Unternehmen. Dies kann grundsätzlich von oben nach unten (Top-down) oder von unten nach oben (Bottom-up) erfolgen. In Kapitel 2, »Praxisbeispiel einer Planung«, haben Sie ein einfaches Beispiel einer Planung kennengelernt. Sie haben in Abhängigkeit der Kombination *Verkaufsorganisation* und *Verkaufsbüro* Daten erfasst.

Mit den Planungsverfahren *Top-down* und *Bottom-up* können Sie diese Planung auch anhand einer hierarchischen Struktur gestalten (siehe Abbildung 5.2). Die Bezeichnungen Top-down und Bottom-up kennzeichnen die Ausrichtungen eines Planungsprozesses.

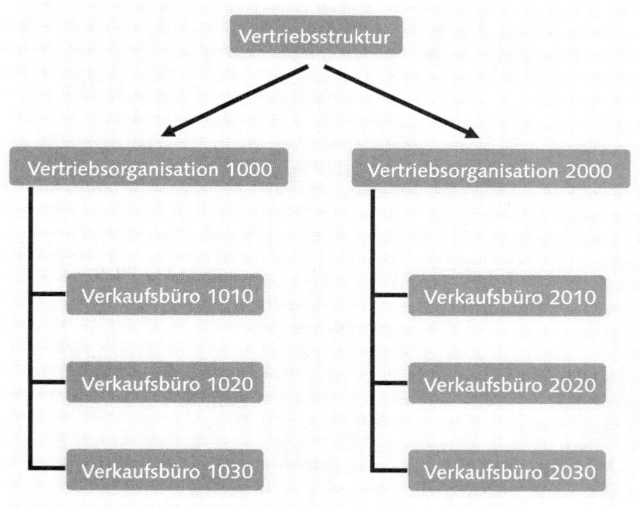

Abbildung 5.2 Hierarchische Vertriebsstruktur

Bei der Top-down-Planung – auch retrograde Planung genannt – durchläuft dieser Planungsprozess die hierarchischen Ebenen von oben nach unten. Beispielsweise kann mithilfe von Verteilungsschlüsseln der Wert auf einer höheren Ebene auf die darunterliegenden Ebenen aufgeteilt werden ❶ (siehe Abbildung 5.3).

Bei der Bottom-up-Planung – auch progressive Planung genannt – erfolgt der Planungsprozess hingegen von unten nach oben. Die Detailpläne werden an die höheren Ebenen weitergegeben und aufsummiert ❷ (siehe Abbildung 5.4).

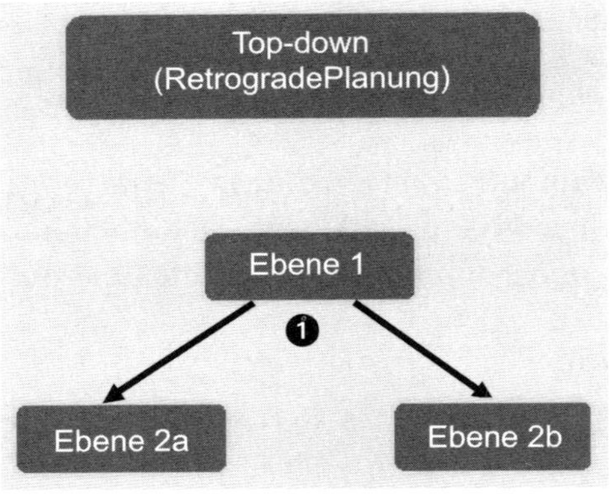

Abbildung 5.3 Top-down-Planungsverfahren

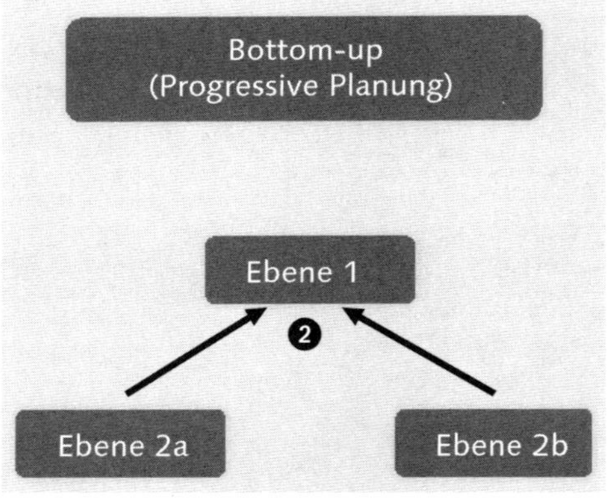

Abbildung 5.4 Bottom-up-Planungsverfahren

Diese beiden Planungsverfahren haben natürlich ihre Vor- und Nachteile. Vorteil des Bottom-up-Verfahrens ist eine höhere Akzeptanz dieser Planung durch die Mitarbeiter. Nachteilig ist, dass die Zusammenführung der einzelnen Teilpläne zu einer gesamten und umfassenden Unternehmensplanung unter Umständen das gesamtunternehmerische Ziel nicht erreicht. Dieser Nachteil des Bottom-up-Verfahrens ist wiederum der Vorteil des Top-down-Verfahrens, das die Ziele vorgibt. Der alleinige Einsatz des Top-down-Verfahrens würde allerdings in einer geringeren Akzeptanz der Mitarbeiter münden. In der Praxis werden häufig Mischformen der Bottum-up- und Top-down-Planung eingesetzt, um die Vorteile beider Verfahren nutzen zu können. Besonders die Abstimmung von Planungen zwischen der Führungsebene und der operativen Steuerungsebene kann mit diesen beiden Planungsverfahren in mehreren Zyklen erfolgen.

5.2 Planungsszenarien

In diesem Abschnitt erläutern wir Ihnen anhand von drei Planungsszenarien die Gestaltungsmöglichkeiten mit der BI-integrierten Planung.

5.2.1 Top-down-Umsatzplanung

In diesem Abschnitt stellen wir Ihnen ein einfaches Planungsszenario vor, das den Disaggregationsmechanismus der BI-integrierten Planung nutzt. Es geht um den konkreten Fall einer Umsatzplanung, mit der die Zielvorgaben für die verschiedenen Standorte geplant werden sollen.

Unser Datenmodell in Abbildung 5.5 beinhaltet einen Standard- und einen Realtime-InfoCube ❶, die beide über einen MultiProvider miteinander verbunden sind. Zudem findet sich hier zusätzlich zum Kalenderjahr auch eine Hierarchie aus Verkaufsorganisation und Verkaufsbüro sowie aus den Kennzahlen »Umsatz«, »Absatzmenge« und »Standardpreis« ❷.

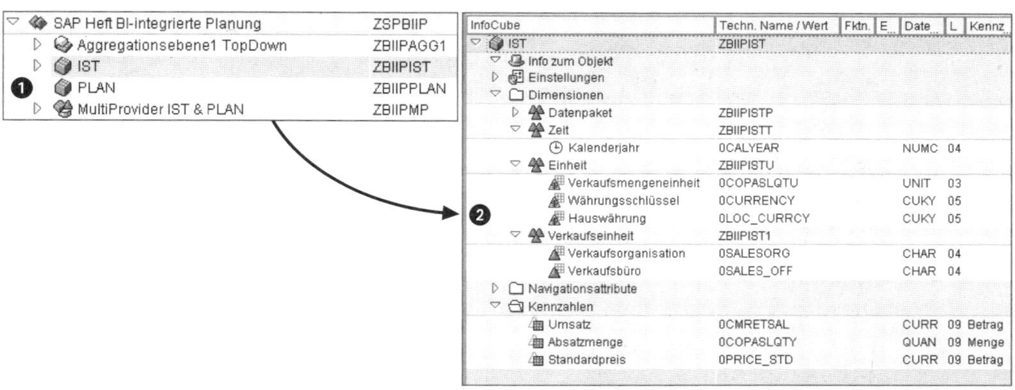

Abbildung 5.5 Datenmodell der Planung

In Abbildung 5.6 ist die Definition der Aggregationsebene zu unserer Planungsanwendung dargestellt. In diesem Planungsszenario werden wir nur die Kennzahl »Umsatz« nutzen.

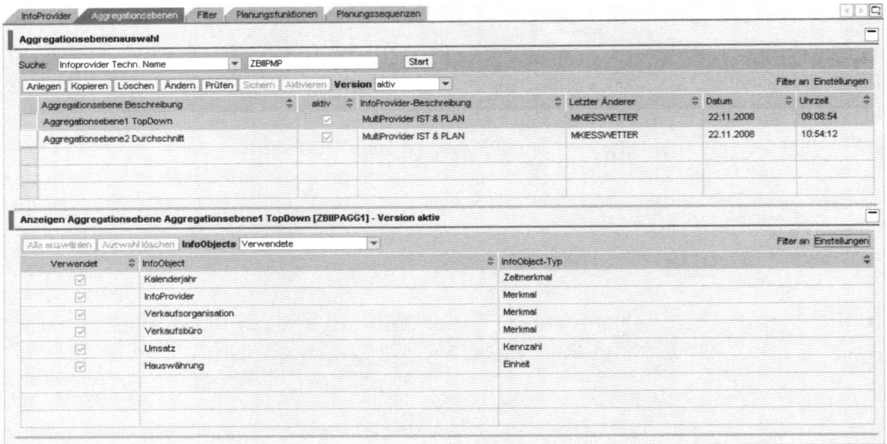

Abbildung 5.6 Aggregationsebene der Planung

Unsere Ausgangsquery für die Planungsanwendung ist in Abbildung 5.7 dargestellt. Diese besteht aus den Merkmalen ❶ »Kalenderjahr«, »Verkaufsorganisation« und »Verkaufsbüro«, und den Kennzahlen »Ist-Umsatz« und »Plan-Umsatz« ❷. Für die Kennzahl »Plan-Umsatz« stellen wir ein, dass diese sowohl manuell als auch durch Planungsfunktionen verändert werden kann ❸. Damit eine Planung auch auf den aggregierten Plandaten der verdichteten Hierarchieebene möglich ist, erlauben wir die Planung auf Summen ❹ und definieren, dass ein Planwert auf einer höheren Hierachieebene »nach unten« analog zu den eigenen Werten verteilt wird ❺.

Das Ergebnis dieser Planungsanwendung ist in Abbildung 5.8 dargestellt. Der Gesamtumsatz für Deutschland in Höhe von 6.300 EUR ❻ wird verdoppelt auf 12.600 EUR. Durch Klick auf den Button AKTUALISIEREN (Refresh) ❼ wird die Top-down-Verteilung auf die Umsätze der darunterliegenden Hierarchieebene im Planungspuffer der Planungsanwendung ausgeführt ❽. Anschließend kann das Ergebnis im Realtime-InfoCube gesichert werden ❾.

In Abbildung 5.9 ist das gleiche Planungsszenario in einer kompakteren Form inklusive berechneter Kennzahlen zur prozentualen Abweichung angeordnet. Hier wird ebenfalls der Planwert für Deutschland in Höhe von 6.300 EUR ❿ verdoppelt auf 12.600 EUR ⓫, und die Einzelumsätze werden entsprechend angepasst.

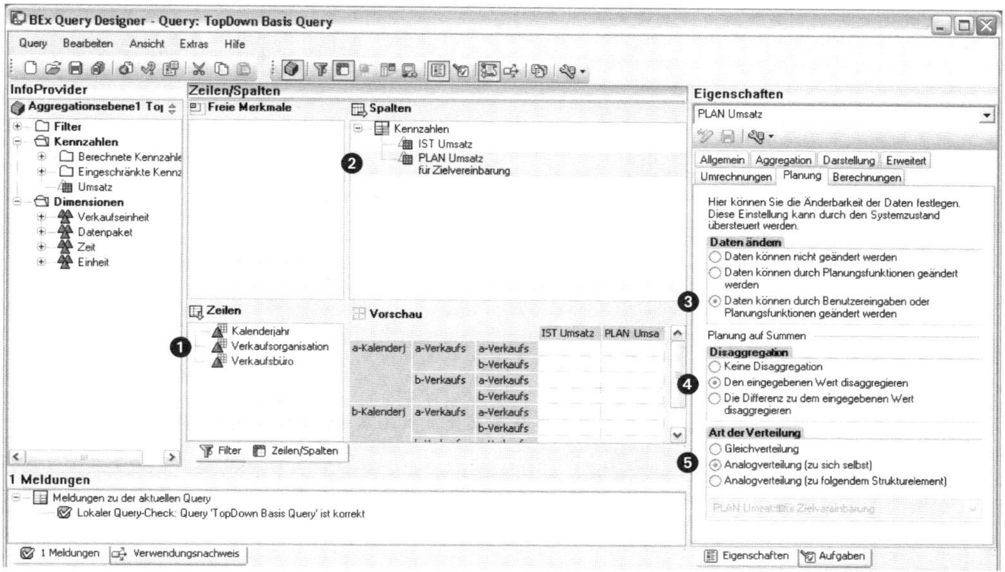

Abbildung 5.7 Query zur Top-down-Verteilung

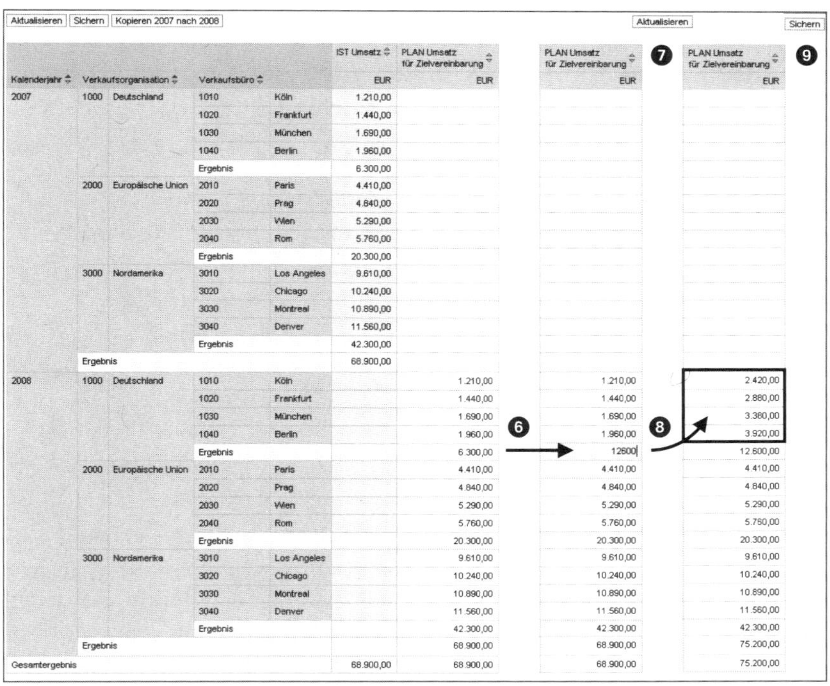

Aktualisieren | Sichern | Kopieren 2007 nach 2008 — Aktualisieren — Sichern

Kalenderjahr	Verkaufsorganisation	Verkaufsbüro	IST Umsatz EUR	PLAN Umsatz für Zielvereinbarung EUR	PLAN Umsatz für Zielvereinbarung EUR (7)	PLAN Umsatz für Zielvereinbarung EUR (9)
2007	1000 Deutschland	1010 Köln	1.210,00			
		1020 Frankfurt	1.440,00			
		1030 München	1.690,00			
		1040 Berlin	1.960,00			
		Ergebnis	6.300,00			
	2000 Europäische Union	2010 Paris	4.410,00			
		2020 Prag	4.840,00			
		2030 Wien	5.290,00			
		2040 Rom	5.760,00			
		Ergebnis	20.300,00			
	3000 Nordamerika	3010 Los Angeles	9.610,00			
		3020 Chicago	10.240,00			
		3030 Montreal	10.890,00			
		3040 Denver	11.560,00			
		Ergebnis	42.300,00			
	Ergebnis		68.900,00			
2008	1000 Deutschland	1010 Köln		1.210,00	1.210,00	2.420,00
		1020 Frankfurt		1.440,00	1.440,00	2.880,00
		1030 München		1.690,00	1.690,00	3.380,00
		1040 Berlin		1.960,00	1.960,00	3.920,00
		Ergebnis		6.300,00	12600	12.600,00
	2000 Europäische Union	2010 Paris		4.410,00	4.410,00	4.410,00
		2020 Prag		4.840,00	4.840,00	4.840,00
		2030 Wien		5.290,00	5.290,00	5.290,00
		2040 Rom		5.760,00	5.760,00	5.760,00
		Ergebnis		20.300,00	20.300,00	20.300,00
	3000 Nordamerika	3010 Los Angeles		9.610,00	9.610,00	9.610,00
		3020 Chicago		10.240,00	10.240,00	10.240,00
		3030 Montreal		10.890,00	10.890,00	10.890,00
		3040 Denver		11.560,00	11.560,00	11.560,00
		Ergebnis		42.300,00	42.300,00	42.300,00
	Ergebnis			68.900,00	68.900,00	75.200,00
Gesamtergebnis			68.900,00	68.900,00	68.900,00	75.200,00

Abbildung 5.8 Ergebnis der Top-down-Verteilung

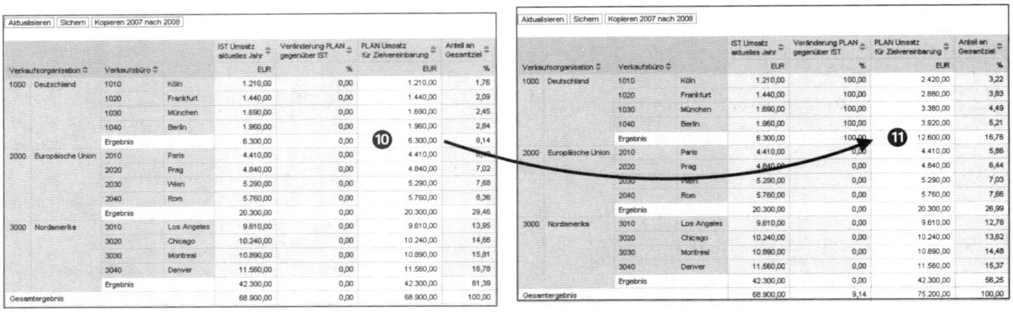

Abbildung 5.9 Ergebnis der Top-down-Verteilung in kompakter Darstellung

5.2.2 Rollierende Top-down-Bottom-up-Planung

In diesem Abschnitt wollen wir basierend auf unseren Überlegungen zu den verschiedenen Organisationsformen einer Planung anhand unseres Beispiels aus Kapitel 2, »Praxisbeispiel einer Planung«, mit einfachen Mitteln eine rollierende Planung mit den Planungsverfahren Top-down und Bottom-up erzeugen.

Zunächst müssen wir die Möglichkeit einer Versionierung der Planung haben. Anhand der Definition des Realtime-InfoCubes ZBCVPPLN1 haben wir hier mit dem InfoObject 0VERSION ❶ diese Voraussetzung geschaffen (siehe Abbildung 5.10).

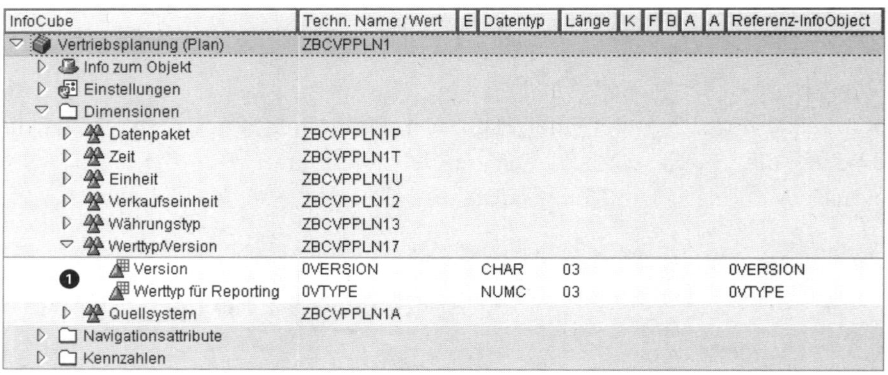

Abbildung 5.10 InfoObject 0VERSION in InfoCube ZBCVPPLN1

Die ursprüngliche Jahresplanung können wir z. B. in der Version 0 anlegen und durch Sperrmechanismen gegen jede weitere Änderung schützen. Für die rollierende Planung können wir für die einzelnen Planungszyklen weitere Versionen anlegen, bei einer quartalsweisen Planung z. B. von der Version 1 bis zur Version 4. Die neu hinzukommenden Istwerte dieses

Geschäftsjahres können allerdings nur dann mit den Plandaten verglichen werden, wenn eine Prognose zum Geschäftsjahresende erfolgt.

Als Planungsverfahren wählen wir zunächst die Bottom-up-Planung. In dem Beispiel aus Kapitel 2, »Praxisbeispiel einer Planung«, haben wir eine Hierarchie zwischen den Merkmalen »Verkaufsorganisation« und »Verkaufsbüro« vorliegen. Auf Ebene der einzelnen Verkaufsbüros haben wir Werte erfasst bzw. durch Planungsfunktionen und Planungssequenzen erzeugen lassen.

Auf Ebene der Vertriebsorganisationen wurden die Werte aus der Detailplanung aufsummiert. Die hierarchische Struktur ist in der eingabebereiten Query ZAGVP1_001 in den Eigenschaften ❶ des Zeilenaufbaus ❷ definiert worden (siehe Abbildung 5.11).

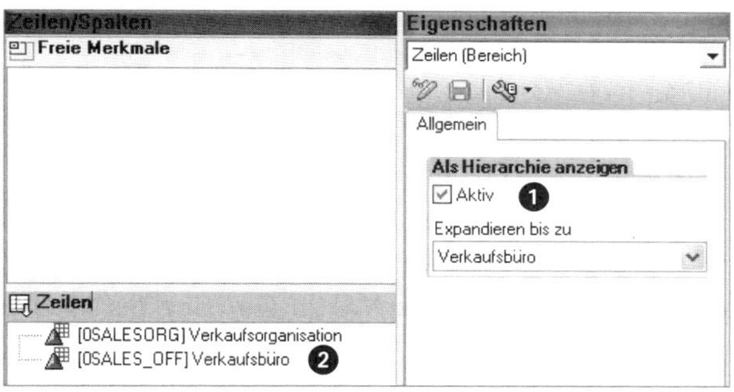

Abbildung 5.11 Zeileneigenschaften der eingabebereiten Query ZAGVP1_001

Für die Top-down-Planung müssen wir eine Änderung an unserem Beispiel aus Kapitel 2, »Praxisbeispiel einer Planung«, vornehmen. Dazu erfassen wir die Plandaten für 2008 auf Ebene der Verkaufsorganisation, für das Verkaufsbüro gilt die Merkmalsausprägung »Nicht zugeordnet« ❸ (siehe Abbildung 5.12).

				Istdaten 2007	Plandaten 2008	Plandaten 2009	Plandaten 2010
Verkaufsorganisation		Verkaufsbüro		EUR	EUR	EUR	EUR
1000	Deutschland	1040	Berlin	20.206.666,71	20.206.666,71	14.259.278,93	20.206.666,71
		1020	Frankfurt	22.299.999,99	22.299.999,99	15.736.485,60	22.299.999,99
		1000	Hamburg	833.333,33	833.333,33	588.060,00	833.333,33
		1010	Köln	16.666.666,60	16.666.666,60	11.761.199,95	16.666.666,60
		1030	München	0,00	0,00	0,00	0,00
		1050	Stuttgart	16.499.999,97	16.499.999,97	11.643.587,99	16.499.999,97
	❸	#	Nicht zugeordnet		3.600.000,00	0,00	0,00
		Ergebnis		76.506.666,60	80.106.666,60	53.988.612,47	76.506.666,60

Abbildung 5.12 Erfassen der Plandaten auf Ebene der Verkaufsorganisation

In diesem einfachen Beispiel ist es nun unser Ziel, diesen Betrag auf der übergeordneten Ebene der Verkaufsorganisation gleichmäßig auf die darunterliegenden Verkaufsbüros zu verteilen. Dazu legen wir im Planning Modeler für unsere Aggregationsebene ZAGVP1 die Planungsfunktion VERTEILUNG NACH SCHLÜSSELN vom Typ VERTEILUNG NACH SCHLÜSSELN aus Kapitel 2, »Praxisbeispiel einer Planung«, an ❶. Der technische Name dieser Planungsfunktion ist ZAGVP1_VERT ❷ (siehe Abbildung 5.13).

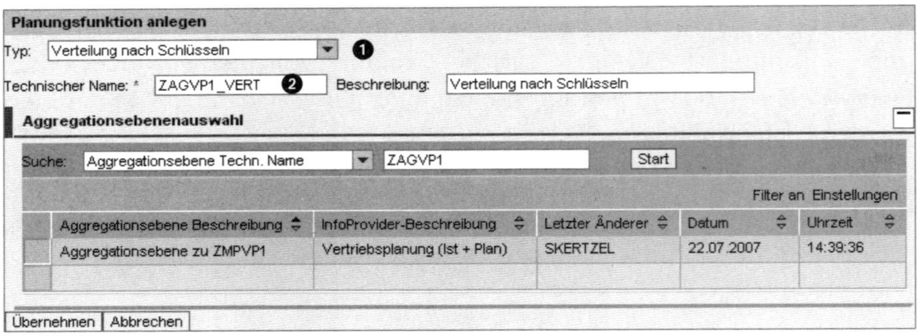

Abbildung 5.13 Planungsfunktion »Verteilung nach Schlüsseln« anlegen

Bei der Merkmalsverwendung setzen wir für die Merkmale »Geschäftsjahr«, »InfoProvider«, »Verkaufsorganisation« und »Verkaufsbüro« das Kennzeichen »wird verändert« ❸ (siehe Abbildung 5.14).

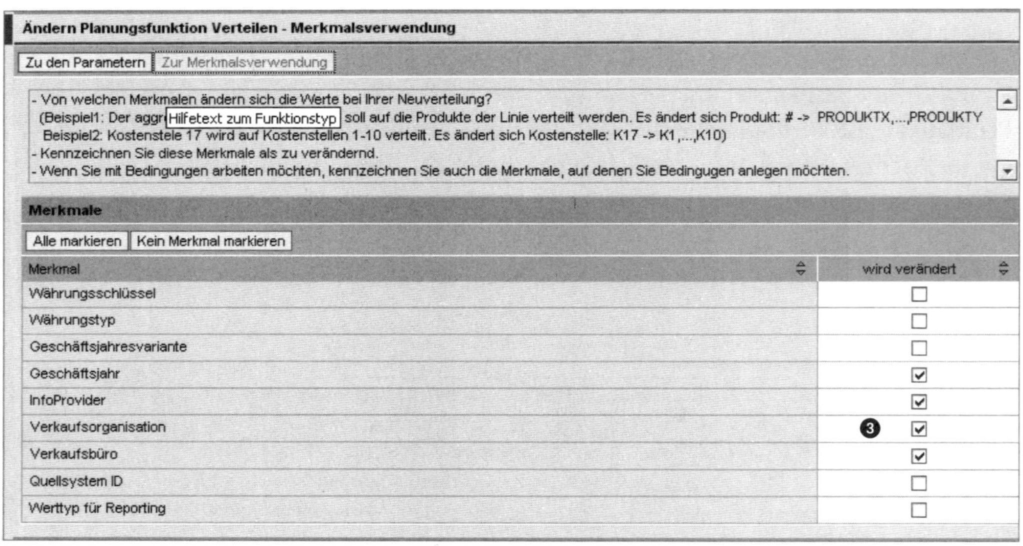

Abbildung 5.14 Planungsfunktion »Verteilung nach Schlüsseln« – Merkmalsverwendung

Als Parameter legen wir für unsere einzige Betragskennzahl Von- und Nach-Werte an. Die Von-Werte ❶ sind das »Geschäftsjahr: 2008«, der »InfoProvider: Vertriebsplanung (Plan)« mit dem technischen Namen ZBCVPPLN1, die »Verkaufsorganisation: Deutschland«, und für das Verkaufsbüro gilt »Nicht zugeordnet«.

Für die Nach-Werte ❷ definieren wir das »Geschäftsjahr: 2008«, den »InfoProvider: Vertriebsplanung (Plan)«, den technischen Namen ZBCVPPLN1, die »Verkaufsorganisation: Deutschland« und die Verkaufsbüros im Intervall »Hamburg–Stuttgart« (siehe Abbildung 5.15).

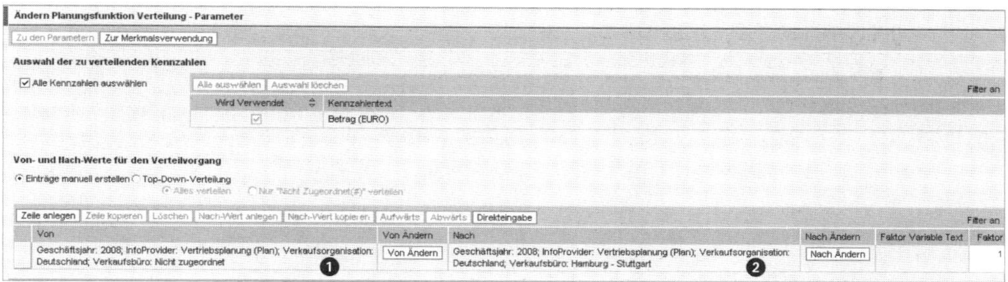

Abbildung 5.15 Planungsfunktion »Verteilung nach Schlüsseln« – Parameter

Nachdem wir die Planungsfunktion VERTEILUNG NACH SCHLÜSSELN für unsere Aggregationsebene ZAGVP1 definiert haben, müssen wir im nächsten Schritt in unserem Web Template ZAGVP1 für die BUTTON_GROUP_ITEM_3 eine weitere Drucktaste mit der Bezeichnung »Verteilung« definieren ❸ (siehe Abbildung 5.16).

Für den Befehl PLANUNGSFUNKTION AUSFÜHREN (EINFACH) wählen wir den DataProvider ZAGVP1_01 ❹, also unsere eingabebereite Query, und die Planungsfunktion ZAGVP1_VERT ❺ aus (siehe Abbildung 5.17).

Abbildung 5.16 Drucktaste »Verteilung« anlegen

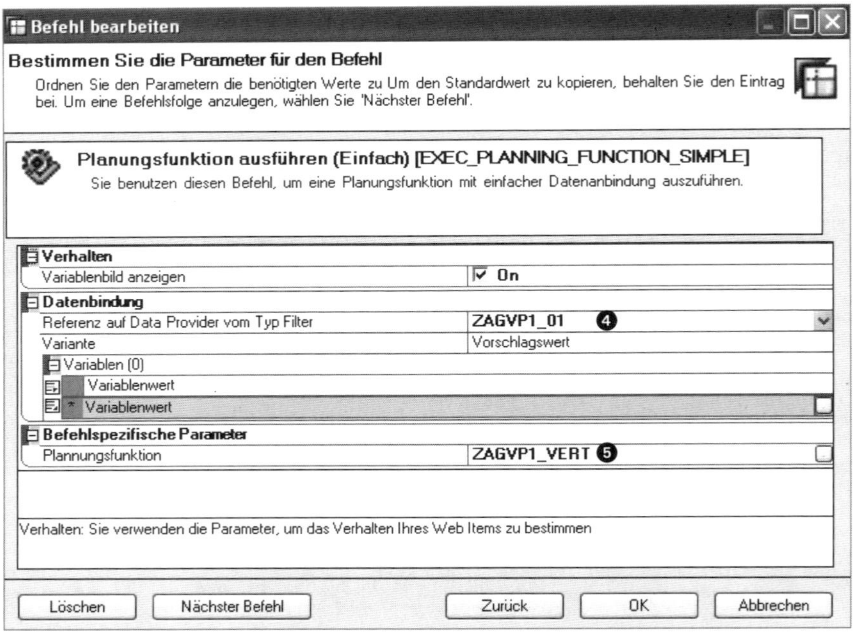

Abbildung 5.17 Befehlsparameter für die Drucktaste »Verteilung«

Abschließend haben wir somit unsere Drucktaste VERTEILUNG definiert ❻ (siehe Abbildung 5.18).

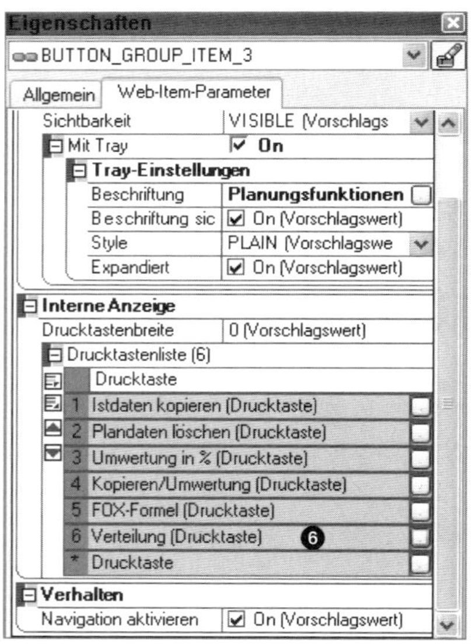

Abbildung 5.18 Drucktaste »Verteilung«

Schließlich führen wir unsere Webapplikation aus. Für die Verkaufsorganisation 1000 (Deutschland) haben wir für das Planjahr 2008 einen Betrag in Höhe von 3.600.000,00 EUR, der keinem Verkaufsbüro zugeordnet ist ❶. Die neu angelegte Planungsfunktion VERTEILUNG können Sie nun in der Planungsanwendung nutzen ❷ (siehe Abbildung 5.19).

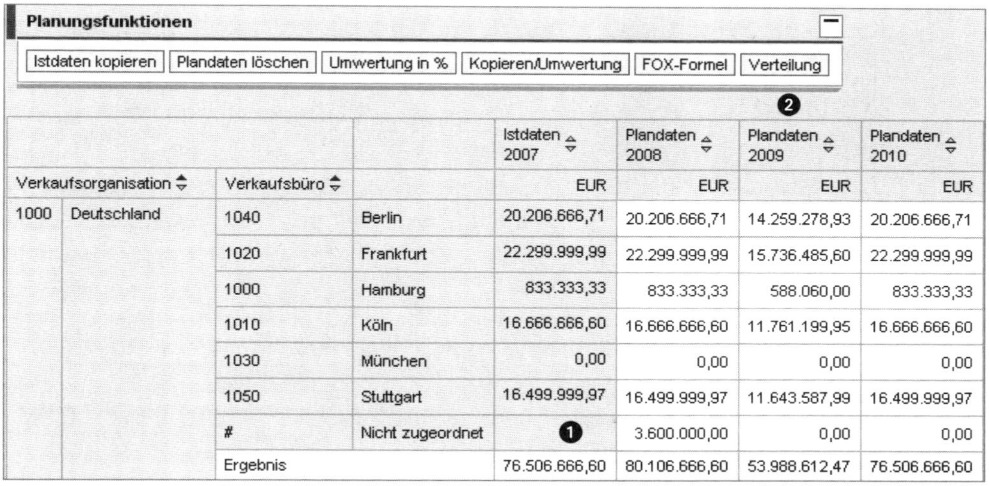

Verkaufsorganisation		Verkaufsbüro		Istdaten 2007	Plandaten 2008	Plandaten 2009	Plandaten 2010
				EUR	EUR	EUR	EUR
1000	Deutschland	1040	Berlin	20.206.666,71	20.206.666,71	14.259.278,93	20.206.666,71
		1020	Frankfurt	22.299.999,99	22.299.999,99	15.736.485,60	22.299.999,99
		1000	Hamburg	833.333,33	833.333,33	588.060,00	833.333,33
		1010	Köln	16.666.666,60	16.666.666,60	11.761.199,95	16.666.666,60
		1030	München	0,00	0,00	0,00	0,00
		1050	Stuttgart	16.499.999,97	16.499.999,97	11.643.587,99	16.499.999,97
		#	Nicht zugeordnet	❶	3.600.000,00	0,00	0,00
		Ergebnis		76.506.666,60	80.106.666,60	53.988.612,47	76.506.666,60

Abbildung 5.19 Übergeordnete Planwerte vor der Verteilung

Wir führen nun durch einen Klick auf die Drucktaste VERTEILUNG diese Planungsfunktion aus. Als Ergebnis sehen wir, dass der Betrag in Höhe von 3.600.000,00 EUR gleichmäßig auf die Positionen der Verkaufsbüros aufgeteilt worden ist ❸, die Position mit den nicht zugeordneten Verkaufsbüros ist auf 0,00 EUR saldiert ❹. Die Meldung am oberen Rand der Planungsmaske gibt eine kurze Information zu diesem Vorgang ❺ (siehe Abbildung 5.20).

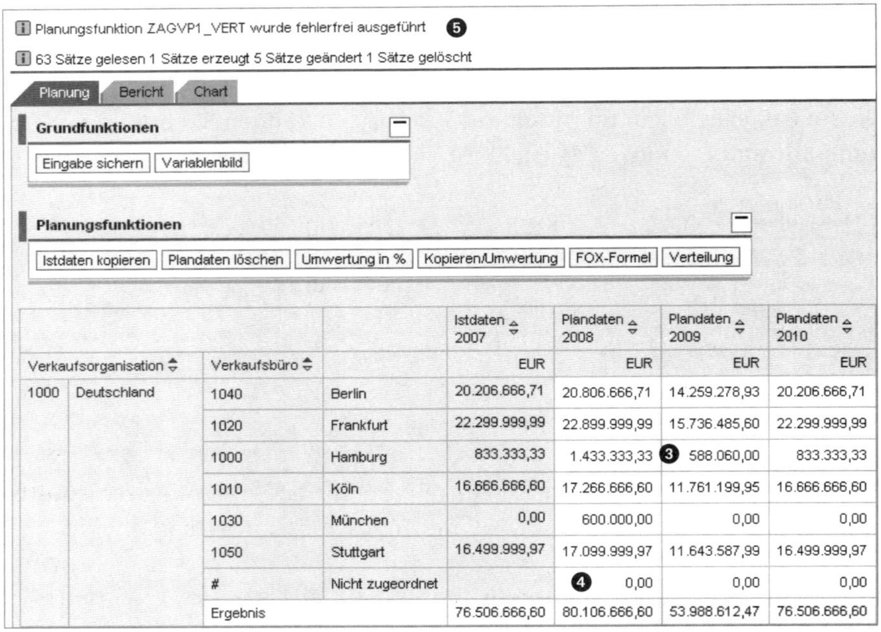

				Istdaten 2007	Plandaten 2008	Plandaten 2009	Plandaten 2010
Verkaufsorganisation		Verkaufsbüro		EUR	EUR	EUR	EUR
1000	Deutschland	1040	Berlin	20.206.666,71	20.806.666,71	14.259.278,93	20.206.666,71
		1020	Frankfurt	22.299.999,99	22.899.999,99	15.736.485,60	22.299.999,99
		1000	Hamburg	833.333,33	1.433.333,33	3 588.060,00	833.333,33
		1010	Köln	16.666.666,60	17.266.666,60	11.761.199,95	16.666.666,60
		1030	München	0,00	600.000,00	0,00	0,00
		1050	Stuttgart	16.499.999,97	17.099.999,97	11.643.587,99	16.499.999,97
		#	Nicht zugeordnet		4 0,00	0,00	0,00
		Ergebnis		76.506.666,60	80.106.666,60	53.988.612,47	76.506.666,60

Abbildung 5.20 Planwerte für 2008 nach der Verteilung

5.2.3 Top-down- und Bottom-up-Planung von Durchschnittspreisen

In diesem Abschnitt stellen wir Ihnen die Implementierung einer Planungsanwendung zur Planung von Durchschnittspreisen auf mehreren Hierarchieebenen vor. Die Schwierigkeit besteht darin, dass bei einer Änderung eines Planpreises auf einer Hierarchieebene die Planpreise der darunterliegenden Hierarchieebenen entweder gleich verteilt oder z. B. nach Absatzmengen gewichtet angepasst werden müssen. Es muss dabei stets die Konsistenz der Daten sowohl zu den darunterliegenden als auch zu den darüberliegenden Hierarchieebenen gewährleistet sein.

In der nachfolgenden Abbildung 5.21 ist die Planungssituation abstrakt dargestellt. Ausgehend von Einzelpreisen in der Planperiode t, wird ein Einzelpreis in der Planperiode t+1 verändert. Daraus folgt eine neue Berechnung ❶ des gewichteten Durchschnittspreises auf der übergeordneten Ebene.

Komplizierter wird die Berechnungslogik in der umgekehrten Richtung, d. h., ein Durchschnittspreis in der Planperiode t wird in der Planperiode t+1 verändert, und die Einzelpreise der darunterliegenden Hierarchieebene müssen in ihrer Gewichtung entsprechend angepasst werden.

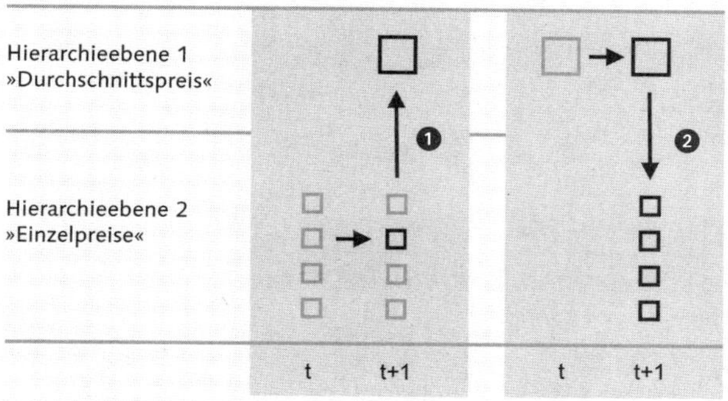

Abbildung 5.21 Planung auf Durchschnittspreisen

Dieses Gewicht ❷ ergibt sich aus dem Verhältnis des »neuen Durchschnittspreises in Planperiode t+1« zum »alten Durchschnittspreis in Planperiode t«. Wichtig für das Verständnis der nachfolgenden Darstellung ist der Umstand, dass in einer Planungsfunktion für die Berechnung dieses Gewichts sowohl der alte als auch der neue Durchschnittspreis zur Verfügung stehen muss.

In unserem Beispiel haben wir einen Ist- und einen Plan-InfoCube modelliert und beide über einen MultiProvider miteinander verbunden. Es handelt sich hier um das gleiche Datenmodell, das wir in diesem Kapitel bereits in unserem ersten Planungsszenario zu einer einfachen Top-down-Verteilung kennengelernt haben.

In Abbildung 5.22 ist die Query zu unserer Planungsanwendung dargestellt. Zu den Merkmalen »Kalenderjahr« und den BW-Hierarchien »Verkaufsorganisation« und »Verkaufsbüro« sind jeweils die Kennzahlen »Umsatz« und »Absatzmenge« definiert, aus denen sich in einer berechneten Kennzahl der Standardpreis ableitet. Die Kennzahl »Standardpreis« ❸ (Eingabe Planpreis) im Realtime-InfoCube dient ausschließlich zur Eingabe eines neuen Preises durch den Anwender. Bei den Kennzahlen »Umsatz«, »Absatzmenge« und »Eingabe Planpreis« müssen Sie »Planung auf Summen« erlauben ❹, damit wir auf der höheren Hierarchieebene Daten eingeben können.

Anschließend benötigen wir für unsere Planungsanwendung zwei Query Views (siehe Abbildung 5.23), eine Query View für die Hierarchieebene »Verkaufsorganisation« ❺ und eine zweite Query View für die Hierarchieebene »Verkaufsbüro« ❻, in unserem Fall eingeschränkt auf die Verkaufsorganisation »Deutschland«. Wir haben diese Query Views mit dem BEx Analyzer erstellt.

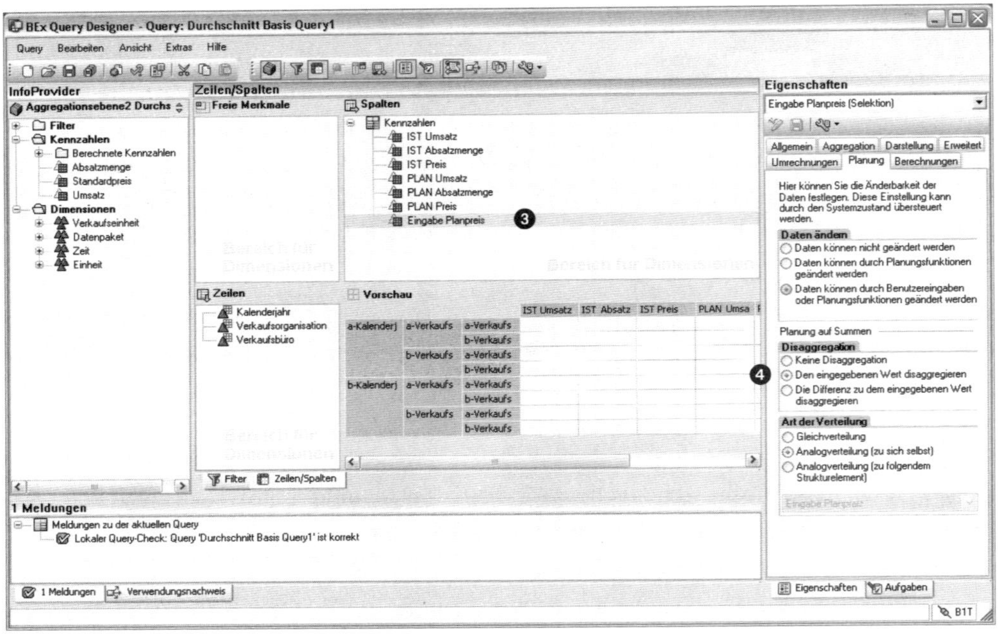

Abbildung 5.22 Ausgangsquery für Planungsanwendung

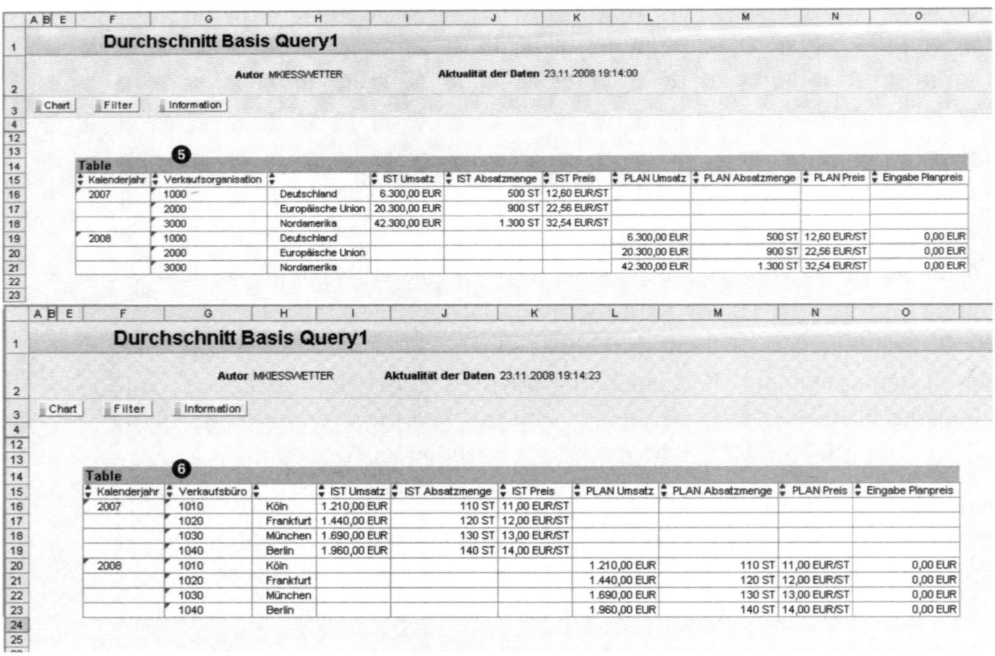

Kalenderjahr	Verkaufsorganisation		IST Umsatz	IST Absatzmenge	IST Preis	PLAN Umsatz	PLAN Absatzmenge	PLAN Preis	Eingabe Planpreis
2007	1000	Deutschland	6.300,00 EUR	500 ST	12,60 EUR/ST				
	2000	Europäische Union	20.300,00 EUR	900 ST	22,56 EUR/ST				
	3000	Nordamerika	42.300,00 EUR	1.300 ST	32,54 EUR/ST				
2008	1000	Deutschland				6.300,00 EUR	500 ST	12,60 EUR/ST	0,00 EUR
	2000	Europäische Union				20.300,00 EUR	900 ST	22,56 EUR/ST	0,00 EUR
	3000	Nordamerika				42.300,00 EUR	1.300 ST	32,54 EUR/ST	0,00 EUR

Kalenderjahr	Verkaufsbüro		IST Umsatz	IST Absatzmenge	IST Preis	PLAN Umsatz	PLAN Absatzmenge	PLAN Preis	Eingabe Planpreis
2007	1010	Köln	1.210,00 EUR	110 ST	11,00 EUR/ST				
	1020	Frankfurt	1.440,00 EUR	120 ST	12,00 EUR/ST				
	1030	München	1.690,00 EUR	130 ST	13,00 EUR/ST				
	1040	Berlin	1.960,00 EUR	140 ST	14,00 EUR/ST				
2008	1010	Köln				1.210,00 EUR	110 ST	11,00 EUR/ST	0,00 EUR
	1020	Frankfurt				1.440,00 EUR	120 ST	12,00 EUR/ST	0,00 EUR
	1030	München				1.690,00 EUR	130 ST	13,00 EUR/ST	0,00 EUR
	1040	Berlin				1.960,00 EUR	140 ST	14,00 EUR/ST	0,00 EUR

Abbildung 5.23 Query Views für die beiden Hierarchieebenen

Bevor wir Ihnen die Planungsfunktionen der Planungsanwendung erläutern, stellen wir Ihnen zum besseren Verständnis nachfolgend in Abbildung 5.24 die fertige Planungsanwendung vor. In dieser Planungsanwendung können Sie über eine Dropdown-Box ❶ auswählen, welche hierarchische Ebene angezeigt werden soll. Mit dem Button ❷ speichern Sie je nach angezeigter Hierarchieebene die neuen Plandaten ❸ (Umsatz, Absatzmenge, Preis) inklusive einer Korrektur der Daten der darunter- bzw. darüberliegenden Hierarchieebenen.

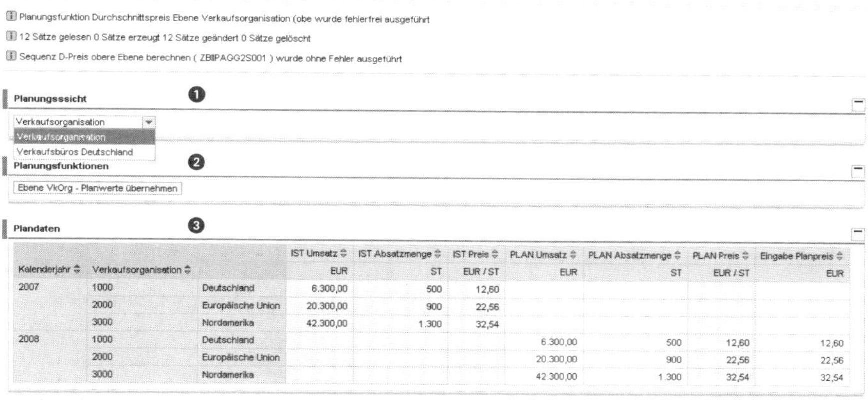

Abbildung 5.24 Webapplikation der fertigen Planungsanwendung

Da wir aus Platzgründen hier nicht auf jedes Detail der Erstellung dieser Planungsanwendung eingehen können, beschränken wir uns auf das in Abbildung 5.25 dargestellte Entwicklungsdetail. Nach dem Start der Planungsanwendung müssen die einzugebenden Planpreise berechnet und gesetzt werden. Dieses kann z. B. dadurch erreicht werden, dass beim Start eines Web Templates eine Planungsfunktion vor der ersten Anzeige ❹ gestartet wird, die die einzugebenden Planpreise entsprechend berechnet.

Das Ergebnis der Planungsanwendung wird in den nachfolgenden beiden Abbildungen erläutert. In Abbildung 5.26 ist der »schwierigere Fall« dargestellt, bei dem ein Durchschnittspreis auf der höheren Hierarchieebene eingegeben wird ❺ und anschließend durch eine Planungsfunktion sowohl der neue Umsatz ❻ als auch die neuen Einzelumsätze und Einzelpreise ❼ berechnet werden.

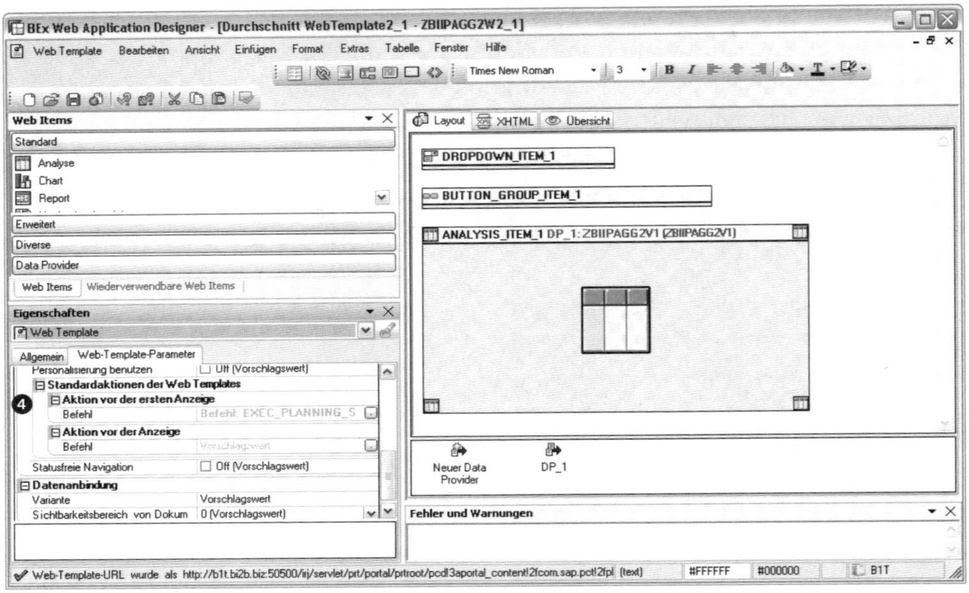

Abbildung 5.25 Design der Planungsanwendung im BEx Web Application Designer

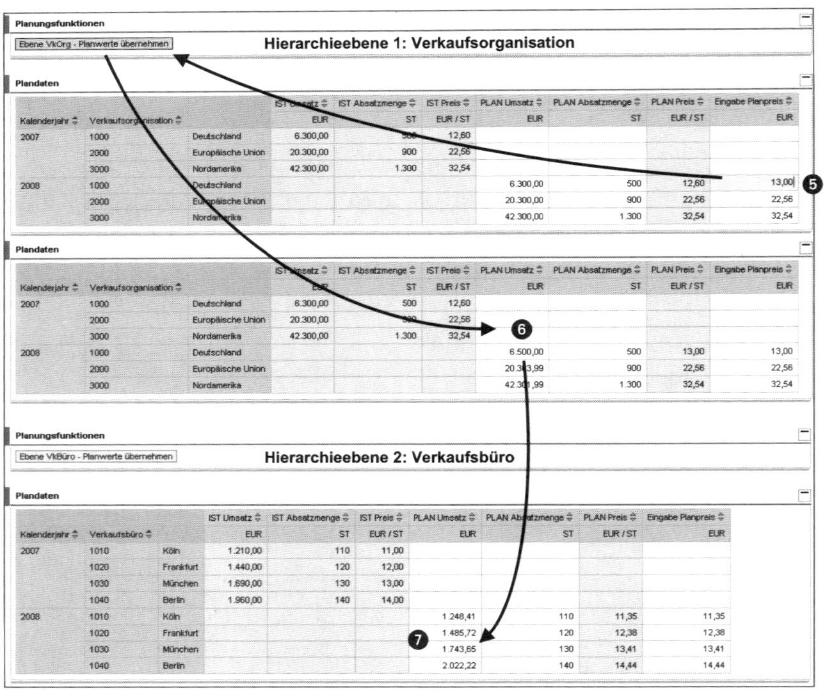

Abbildung 5.26 Ergebnis der Planung auf Hierarchieebene 1

In Abbildung 5.27 ist der umgekehrte »einfachere Fall« dargestellt. Eine Änderung der Einzelpreise ❶ führt nach Ausführung der Planungsfunktion zu einem neuen Umsatz ❷ und auf der höheren Hierarchieebene zu einem neuen Durchschnittspreis und Umsatz ❸.

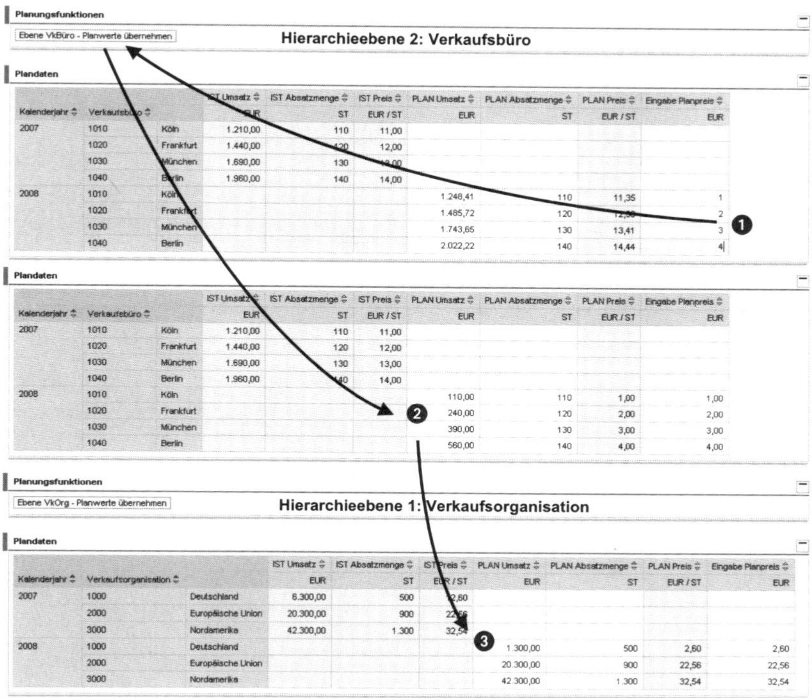

Abbildung 5.27 Ergebnis der Planung auf Hierarchieebene 2

Sie werden sich jetzt fragen, wie die Planungsfunktionen zu diesen Vorgängen aussehen. Alle Planungsfunktionen sind vom Typ »Formel FOX« und sind in den nachfolgenden Abbildungen dargestellt.

Wir brauchen insgesamt vier Planungsfunktionen – zwei Planungsfunktionen zur Initialisierung der eingebbaren Planpreise (siehe Abbildung 5.28 ❹) und zwei Planungsfunktionen zur Neuberechnung der Einzelpreise und Umsätze (siehe Abbildung 5.28 ❺).

In den Abbildungen 5.29 und 5.30 sind die Formel-FOX-Codierungen zur Initialisierung der einzugebenden Planpreise dargestellt. Zum besseren Verständnis: Die Kennzahl »Preis« wird über das InfoObject 0PRICE_STD definiert, die Kennzahl »Absatzmenge« über das InfoObject 0COPASLQTY und die Kennzahl »Umsatz« über das InfoObject 0CMRETSAL.

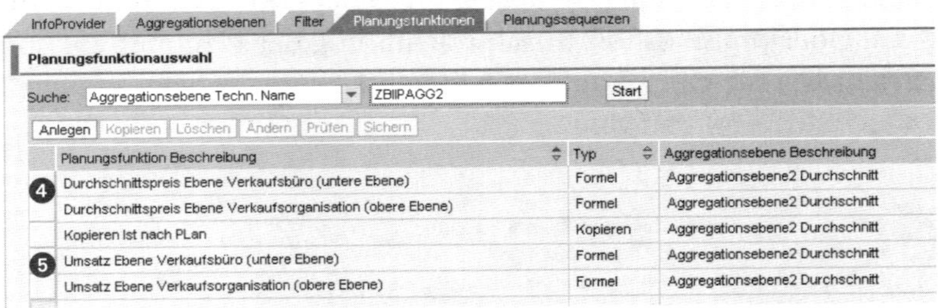

Abbildung 5.28 Übersicht der Planungsfunktionen mit Formel FOX

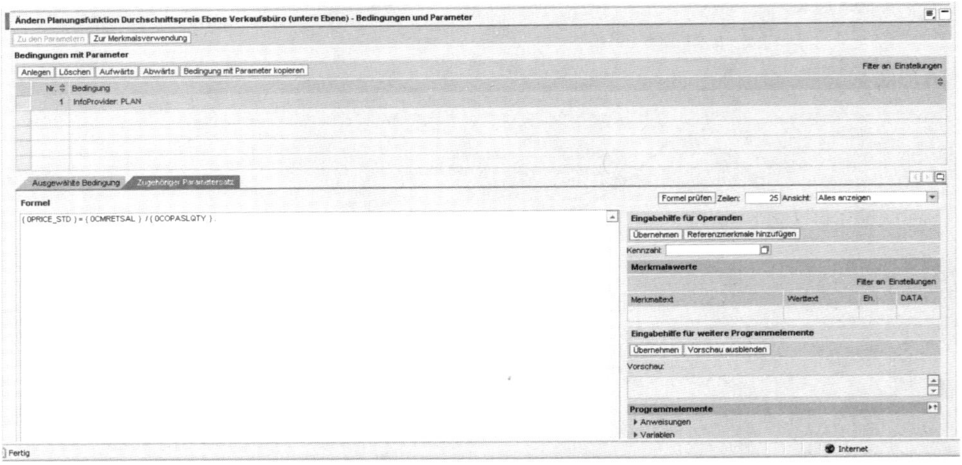

Abbildung 5.29 Initialisierung Durchschnittspreise auf Hierarchieebene 2

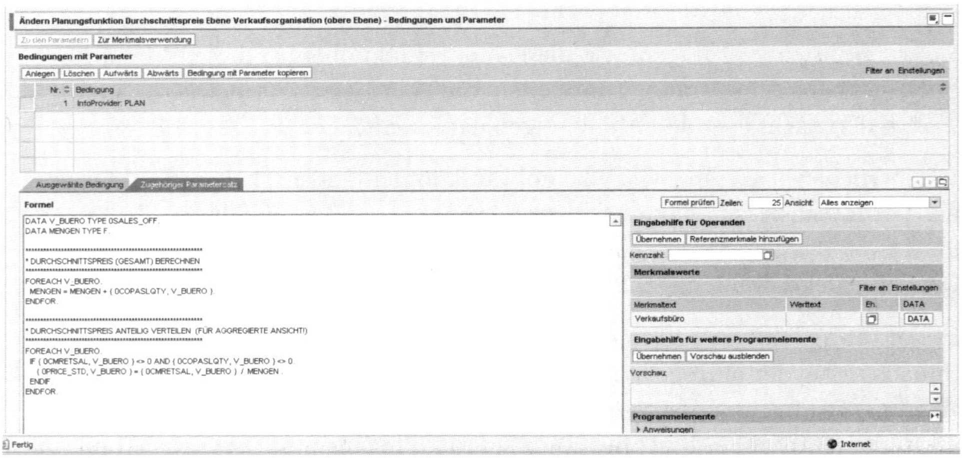

Abbildung 5.30 Initialisierung Durchschnittspreise auf Hierarchieebene 1

In den Abbildungen 5.31 und 5.32 sind die Formel-FOX-Codierungen zur Neuberechnung der Umsätze und Einzelpreise dargestellt.

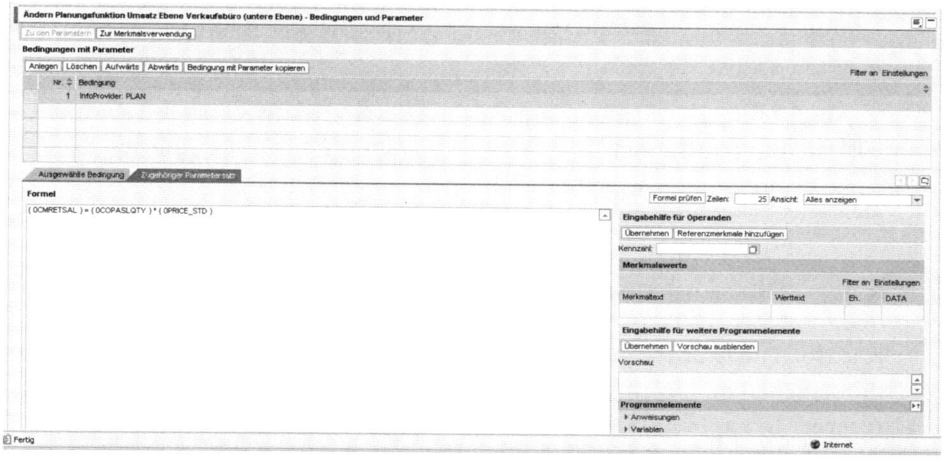

Abbildung 5.31 Neuberechnung auf Hierarchieebene 2

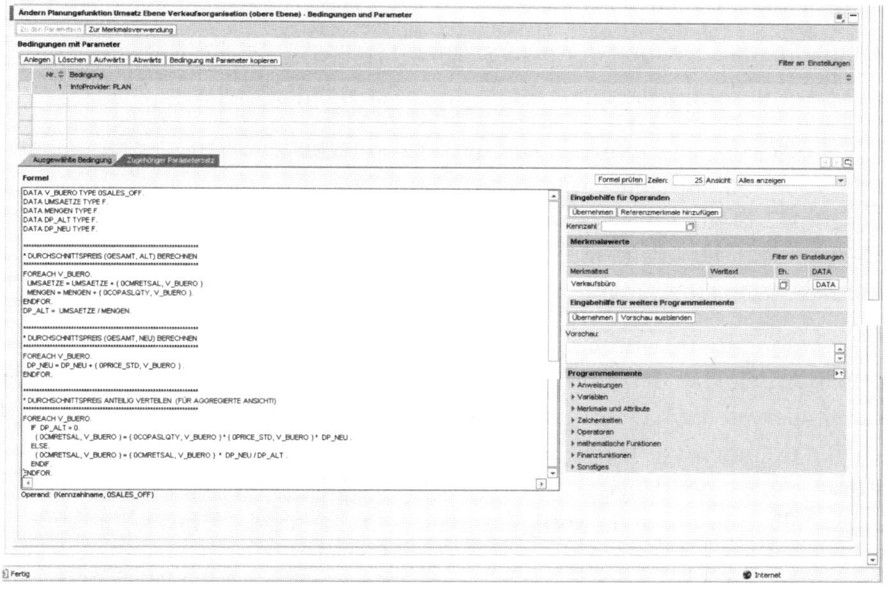

Abbildung 5.32 Neuberechnung auf Hierarchieebene 1

Zum Verständnis der Neuberechnung der Einzelpreise nach Eingabe eines neuen Durchschnittspreises in Abbildung 5.33 möchten wir Sie auf unsere Überlegungen am Anfang dieses Abschnitts verweisen. Wenn ein Durchschnittspreis auf der Hierarchieebene 1 geändert wird, dann müssen die Einzelpreise auf der Hierarchieebene 2 im Verhältnis »neuer Durchschnittspreis« zu »altem Durchschnittspreis« geändert werden. Um diesen Faktor ermitteln zu können, müssen die benötigten Daten natürlich ausgewertet werden.

In Abschnitt 5.3, »Planung und Prognose«, werden wir uns mit dem ebenfalls sehr interessanten Thema der Erstellung einer Prognose im Rahmen einer Planungsanwendung beschäftigen.

5.3 Planung und Prognose

Nachfolgend werden wir den Zusammenhang von Planung und Prognose untersuchen und in einem Beispiel den Umsatz des nächsten Jahres prognostizieren. In Kapitel 3, »Modellierung und Implementierung«, sind Ihnen vielleicht bereits die verschiedenen vordefinierten Planungsfunktionen zur Prognose bzw. genauer zur *deskriptiven Zeitreihenanalyse* aufgefallen.

Eine Planung zeichnet sich hauptsächlich durch folgende Merkmale aus:

- Zukunftsbezogenheit der planerischen Tätigkeit
- Mittel zur optimalen Erreichung der zu planenden Ziele

Die Entscheidungen eines Planungsprozesses müssen auf der Grundlage möglicher zukünftiger Erwartungswerte getroffen werden. Die Daten einer Prognose schaffen die Voraussetzungen, um eine Aussage über den möglichen Verlauf der in einem Planungsproblem behandelten Zukunft treffen zu können, trotz einer unvollständigen Information über die Zukunft.

Eine besondere Bedeutung in der Prognose von Zeitreihen hat in der praktischen Arbeit die deskriptive Zeitreihenanalyse. Diese ist gekennzeichnet durch diskrete und äquidistante Beobachtungswerte, d. h. Werte, die in gleichen Abständen vorliegen. Einige typische Beispiele sind die Prognose der Absatz- und/oder Umsatzzahlen, die Entwicklung der Altersstruktur von Angestellten und der zukünftige Verlauf von Zinssätzen. Die Werte in einer solchen Zeitreihe sind entsprechend dem Merkmal »Zeit« eindeutig angeordnet.

Nachfolgend wollen wir der Frage nachgehen: Wie kann eine Prognose des weiteren Verlaufs einer Zeitreihe erstellt werden? Einer ökonomischen Zeitreihe wird unterstellt, dass sich diese in verschiedene Komponenten zerlegen lässt. Diese Komponenten können dann in den meisten Fällen isoliert voneinander einfacher für den Prognosezeitraum fortgeschrieben werden.

Diese Komponenten sind:

- **Trendkomponente T**
  Ein Trend ist eine langfristige Entwicklung, die über Periodengrenzen (z. B. Jahresgrenzen) hinaus anhält. Es wird angenommen, dass ein Trend monoton fällt oder steigt.
- **Saisonkomponente S**
  Eine Saison zeichnet sich durch einen wellenförmigen Verlauf aus, der auf jahreszeitliche Ursachen zurückzuführen ist.
- **Fehlerkomponente E**
  (Der Buchstabe »E« leitet sich vom englischen Wort für Fehler, »Error«, ab.) Es wird angenommen, dass die Fehlerkomponente einen irregulären Verlauf hat und die Werte im Verhältnis zur Trend- und Saisonkomponente idealerweise relativ klein sind. Die Fehlerkomponente wird auch als Rauschen bezeichnet, die Ursachen für ihren Verlauf sind unbekannt.

Die Komponenten »T«, »S« und »E« werden in Modellen der Zeitreihenzerlegung additiv, multiplikativ und in Mischformen zur Prognose genutzt:

- Additive Zerlegung: Zeitreihe $X = T + S + E$
- Multiplikative Zerlegung: Zeitreihe $X = T \times S \times E$
- Mischform: Zeitreihe $X = T + (S \times E)$ etc.

Für eine weitere detaillierte Diskussion über Zeitreihenzerlegungen möchten wir Sie an dieser Stelle auf die umfassende bestehende Literatur zu diesem Themenkomplex verweisen.

Wir wollen unserer ursprünglichen Frage weiter nachgehen: Wie kann eine Prognose einer Zeitreihe erstellt werden? Entsprechend unseren Ausführungen wollen wir die Prognose von Umsätzen für das nächste Jahr mit einer additiven Zeitreihenzerlegung durchführen. In Abbildung 5.33 ist ein Beispiel für eine solche additive Zeitreihenzerlegung dargestellt. Aus den Umsatzzahlen der vergangenen zwei Jahre 2005 und 2006 ❶ soll der Umsatz für das Jahr 2007 ❺ berechnet werden. Die historische Zeitreihe wird in eine lineare Trendkomponente »T« ❷, ein zyklisch sich jedes Jahr wiederholendes Saisonverhalten »S« ❸ und eine Fehlerkomponente »E« zerlegt.

Unsere Prognose für das Jahr 2007 können wir jetzt einfach erstellen. Mit der Fortführung des linearen Trends für das Jahr 2007 ❷, dem sich zyklisch wiederholenden Saisonverhalten der Vorjahre für das Jahr 2007 ❸ sowie einer linearen Schätzung des Fehlers aus dem Jahr 2006 für das Jahr 2007 ❹ kann die Umsatzprognose für das Jahr 2007 durch Addition der Komponenten »Trend«, »Saison« und »Error« ermittelt werden.

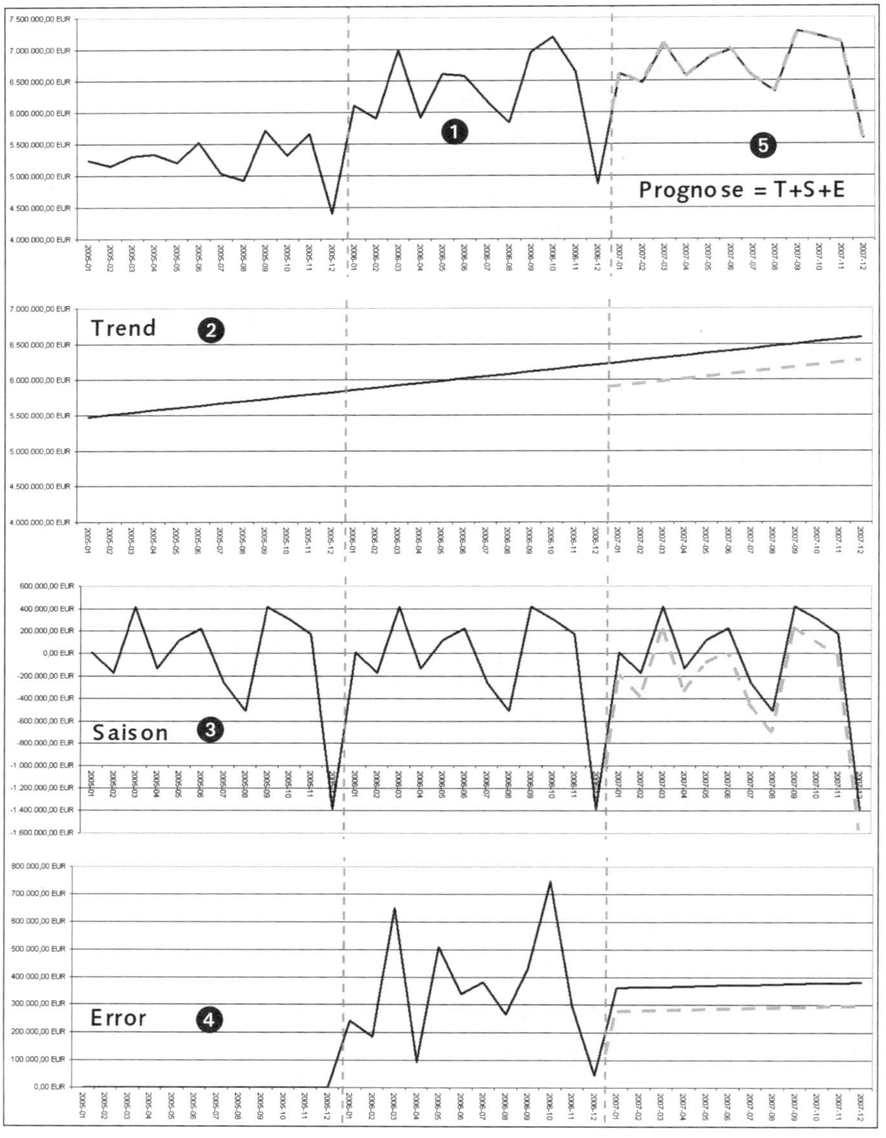

Abbildung 5.33 Beispiel einer additiven Zeitreihenzerlegung

Probieren Sie eine solche Zeitreihenzerlegung einmal in Microsoft Excel aus. Sie werden verblüfft sein, wie einfach und zugleich leistungsfähig eine Zeitreihenzerlegung sein kann.

In Tabelle 5.1 sind die Ausgangsdaten für unser Beispiel einer Umsatzprognose aufgelistet. Die Umsätze liegen für die Jahre 2004, 2005 und 2006 vor.

Monat	Jahr	Umsatz (EUR)
1	2004	5.418.564,00
2	2004	5.058.577,00
3	2004	6.017.115,00
4	2004	5.471.226,00
5	2004	5.248.752,00
6	2004	6.065.115,00
7	2004	5.411.407,00
8	2004	4.618.438,00
9	2004	5.679.949,00
10	2004	5.388.610,00
11	2004	5.682.132,00
12	2004	4.800.100,00
1	2005	5.242.046,00
2	2005	5.147.464,00
3	2005	5.305.109,00
4	2005	5.341.079,00
5	2005	5.208.575,00
6	2005	5.519.745,00
7	2005	5.031.644,00
8	2005	4.924.010,00
9	2005	5.715.358,00
10	2005	5.319.026,00
11	2005	5.664.828,00
12	2005	4.397.885,00

Tabelle 5.1 Umsatzdaten für eine Prognose mit Zeitreihenzerlegung

Monat	Jahr	Umsatz (EUR)
1	2006	6.110.385,00
2	2006	5.903.157,00
3	2006	6.986.955,00
4	2006	5.912.484,00
5	2006	6.608.245,00
6	2006	6.577.834,00
7	2006	6.175.740,00
8	2006	5.836.628,00
9	2006	6.958.860,00
10	2006	7.199.018,00
11	2006	6.646.143,00
12	2006	4.871.917,00

Tabelle 5.1 Umsatzdaten für eine Prognose mit Zeitreihenzerlegung (Forts.)

Für unsere additive Zeitreihenzerlegung haben wir einen Ist-Cube mit den Umsatzdaten aus Tabelle 5.1 und einen realtime-fähigen Plan-Cube mit der gleichen Kennzahl für den Umsatz, aber auch mit Kennzahlen für die Zeitreihenkomponenten »T«, »S« und »E« sowie mit Hilfskennzahlen für die Berechnung angelegt. Diese Hilfskennzahlen »T1«, »T2« und »T3« brauchen wir nur für die temporäre Nutzung als Zwischenspeicher bei Berechnungsschritten. Der Ist- und der Plan-Cube sind über einen MultiProvider miteinander verbunden, und darauf aufbauend wurde die Aggregationsebene der BI-integrierten Planung definiert.

Welche Berechnungsschritte müssen wir durchführen?

1. **Trendkomponente T**
   Berechnung der Linearen Regression auf den Umsatzzahlen zur Ermittlung der Trendkomponente »T«. Die Trendkomponente muss auch für die Jahre 2006 und 2005 ermittelt werden.
2. **Saisonkomponente S**
   Von den originalen Umsatzzahlen der Jahre 2005 und 2006 wird die Trendkomponente abgezogen. Aus der Differenz aus den Jahren 2005 und 2006 berechnen wir für jeden Monat den Durchschnitt und erhalten damit unsere Saisonkomponente »S«.

3. **Fehlerkomponente E**
   Die Fehlerkomponente erhalten wir als Differenz aus der Subtraktion der Trend- und der Saisonkomponente von den Umsatzzahlen. Diese Berechnung führen wir nur für das Jahr 2006 durch und berechnen mit einer linearen Regression den zu erwartenden Fehler für das Prognosejahr 2007.
4. **Prognose T+S+E**
   Unsere Umsatzprognose für das Jahr 2007 erhalten wir aus der Addition der Trendkomponente für 2007, der ermittelten Saisonkomponente und der Prognose des Fehlers für 2007.

Die für eine solche additive Zeitreihenzerlegung durchzuführenden Schritte sind inklusive der Standardplanungsfunktionen der BI-integrierten Planung in Abbildung 5.34 abgebildet.

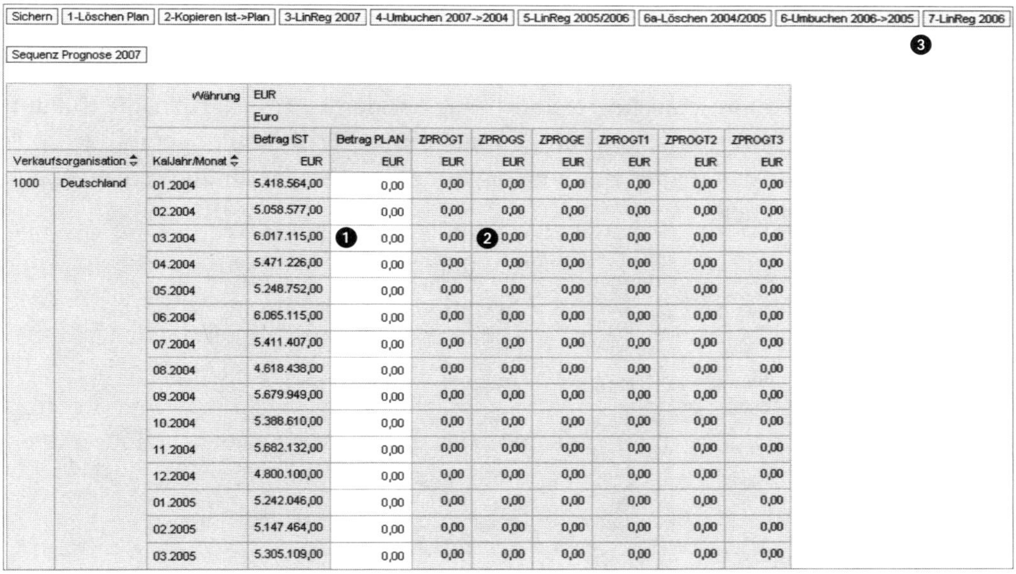

		Währung	EUR							
			Euro							
			Betrag IST	Betrag PLAN	ZPROGT	ZPROGS	ZPROGE	ZPROGT1	ZPROGT2	ZPROGT3
Verkaufsorganisation		KalJahr/Monat	EUR	EUR	EUR	EUR	EUR	EUR	EUR	EUR
1000	Deutschland	01.2004	5.418.564,00	0,00	0,00	0,00	0,00	0,00	0,00	0,00
		02.2004	5.058.577,00	0,00	0,00	0,00	0,00	0,00	0,00	0,00
		03.2004	6.017.115,00	0,00	0,00	0,00	0,00	0,00	0,00	0,00
		04.2004	5.471.226,00	0,00	0,00	0,00	0,00	0,00	0,00	0,00
		05.2004	5.248.752,00	0,00	0,00	0,00	0,00	0,00	0,00	0,00
		06.2004	6.065.115,00	0,00	0,00	0,00	0,00	0,00	0,00	0,00
		07.2004	5.411.407,00	0,00	0,00	0,00	0,00	0,00	0,00	0,00
		08.2004	4.618.438,00	0,00	0,00	0,00	0,00	0,00	0,00	0,00
		09.2004	5.679.949,00	0,00	0,00	0,00	0,00	0,00	0,00	0,00
		10.2004	5.388.610,00	0,00	0,00	0,00	0,00	0,00	0,00	0,00
		11.2004	5.682.132,00	0,00	0,00	0,00	0,00	0,00	0,00	0,00
		12.2004	4.800.100,00	0,00	0,00	0,00	0,00	0,00	0,00	0,00
		01.2005	5.242.046,00	0,00	0,00	0,00	0,00	0,00	0,00	0,00
		02.2005	5.147.464,00	0,00	0,00	0,00	0,00	0,00	0,00	0,00
		03.2005	5.305.109,00	0,00	0,00	0,00	0,00	0,00	0,00	0,00

Abbildung 5.34 Planungssequenz für additive Zeitreihenzerlegung

Sie sehen die Istumsatzdaten in der Spalte ❶, daneben die Spalte für die Planzahlen und im rechten Bereich die durch unsere Berechnungsschritte zu füllenden Spalten für die T-, S- und E-Komponente ❷. Im Kopfbereich ❸ sehen Sie die einzelnen Planungsfunktionen, die wir zur Berechnung der Zeitreihenzerlegung definieren mussten. Da wir versucht haben, nach Möglichkeit Standardplanungsfunktionen zu nutzen, resultierte daraus eine Anzahl von 14 sequenziell auszuführenden Planungsfunktionen. Diese Planungsfunktionen wurden von uns zusätzlich in einer Planungssequenz angeordnet.

Ein Großteil der in Abbildung 5.34 abgebildeten Planungsfunktionen resultiert aus den teilweise noch unflexiblen Anwendungsmöglichkeiten der vordefinierten Prognosefunktionen. Eine lineare Regression kann bezogen auf die Ausgangsdaten nur in die Zukunft fortgeschrieben werden. Wir benötigen unsere Trendkomponente aber auch für die Jahre der Ausgangsdaten. Eine solche Parametrisierung ist allerdings nicht möglich. Also mussten wir mit einigen Kunstgriffen die Daten so hin- und herkopieren, bis eine Trendkomponente auch für die Jahre 2005 und 2006 vorlag.

In Abbildung 5.35 ist der erste Schritt zur Erstellung der Trendkomponente dargestellt. Ausgehend von den in die Spalte mit den Planzahlen kopierten Umsatzdaten ❹ wird das Ergebnis der linearen Regression in der Spalte mit der Kennzahl unserer Trendkomponente ❺ erzeugt.

Zur weiteren Erzeugung der Trendkomponente für die Jahre 2005 und 2006 wurde die Trendkomponente für das Jahr 2007 gespiegelt in das Jahr 2004 geschrieben (Umbuchung: 12.2006 in 01.2004, 11.2006 in 02.2004 etc.), und es konnte eine Regression bezüglich des Jahres 2004 in die Zukunft durchgeführt werden – bezogen auf unsere Trendkomponente aus 2007 haben wir damit aber eine Verlängerung der Geraden in die Vergangenheit vorgenommen.

01.2006	6.110.385,00	6.110.385,00	0,00	0,00	0,00	0,00	0,00	0,00
02.2006	5.903.157,00	5.903.157,00	0,00	0,00	0,00	0,00	0,00	0,00
03.2006	6.986.955,00	6.986.955,00	0,00	0,00	0,00	0,00	0,00	0,00
04.2006	5.912.484,00	5.912.484,00	0,00	0,00	0,00	0,00	0,00	0,00
05.2006	6.608.245,00	6.608.245,00	0,00	0,00	0,00	0,00	0,00	0,00
06.2006	6.577.834,00	6.577.834,00	0,00	0,00	0,00	0,00	0,00	0,00
07.2006	6.175.740,00	6.175.740,00 ❹	0,00	0,00	0,00	0,00	0,00	0,00
08.2006	5.836.628,00	5.836.628,00	0,00	0,00	0,00	0,00	0,00	0,00
09.2006	6.958.860,00	6.958.860,00	0,00	0,00	0,00	0,00	0,00	0,00
10.2006	7.199.018,00	7.199.018,00	0,00	0,00	0,00	0,00	0,00	0,00
11.2006	6.646.143,00	6.646.143,00	0,00	0,00	0,00	0,00	0,00	0,00
12.2006	4.871.917,00	4.871.917,00	0,00	0,00	0,00	0,00	0,00	0,00
01.2007		0,00	6.242.795,61 ❺	0,00	0,00	0,00	0,00	0,00
02.2007		0,00	6.274.742,34	0,00	0,00	0,00	0,00	0,00
03.2007		0,00	6.306.689,07	0,00	0,00	0,00	0,00	0,00
04.2007		0,00	6.338.635,80	0,00	0,00	0,00	0,00	0,00
05.2007		0,00	6.370.582,53	0,00	0,00	0,00	0,00	0,00
06.2007		0,00	6.402.529,26	0,00	0,00	0,00	0,00	0,00

Abbildung 5.35 Lineare Regression zur Trendermittlung

In Abbildung 5.36 sind die vielen notwendigen Kopier-, Umbuchungs- und Prognoseschritte zusammengefasst aufgeführt. Die nachfolgenden Schritte entsprechen in ihrer Nummerierung nicht den Planungsschritten in Abbildung 5.34. In der nachfolgenden Auflistung sind teilweise mehrere Planungsfunktionen in einem Schritt zusammengefasst.

❶ Kopieren des Istumsatzes der Jahre 2004 bis 2006 in die Plankennzahl »Betrag PLAN«.

❷ Lineare Regression zur Ermittlung der Trendkomponente »T«, Ablage in Kennzahl »ZPROGT« für das Jahr 2007.

❸ Umbuchung Trend von 2007 nach 2004 (12.2007 in 01.2004, 11.2007 in 02.2004 etc.).

❹ Lineare Regression von 2004 nach 2005 und 2006, »Umdrehen« der Werte von 01.2005 nach 12.2006, 02.2005 nach 11.2006 etc., um die Trendkomponente für die Jahre 2005 und 2006 zu erhalten. Neue lineare Regression für das Jahr 2007, damit die Trendkomponente vollständig von 2005 bis 2007 vorliegt.

❺ Differenz berechnen aus Originaldaten abzüglich Trendkomponente und in temporärer Hilfskennzahl »ZPROGT1« ablegen. Anschließend die Saisonkomponente in der Kennzahl »ZPROGS« als Durchschnitt der beiden Jahre 2005 und 2006 erstellen.

❻ Jetzt kann die Fehlerkomponente »E« ermittelt werden. Von den Umsatzzahlen werden die Trend- und Saisonkomponente abgezogen, und die Differenz für das Jahr 2006 wird in der Kennzahl »ZPROGE« abgelegt.

❼ Mit einer linearen Regression werden die Fehlerdifferenzen aus 2006 in das Jahr 2007 fortgeschrieben.

❽ Die Saisonkomponente wird vom Jahr 2006 in das Jahr 2007 umgebucht.

❾ Im letzten Schritt wird die Umsatzprognose für 2007 als Addition der Trend-, Saison- und Fehlerkomponente erstellt.

Das Ergebnis unserer additiven Zeitreihenzerlegung zur Umsatzprognose für das Jahr 2007 ist in Abbildung 5.37 dargestellt.

Ausgehend von dem Istverlauf des Umsatzes ❶ wurde mit einer linearen Regression ❷ ein Trend ermittelt. Aus der Differenz der Umsatzzahlen und des Trends konnte die Saisonkomponente ❸ ermittelt werden. Diese Saisonkomponente wiederholt sich jedes Jahr. Von der Fehlerkomponente ❹ wurde mit einer linearen Regression eine Abschätzung des Fehlers ❺ für das Prognosejahr erstellt. Die Prognose der Umsatzzahlen ❼ ergibt sich aus der Addition der Trend-, Saison- und der Fehlerkomponente ❻.

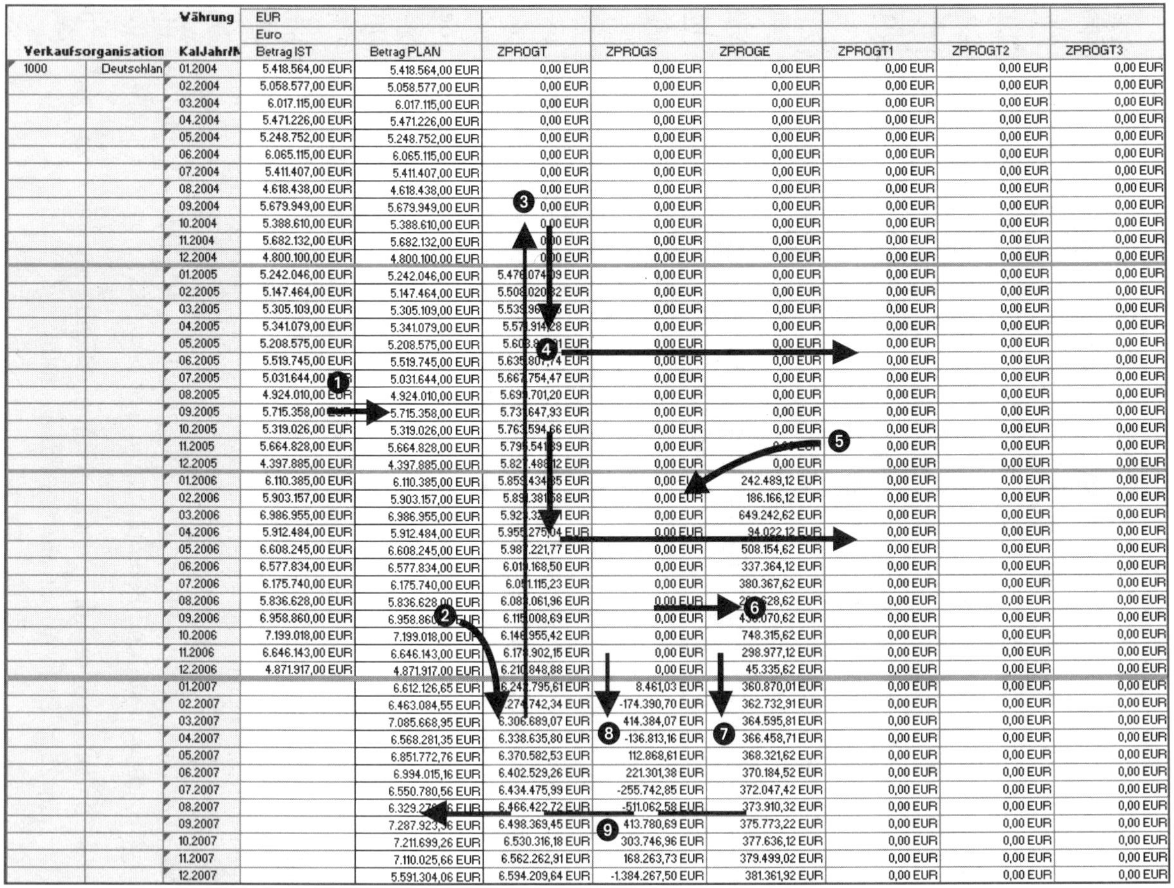

		Währung	EUR							
			Euro							
Verkaufsorganisation		KalJahr/M	Betrag IST	Betrag PLAN	ZPROGT	ZPROGS	ZPROGE	ZPROGT1	ZPROGT2	ZPROGT3
1000	Deutschlan	01.2004	5.418.564,00 EUR	5.418.564,00 EUR	0,00 EUR	0,00 EUR	0,00 EUR	0,00 EUR	0,00 EUR	0,00 EUR
		02.2004	5.058.577,00 EUR	5.058.577,00 EUR	0,00 EUR	0,00 EUR	0,00 EUR	0,00 EUR	0,00 EUR	0,00 EUR
		03.2004	6.017.115,00 EUR	6.017.115,00 EUR	0,00 EUR	0,00 EUR	0,00 EUR	0,00 EUR	0,00 EUR	0,00 EUR
		04.2004	5.471.226,00 EUR	5.471.226,00 EUR	0,00 EUR	0,00 EUR	0,00 EUR	0,00 EUR	0,00 EUR	0,00 EUR
		05.2004	5.248.752,00 EUR	5.248.752,00 EUR	0,00 EUR	0,00 EUR	0,00 EUR	0,00 EUR	0,00 EUR	0,00 EUR
		06.2004	6.065.115,00 EUR	6.065.115,00 EUR	0,00 EUR	0,00 EUR	0,00 EUR	0,00 EUR	0,00 EUR	0,00 EUR
		07.2004	5.411.407,00 EUR	5.411.407,00 EUR	0,00 EUR	0,00 EUR	0,00 EUR	0,00 EUR	0,00 EUR	0,00 EUR
		08.2004	4.618.438,00 EUR	4.618.438,00 EUR	0,00 EUR	0,00 EUR	0,00 EUR	0,00 EUR	0,00 EUR	0,00 EUR
		09.2004	5.679.949,00 EUR	5.679.949,00 EUR	0,00 EUR	0,00 EUR	0,00 EUR	0,00 EUR	0,00 EUR	0,00 EUR
		10.2004	5.388.610,00 EUR	5.388.610,00 EUR	0,00 EUR	0,00 EUR	0,00 EUR	0,00 EUR	0,00 EUR	0,00 EUR
		11.2004	5.682.132,00 EUR	5.682.132,00 EUR	0,00 EUR	0,00 EUR	0,00 EUR	0,00 EUR	0,00 EUR	0,00 EUR
		12.2004	4.800.100,00 EUR	4.800.100,00 EUR	0,00 EUR	0,00 EUR	0,00 EUR	0,00 EUR	0,00 EUR	0,00 EUR
		01.2005	5.242.046,00 EUR	5.242.046,00 EUR	[illegible]	0,00 EUR	0,00 EUR	0,00 EUR	0,00 EUR	0,00 EUR
		02.2005	5.147.464,00 EUR	5.147.464,00 EUR	[illegible]	0,00 EUR	0,00 EUR	0,00 EUR	0,00 EUR	0,00 EUR
		03.2005	5.305.109,00 EUR	5.305.109,00 EUR	[illegible]	0,00 EUR	0,00 EUR	0,00 EUR	0,00 EUR	0,00 EUR
		04.2005	5.341.079,00 EUR	5.341.079,00 EUR	[illegible]	0,00 EUR	0,00 EUR	0,00 EUR	0,00 EUR	0,00 EUR
		05.2005	5.208.575,00 EUR	5.208.575,00 EUR	[illegible]	0,00 EUR	0,00 EUR	0,00 EUR	0,00 EUR	0,00 EUR
		06.2005	5.519.745,00 EUR	5.519.745,00 EUR	[illegible]	0,00 EUR	0,00 EUR	0,00 EUR	0,00 EUR	0,00 EUR
		07.2005	5.031.644,00 EUR	5.031.644,00 EUR	[illegible]	0,00 EUR	0,00 EUR	0,00 EUR	0,00 EUR	0,00 EUR
		08.2005	4.924.010,00 EUR	4.924.010,00 EUR	[illegible]	0,00 EUR	0,00 EUR	0,00 EUR	0,00 EUR	0,00 EUR
		09.2005	5.715.358,00 EUR	5.715.358,00 EUR	[illegible]	0,00 EUR	0,00 EUR	0,00 EUR	0,00 EUR	0,00 EUR
		10.2005	5.319.026,00 EUR	5.319.026,00 EUR	[illegible]	0,00 EUR	0,00 EUR	0,00 EUR	0,00 EUR	0,00 EUR
		11.2005	5.664.828,00 EUR	5.664.828,00 EUR	[illegible]	0,00 EUR	[illegible]	0,00 EUR	0,00 EUR	0,00 EUR
		12.2005	4.397.885,00 EUR	4.397.885,00 EUR	[illegible]	0,00 EUR	0,00 EUR	0,00 EUR	0,00 EUR	0,00 EUR
		01.2006	6.110.385,00 EUR	6.110.385,00 EUR	[illegible]	0,00 EUR	242.489,12 EUR	0,00 EUR	0,00 EUR	0,00 EUR
		02.2006	5.903.157,00 EUR	5.903.157,00 EUR	[illegible]	0,00 EUR	186.166,12 EUR	0,00 EUR	0,00 EUR	0,00 EUR
		03.2006	6.986.955,00 EUR	6.986.955,00 EUR	[illegible]	0,00 EUR	649.242,62 EUR	0,00 EUR	0,00 EUR	0,00 EUR
		04.2006	5.912.484,00 EUR	5.912.484,00 EUR	[illegible]	0,00 EUR	94.022,12 EUR	0,00 EUR	0,00 EUR	0,00 EUR
		05.2006	6.608.245,00 EUR	6.608.245,00 EUR	[illegible]	0,00 EUR	508.154,62 EUR	0,00 EUR	0,00 EUR	0,00 EUR
		06.2006	6.577.834,00 EUR	6.577.834,00 EUR	[illegible]	0,00 EUR	337.364,12 EUR	0,00 EUR	0,00 EUR	0,00 EUR
		07.2006	6.175.740,00 EUR	6.175.740,00 EUR	[illegible]	0,00 EUR	380.367,62 EUR	0,00 EUR	0,00 EUR	0,00 EUR
		08.2006	5.836.628,00 EUR	5.836.628,00 EUR	[illegible]	0,00 EUR	[illegible]	0,00 EUR	0,00 EUR	0,00 EUR
		09.2006	6.958.860,00 EUR	[illegible]	[illegible]	0,00 EUR	[illegible]	0,00 EUR	0,00 EUR	0,00 EUR
		10.2006	7.199.018,00 EUR	7.199.018,00 EUR	[illegible]	0,00 EUR	748.315,62 EUR	0,00 EUR	0,00 EUR	0,00 EUR
		11.2006	6.646.143,00 EUR	6.646.143,00 EUR	[illegible]	0,00 EUR	298.977,12 EUR	0,00 EUR	0,00 EUR	0,00 EUR
		12.2006	4.871.917,00 EUR	4.871.917,00 EUR	[illegible]	0,00 EUR	45.335,62 EUR	0,00 EUR	0,00 EUR	0,00 EUR
		01.2007		6.612.126,65 EUR	[illegible]	8.461,03 EUR	360.870,01 EUR	0,00 EUR	0,00 EUR	0,00 EUR
		02.2007		6.463.084,55 EUR	[illegible]	-174.390,70 EUR	362.732,91 EUR	0,00 EUR	0,00 EUR	0,00 EUR
		03.2007		7.085.668,95 EUR	6.306.689,07 EUR	414.384,07 EUR	364.595,81 EUR	0,00 EUR	0,00 EUR	0,00 EUR
		04.2007		6.568.281,35 EUR	6.338.635,80 EUR	-136.813,16 EUR	366.458,71 EUR	0,00 EUR	0,00 EUR	0,00 EUR
		05.2007		6.851.772,76 EUR	6.370.582,53 EUR	112.868,61 EUR	368.321,62 EUR	0,00 EUR	0,00 EUR	0,00 EUR
		06.2007		6.994.015,16 EUR	6.402.529,26 EUR	221.301,38 EUR	370.184,52 EUR	0,00 EUR	0,00 EUR	0,00 EUR
		07.2007		6.550.780,56 EUR	6.434.475,99 EUR	-255.742,85 EUR	372.047,42 EUR	0,00 EUR	0,00 EUR	0,00 EUR
		08.2007		[illegible]	6.466.422,72 EUR	-511.062,58 EUR	373.910,32 EUR	0,00 EUR	0,00 EUR	0,00 EUR
		09.2007		[illegible]	6.498.369,45 EUR	413.780,69 EUR	375.773,22 EUR	0,00 EUR	0,00 EUR	0,00 EUR
		10.2007		7.211.699,26 EUR	6.530.316,18 EUR	303.746,96 EUR	377.636,12 EUR	0,00 EUR	0,00 EUR	0,00 EUR
		11.2007		7.110.025,66 EUR	6.562.262,91 EUR	168.263,73 EUR	379.499,02 EUR	0,00 EUR	0,00 EUR	0,00 EUR
		12.2007		5.591.304,06 EUR	6.594.209,64 EUR	-1.384.267,50 EUR	381.361,92 EUR	0,00 EUR	0,00 EUR	0,00 EUR

Abbildung 5.36 Sukzessive Ausführung der Planungsfunktionen

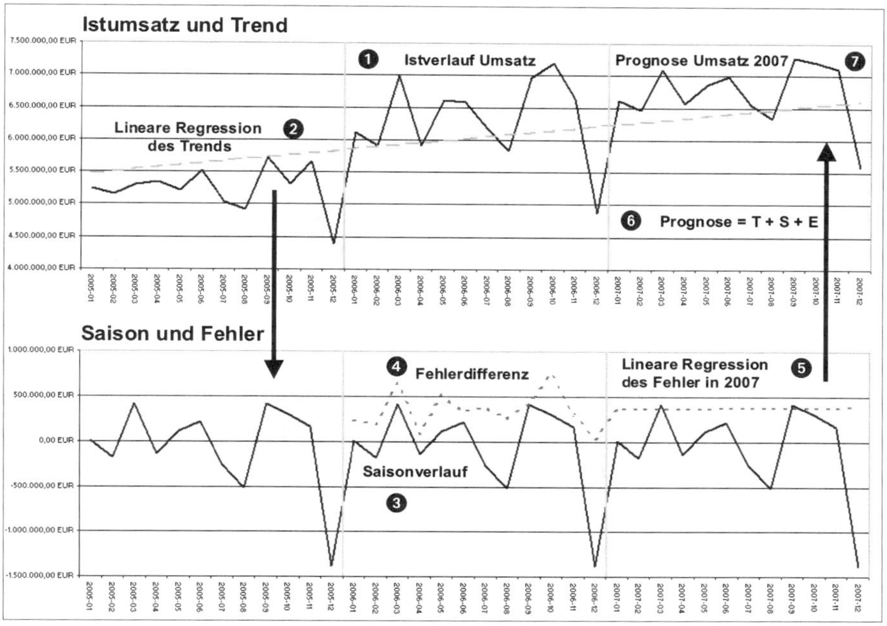

Abbildung 5.37 Ergebnis der additiven Zeitreihenzerlegung

In diesem Abschnitt haben wir Ihnen den Einsatz der Planungsfunktionen für eine Prognose des Umsatzes gezeigt. Aufgrund der an manchen Stellen noch etwas umständlichen Handhabung der vordefinierten Planungsfunktionen mag bei Ihnen der Eindruck entstanden sein, dass sich eine solche Prognose doch besser in ABAP programmieren lässt. Wir möchten Ihnen dazu die folgende Empfehlung geben: Wenn Sie Ihre Analysen und Prognosen mit den vordefinierten Planungsfunktionen durchführen können, dann nutzen Sie auch diese Planungsfunktionen. Eine individuelle Programmierung ist weitaus zeitaufwendiger und fehleranfälliger und lohnt sich erst bei komplexen Fragestellungen, die diesen weitaus größeren Aufwand in der Entwicklung rechtfertigen.

5.4 Empfehlungen für Modellierung, Implementierung, Betrieb

Nachfolgend haben wir Ihnen in den drei Kategorien Modellierung, Implementierung und Betrieb die wichtigsten Punkte zusammengestellt, auf die Sie bei der Erstellung einer Planungsanwendung mit der BI-integrierten Planung achten sollten.

5.4.1 Modellierung

Welche Punkte sind in der Vorbereitung einer Planungsanwendung zu beachten?

- **Performance**
  Achten Sie bei der Modellierung Ihrer Planungsanwendung darauf, dass die von Ihnen genutzten Ist- und Plandaten nicht aus einem zu großen InfoCube bzw. DSO stammen. Bedenken Sie, dass die BI-integrierte Planung eine Query (egal, ob im Web oder mit Excel) als Basis für die Datenbereitstellung nutzt. Wenn Ihre Querys auf den Ist- und Plandaten bereits lange Ausführungszeiten haben, dann folgt daraus eine für den Anwender einer Planungsanwendung nicht akzeptable Antwortzeit. Es empfiehlt sich also, für Planungsanwendungen eine geeignete Data-Mart-Architektur zu wählen.
- **Komplexität**
  Modellieren Sie für mehrere Planungsanwendungen besser getrennte Aggregationsebenen und Querys. Im Sinne einer besseren Anpassbarkeit und Wartung können wir Ihnen empfehlen, verschiedene Planungsanforderungen in separierten Modellierungen vollständig zu trennen.
- **Planung**
  Nehmen Sie sich die Zeit, die Anforderungen an Ihre Planungsanwendung genau aufzunehmen. Wägen Sie dann ab, auf welcher Datenbasis (normaler Datenwürfel, verkleinerter Data-Mart etc.) Sie Ihre Planungsanwendung anlegen. Wie aktuell müssen die Daten für Ihren Planungsvorgang sein? Wie wollen Sie diese Daten weiter nutzen, sollen z. B. diese Daten nach einem Schlüssel umgelegt und in das operative System zurückgeschrieben werden?

5.4.2 Implementierung

Welche Punkte sind bei der Umsetzung zu beachten?

- **Query Design**
  Achten Sie bei der Erstellung der eingabebereiten Query auf eine vollständige Definition aller Merkmalsausprägungen. Machen Sie sich bitte klar: Wenn Sie Daten speichern wollen, dann muss SAP NetWeaver BI natürlich auch wissen, zu welchen Merkmalsausprägungen diese Daten gespeichert werden sollen. Eine eingabebereite Query ist genau dann korrekt definiert, wenn beim Ausführen der Query die von Ihnen als eingabebereit gekennzeichneten Zeilen/Spalten weiß hinterlegt sind und Sie die Daten in diesen Zeilen/Spalten editieren können.

- **Wahl der Oberfläche**
  Eine Planungsanwendung soll normalerweise die dezentralen Planungen mehrerer Planer zentral erfassen und auswertbar machen. Es empfiehlt sich daher, die Planung mit einer Webapplikation zu nutzen. Der BEx Web Application Designer ist zur Erstellung einer Oberfläche für eine Planungsanwendung aus unserer Erfahrung deutlich stabiler als der BEx Analyzer. Die Durchführung einer Planung in Excel hat nur dann Vorzüge, wenn Sie eine erweiterte Programmierung bzw. Anbindung an weitere Datenquellen/Datenziele vornehmen.
- **Planungsfunktionen**
  Die in der BI-integrierten Planung vorhandenen Planungsfunktionen ermöglichen die schnelle Umsetzung vieler Standardanforderungen der Anwender. Wir haben aber in Abschnitt 5.3, »Planung und Prognose«, auch darzustellen versucht, wie aufwendig und auch mühsam die Datenaufbereitung mit den Standardfunktionalitäten der BI-integrierten Planung sein kann. Wir empfehlen bei komplexen Veränderungen bzw. Aufbereitungen der Daten die direkte Nutzung des Customer Exits, um die Verarbeitung komfortabel in ABAP entwickeln und testen zu können.

5.4.3 Betrieb

Auf welche Punkte sollten Sie während des Betriebs einer Planungsanwendung achten?

- **Datenvolumen**
  Prüfen Sie besonders nach der ersten Produktivsetzung einer Planungsanwendung, wie sich das Datenvolumen im realtime-fähigen InfoCube entwickelt. Eventuell besteht hier rascher Handlungsbedarf, um die veränderten Daten in kürzeren Abständen zu komprimieren und damit keine Verschlechterung der Performance zu erhalten.
- **Datenbewirtschaftung**
  Wenn Sie im Rahmen Ihrer Datenfortschreibung nicht nur den Ist-InfoCube, sondern auch den realtime-fähigen Plan-InfoCube mit Daten befüllen, dann müssen Sie zwischen den Zuständen MIT DATEN BELADBAR und PLANBAR hin- und herschalten. Denken Sie daran, dass Sie diesen Aufruf in Ihre Prozessketten mit einbauen.

6 Zusammenfassung

Die BI-integrierte Planung ist als neues Werkzeug in SAP NetWeaver BI bereits zu einem stabilen und leistungsstarken Planungsinstrument herangereift. An einigen Stellen gibt es dennoch Verbesserungsbedarf: Hierbei handelt es sich vor allem um die noch zu erweiternden Möglichkeiten in der Parametrisierung von Planungsfunktionen und um eine Erweiterung der Planungsfunktionen selbst. So können Sie mit der Planungsfunktion KOPIEREN bisher nur die Daten zwischen zwei InfoCubes kopieren, wenn es sich um die gleiche Kennzahl handelt. Zum Beispiel können Sie die Daten der Kennzahl »Umsatz von InfoCube A« in die gleiche Kennzahl »Umsatz von InfoCube B« kopieren. Die Notwendigkeit einer gleichen Kennzahlendefinition für einen Kopiervorgang ist aus Anwendersicht nicht verständlich. Ein anderes Beispiel ist die Berechnung von Prognosedaten, die nur für einen zukünftigen Zeitraum durchgeführt werden kann. In Kapitel 5, »Konzeption und Betrieb einer Planungsanwendung«, hatten wir in Abschnitt 5.3, »Planung und Prognose«, die Anforderung aufgestellt, dass eine Trendgerade mit der linearen Regression auch auf einen bereits vergangenen Zeitraum anwendbar sein muss. Fakt ist aber, dass die Prognose-Planungsfunktion dies nicht ermöglicht. Diese »Kinderkrankheiten« werden sicher infolge umfassender Weiterentwicklungen im Laufe der nächsten Zeit behoben werden. Wir haben die Erfahrung gemacht, dass sich besonders die Gestaltung von Planungsanwendungen mit dem BEx Web Application Designer in mehreren Projekten als stabile Oberfläche bewährt hat. Die Anwendung des BEx Analyzers führte dagegen mehrfach zu Problemen. Eine geänderte Parametrisierung einer Planungsfunktion wurde im BEx Analyzer häufig erst erkannt, nachdem dieser mit der Arbeitsmappe vollständig neu gestartet worden war.

Der Name *BI-integrierte Planung* beinhaltet bereits die technische Integration dieses Planungsinstruments in SAP NetWeaver BI, zeigt jedoch auch auf, mit welcher Zielsetzung dieses Planungsinstrument genutzt werden kann. Eine isolierte Planung von betrieblichen Teilbereichen führt in den seltensten Fällen zu brauchbaren Ergebnissen. Im Vordergrund einer jeden Planungsaufgabe steht ihre Einbettung in den sie umgebenden betrieblichen Kontext. In Abhängigkeit der Modellierung, Wartung und kontinuierlichen Erweiterung Ihres Data Warehouses besteht die Möglichkeit, eine auf konsolidierten und qualitativ hochwertigen Unternehmensdaten durchführbare teilintegrierte Unternehmensplanung umzusetzen. Mit der BI-integrierten Planung können Sie als Anwender einen weiteren Schritt in diese Richtung gehen.

In Zukunft wird es neben der BI-integrierten Planung weitere Instrumente und Technologien in Verbindung mit SAP NetWeaver BI geben, mit denen Planungsanwendungen realisiert werden können. Nach der aktuellen Übernahme von Business Objects durch SAP werden im Frontend-Bereich in der nächsten Zeit viele Produkte verändert bzw. ausgetauscht werden. Ebenso wird die Übernahme von OutlookSoft und die Integration des neuen SAP-Produkts SAP BPC (Business Planning & Consolidation) in SAP NetWeaver BI viele Veränderungen mit sich bringen. Zum Zeitpunkt der Drucklegung dieses Buches plant SAP, sowohl die BI-integrierte Planung als auch BPC aufgrund unterschiedlicher Anwendbarkeit und Zielgruppen weiterzuentwickeln.

Die Autoren

Dr. Martin Kießwetter promovierte in Wirtschaftsinformatik an der Universität Hamburg. Er verfügt über langjährige Erfahrungen in den Branchen Energiewirtschaft und Finanzdienstleistung. Heute ist er Geschäftsführer der auf Business-Intelligence-Lösungen spezialisierten bi2b. Der Schwerpunkt seiner Tätigkeit bezieht sich auf die Ausarbeitung von BI-Strategien und die Umsetzung von Business-Intelligence- und Integrations-Lösungen auf Basis von SAP NetWeaver BI, SAP NetWeaver Exchange Infrastructure, SAP NetWeaver Portal sowie Microsoft BI. Sie können den Autor unter der folgenden E-Mail-Adresse kontaktieren: *martin.kiesswetter@bi2b.info*.

Stephan Berkenkamp hat sein Studium der Wirtschaftswissenschaften mit betriebswirtschaftlicher Ausrichtung an der Universität Dortmund abgeschlossen. Seine langjährige Erfahrung in der Einführung von SAP-Softwareprodukten, vor allem ERP (R/2 und R/3) und BI, hat er in zahlreichen Kundenprojekten bei renommierten nationalen und internationalen Unternehmensberatungen in verschiedenen Branchen erworben. Heute ist er als freier Mitarbeiter für die auf Business-Intelligence-Lösungen spezialisierte bi2b tätig. Der Schwerpunkt seiner Tätigkeit liegt auf der Ausarbeitung von BI-Strategien und der Umsetzung von BI-Lösungen auf Basis von SAP NetWeaver BI sowie auf der betriebswirtschaftlichen Beratung im Rechnungswesen. Sie können den Autor unter der folgenden E-Mail-Adresse kontaktieren: *stephan.berkenkamp@bi2b.info*.

Dirk Vahlkamp hat sein Maschinenbaustudium und wirtschaftswissenschaftliches Zusatzstudium an der Fachhochschule Köln abgeschlossen. Er verfügt über langjährige Erfahrung in der Einführung von SAP-Softwareprodukten (ERP, BI, SEM) und war für renommierte nationale und internationale Unternehmensberatungen in zahlreichen Kundenprojekten in verschiedenen Branchen tätig. Heute ist er Geschäftsführer der auf Business-Intelligence-Lösungen spezialisierten bi2b. Der Schwerpunkt seiner Tätigkeit bezieht sich auf die Ausarbeitung von BI-Strategien und die Umsetzung von BI-Lösungen auf Basis von SAP NetWeaver BI sowie Microsoft Server Systems. Sie können den Autor unter der folgenden E-Mail-Adresse kontaktieren: *dirk.vahlkamp@bi2b.info*.

Index

Q

R

S

T

U

V

W

Z

Der Name Galileo Press geht auf den italienischen Mathematiker und Philosophen Galileo Galilei (1564–1642) zurück. Er gilt als Gründungsfigur der neuzeitlichen Wissenschaft und wurde berühmt als Verfechter des modernen, heliozentrischen Weltbilds. Legendär ist sein Ausspruch *Eppur se muove* (Und sie bewegt sich doch). Das Emblem von Galileo Press ist der Jupiter, umkreist von den vier Galileischen Monden. Galilei entdeckte die nach ihm benannten Monde 1610.

Gerne stehen wir Ihnen mit Rat und Tat zur Seite:
eva.tripp@galileo-press.de bei Fragen und Anmerkungen zum Inhalt des Buches
service@galileo-press.de für versandkostenfreie Bestellungen und Reklamationen
thomas.losch@galileo-press.de für Rezensionsexemplare

Lektorat Eva Tripp
Korrektorat Angelika Glock, Wuppertal
Einbandgestaltung Silke Braun
Titelbild fotolia/thier
Typografie und Layout Vera Brauner
Herstellung Lissy Hamann
Satz Typographie & Computer, Krefeld
Druck und Bindung Bercker Graphischer Betrieb, Kevelaer

Bibliografische Information der Deutschen Bibliothek
Die Deutsche Bibliothek verzeichnet diese Publikation in der Deutschen Nationalbibliografie; detaillierte bibliografische Daten sind im Internet über http://dnb.ddb.de abrufbar.

ISBN 978-3-8362-1341-7

2., überarbeitete und erweiterte Auflage 2009

MITMACHEN & GEWINNEN!

SAP PRESS

Sagen Sie uns Ihre Meinung und gewinnen Sie einen von 5 SAP PRESS-Buchgutscheinen, die wir jeden Monat unter allen Einsendern verlosen. Zusätzlich haben Sie mit dieser Karte die Möglichkeit, unseren aktuellen Katalog und/oder Newsletter zu bestellen. Einfach ausfüllen und abschicken. Die Gewinner der Buchgutscheine werden persönlich von uns benachrichtigt. Viel Glück!

▶ **Wie lautet der Titel des Buches, das Sie bewerten möchten?**

▶ **Wegen welcher Inhalte haben Sie das Buch gekauft?**

▶ **Haben Sie in diesem Buch die Informationen gefunden, die Sie gesucht haben? Wenn nein, was haben Sie vermisst?**

- ☐ Ja, ich habe die gewünschten Informationen gefunden.
- ☐ Teilweise, ich habe nicht alle Informationen gefunden.
- ☐ Nein, ich habe die gewünschten Informationen nicht gefunden. Vermisst habe ich:

▶ **Welche Aussagen treffen am ehesten zu?** (Mehrfachantworten möglich)

- ☐ Ich habe das Buch von vorne nach hinten gelesen.
- ☐ Ich habe nur einzelne Abschnitte gelesen.
- ☐ Ich verwende das Buch als Nachschlagewerk.
- ☐ Ich lese immer mal wieder in dem Buch.

▶ **Wie suchen Sie Informationen in diesem Buch?** (Mehrfachantworten möglich)

- ☐ Inhaltsverzeichnis
- ☐ Marginalien (Stichwörter am Seitenrand)
- ☐ Index/Stichwortverzeichnis
- ☐ Buchscanner (Volltextsuche auf der Galileo-Website)
- ☐ Durchblättern

▶ **Wie beurteilen Sie die Qualität der Fachinformationen nach Schulnoten von 1 (sehr gut) bis 6 (ungenügend)?**

☐ 1 ☐ 2 ☐ 3 ☐ 4 ☐ 5 ☐ 6

▶ **Was hat Ihnen an diesem Buch gefallen?**

▶ **Was hat Ihnen nicht gefallen?**

▶ **Würden Sie das Buch weiterempfehlen?**

☐ Ja ☐ Nein

Falls nein, warum nicht?

▶ **Was ist Ihre Haupttätigkeit im Unternehmen?**
(z.B. Management, Berater, Entwickler, Key-User etc.)

▶ **Welche Berufsbezeichnung steht auf Ihrer Visitenkarte?**

▶ **Haben Sie dieses Buch selbst gekauft?**

- ☐ Ich habe das Buch selbst gekauft.
- ☐ Das Unternehmen hat das Buch gekauft.